普通高等教育电子信息类课改系列教材

LabVIEW 2015 程序设计教程

主　编　向守超　侯崇喜

西安电子科技大学出版社

内 容 简 介

本书按照软件开发的设计思想，介绍了虚拟仪器的基本概念和 LabVIEW 2015 应用软件开发的基础知识，主要讲解了 LabVIEW 2015 的安装和编程环境、数据类型与基本操作、程序编辑与调试、程序结构设计、图形显示、子 VI 与属性节点、人机界面设计、文件操作、面向对象编程、数据库操作、网络通信与编程等内容，并给出了综合项目实例。书中结合大量经典案例，将知识点融入案例中，深入浅出地讲解了 LabVIEW 2015 程序设计思想的重点和难点，使初学者能快速具备使用 LabVIEW 集成开发环境设计测量系统的能力。本书内容翔实，结构合理，语言浅显，实用性较强。

本书可作为高等院校物联网工程、电子技术、自动化工程、电气通信、测量控制等相关专业的教材或参考资料，也可供 LabVIEW 入门级读者以及从事相关专业的工程项目开发人员参考。

图书在版编目(CIP)数据

LabVIEW 2015 程序设计教程/向守超，侯崇喜主编. —西安：西安电子科技大学出版社，2017.9(2022.2 重印)
ISBN 978-7-5606-4620-6

Ⅰ.①L… Ⅱ.① 向… ② 侯… Ⅲ.① 软件工具—程序设计 Ⅳ.① TP311.56

中国版本图书馆 CIP 数据核字(2017)第 214128 号

策　　划	刘玉芳	
责任编辑	蔡雅梅　雷鸿俊	
出版发行	西安电子科技大学出版社(西安市太白南路 2 号)	
电　　话	(029)88202421　88201467	邮　编　710071
网　　址	www.xduph.com	电子邮箱　xdupfxb001@163.com
经　　销	新华书店	
印刷单位	陕西天意印务有限责任公司	
版　　次	2017 年 9 月第 1 版　　2022 年 2 月第 3 次印刷	
开　　本	787 毫米×1092 毫米　1/16　印　张　23	
字　　数	548 千字	
印　　数	5001～8000 册	
定　　价	54.00 元	

ISBN 978-7-5606-4620-6/TP

XDUP 4912001-3

如有印装问题可调换

前　　言

LabVIEW 是一种业界领先的工业标准图形化编程工具，主要用于开发测试、测量与控制系统。它是专门为工程师和科学家而设计的直观图形化编程语言，可将软件和各种不同的测量仪器硬件以及计算机集成在一起，建立虚拟仪器系统，以形成用户自定义的解决方案。LabVIEW 大大缩小了软件易用性和强大功能之间的距离，为工程师提供了具有极佳效能的真正出色的开发环境。

LabVIEW 软件不但适用于各种测量和自动化领域，而且无论工程师是否有丰富的开发经验，都能顺利应用，因此，目前 LabVIEW 已经成为大学生必修的一门基础实验课程。本书以 LabVIEW 2015 为对象，通过理论与实例相结合的方式，结合编者多年的实践开发经验，深入浅出地介绍了该软件的使用方法和技巧，目的在于让读者能快速掌握这门功能强大的图形化编程语言。

本书以软件开发设计思想为主线，本着由易到难、深入浅出的原则，按照条理清晰、内容全面、实例经典、实用性强的要求，对 LabVIEW 2015 编程环境进行了全面详细的介绍，尤其对 LabVIEW 编程人员经常讨论的热点问题进行了重点介绍。此外，本书所有的知识点都配合了恰当的实例，读者可以快速掌握很多非常实用的编程技巧，例如图表自动图例、多面板程序设计、人机界面设计等。

在本书的编写过程中，编者参考了 LabVIEW 帮助文档几乎所有的内容以及大部分现有的 LabVIEW 书籍，搜索了 NI 网站中的大量网络资源，并且总结了编者多年的 LabVIEW 编程知识和编程技巧。通过本书，读者可以从入门开始，逐步深入地学习 LabVIEW，直到成为真正精通 LabVIEW 的编程高手。本书也可作为 LabVIEW 编程知识的必备参考书籍。

本书具有以下特点：

(1) 知识讲解扎实。本书全面详细地介绍了 LabVIEW 的基本概念以及程序开发的基础知识，内容讲解翔实，实例贴切，特别适合于从事 LabVIEW 软件设计的初学者。

(2) 知识实用性强。本书中的全部实例均利用实验室内的环境进行设计与开发，且程序全部经过调试与验证。

(3) 知识覆盖面广。本书精选了若干个典型实例，内容新颖，反映了当前虚拟仪器的发展及时代的需求。

为了使初学者快速地具备使用 LabVIEW 设计测量系统的能力，本书从实用角度出发，将内容分为 12 章。

第 1 章　LabVIEW 概述：重点介绍虚拟仪器的概念和 LabVIEW 2015 集成开发环境的安装和配置。

第 2 章　数据类型与基本操作：全面而详细地介绍了 LabVIEW 2015 的数据类型和数据运算。

第 3 章　程序编辑与调试：详细介绍了 LabVIEW 2015 VI 的创建、编辑、运行、调试和错误处理。

第 4 章　程序结构设计：重点介绍了顺序结构、条件结构、循环结构、公式节点、事件结构、使能结构、变量和定时结构等基本知识。

第 5 章　图形显示：重点介绍了波形显示、XY 图与 Express XY 图、强度图形、数字波形图、三维图形和图形控件。

第 6 章　子 VI 与属性节点：重点介绍了子 VI 的创建和属性节点的应用。

第 7 章　人机界面设计：重点介绍了下拉列表、枚举、列表框、表格与树形、对话框、菜单、选项卡、多面板、光标等高级控件的应用和人机界面设计的基本技巧。

第 8 章　文件操作：重点介绍了文本文件、电子表格文件、二进制文件、波形文件、数据记录文件、测量文件、配置文件、XML 文件和 TDMS 文件等基本文件的读/写操作技巧。

第 9 章　面向对象编程：重点介绍了对象的创建以及面向对象的继承、多态等特点的应用。

第 10 章　数据库操作：以 ATM 自动存取款机系统为例，通过 LabVIEW 2015 操作 MySQL 数据库，实现数据库的增、删、改、查等基本操作。

第 11 章　网络通信与编程：重点介绍了网络协议通信、DataSocket 技术通信和远程访问技术。

第 12 章　综合项目实例：以双通道频谱滤波器设计为例，按照软件工程的思想，对从项目设计、开发到发布的整个过程进行了详细讲解。

本书在内容安排上循序渐进、深入浅出，力求重点突出、面向实际应用，提高读者的编程能力，并可用于解决实际问题。

本书由向守超(重庆机电职业技术大学)、侯崇喜(四川省万源市罗文中心校)担任主编。其中，侯崇喜负责第 1 章、第 2 章和第 3 章的编写，向守超负责第 4 章至第 12 章的编写。

由于编者水平有限，书中不当之处在所难免，敬请读者批评指正。

编　者
2017 年 6 月

目　录

I

LabVIEW 概述

第1章

本章首先从虚拟仪器引出 LabVIEW 软件，然后逐一介绍 LabVIEW 语言的特点及其功能、LabVIEW 的安装及编程环境、LabVIEW 应用开发实例，使得读者能从整体上认识并学会应用 LabVIEW 软件。

1.1 虚拟仪器概述

虚拟仪器(VI)的概念是美国国家仪器公司(National Instruments，NI)1986 年提出的，是现代计算机技术和仪器技术深层次结合的产物，也是计算机辅助测试领域的一项重要技术。虚拟仪器引发了传统仪器领域的一场重大变革，使计算机和网络技术得以深入仪器领域，虚拟仪器和仪器技术的结合，开创了"软件就是仪器"的先河。

1.1.1 虚拟仪器的结构

虚拟仪器是基于计算机的仪器，是计算机与仪器密切结合的产物。粗略地说，这种结合有两种方式：一种是将计算机装入仪器，其典型的例子就是智能化仪器；另一种是将仪器装入计算机，以通用的计算机硬件和操作系统为依托，实现各种仪器功能，虚拟仪器主要指这种结合方式产生的仪器。从实质上讲，虚拟仪器就是利用硬件系统完成信号的采集、测量与调理，利用计算机强大的软件功能实现信号数据的运算、分析和处理，利用计算机的显示器模拟传统仪器的控制面板，以多种形式输出检测结果，从而完成所选的各种测试功能。

虚拟仪器可以通过多种接口(GPIB、VXI、PXI 等)或具有这些接口的仪器来连接被测控对象和计算机。虚拟仪器结构图如图 1.1 所示。

图 1.1 虚拟仪器结构图

虚拟仪器系统包括仪器硬件和应用软件两大部分。仪器硬件是计算机的外围电路，与计算机共同构成了虚拟仪器系统的硬件环境，是应用软件的基础；应用软件则是虚拟仪器的核心，在基本硬件确定后，软件通过不同功能模块(即软件模块)的组合构成了多种仪器，赋予系统特定的功能，以实现不同的测量功能。

虚拟仪器的"虚拟"有以下两个层面的意思：

(1) 虚拟的控制面板。传统仪器通过设置在面板上的各种"控件"来完成一些操作和功能，如采用各种开关、按键、滑动调节杆、显示器等实现仪器电源的"通"或"断"，被测信号"输入通道"、"放大倍数"、"滤波特性"等的参数设置，测量结果的"数值显示"、"波形显示"等。

传统仪器面板上的"控件"都是实物，而且是用手动或触摸等方式进行操作的；而虚拟仪器面板上的各种"控件"都是虚构的，其外形是与传统仪器控件的实物外形相像的图标，其实际功能是通过相应的软件程序来实现的。

(2) 虚拟的测量、测试与分析。传统仪器是通过设计具体的模拟或数字电路来实现仪器的测量、测试及分析功能的；而虚拟仪器是利用软件程序实现这些功能的。

可见，虚拟仪器是由计算机硬件资源、模块化仪器硬件以及用于数据分析、过程通信和图形用户界面的软件组成的测控系统，是一种由计算机操纵的模块化仪器系统。

1.1.2　虚拟仪器的特点

虚拟仪器技术利用高性能的模块化硬件，结合高效灵活的软件完成各种测试、测量和自动化功能的应用。灵活高效的软件能创建完全自定义的用户界面，模块化的硬件能方便地提供全方位的系统集成，标准的软/硬件平台能满足用户对同步和定时应用的需求。与传统仪器相比，虚拟仪器具有以下四个特点：

(1) 性能高。虚拟仪器技术是在 PC 技术的基础上发展起来的，因此完全"继承"了以现成即用的 PC 技术为主导的最新商业技术的优点，包括功能卓越的处理器和文件 I/O，使用户在高速导入数据的同时就能实时地进行复杂的分析。此外，不断发展的互联网技术和越来越快的计算机网络传输速度，使虚拟仪器技术展现出了更强大的优势。

(2) 扩展性强。由于虚拟仪器应用软件灵活的扩展性，使得工程师和科学家们在应用及开发软/硬件工具的过程中，不再局限于当前的技术。只需要在已有的应用工程中更新计算机或测量硬件，就能以最少的硬件投资和极少的甚至无需升级软件即可改进整个系统。

(3) 开发时间短。虚拟仪器在驱动和应用两个层面上，直接把目前高效的软件架构与计算机、仪器仪表和通信方面的最新技术通过软件的形式结合在一起，大大降低了驱动和应用两个层面的开发调试时间。同时还具有强大功能，使得用户能轻松地配置、创建、分布、维护和修改高性能、低成本的测量和控制解决方案。

(4) 无缝集成。虚拟仪器技术从本质上说是一个集成的软/硬件概念，随着产品在功能上不断趋于复杂，工程师们通常需要集成多个测量设备来满足完整的测试需求，而连接和集成这些不同设备则需要耗费大量的时间。虚拟仪器软件平台为所有的 I/O 设备提供了标准的接口，帮助用户轻松地将多个测量设备集成到单个系统中，降低了任务的复杂性。

1.1.3　虚拟仪器的硬件

随着测试、测量应用的日益复杂，目前市场上提供的模块化硬件产品也非常丰富。例如，总线类型包括 PCI、PXI、PCMCIA、USB 和 1394 等，产品种类从数据采集、信号调理、声音和振动测量、视觉、运动、仪器控制、分布式 I/O 等常用的设备到 CAN 接口等工业通信设备。

按照硬件接口的不同，虚拟仪器可分为基于 PC 总线、GPIB 总线、VXI 总线和 PXI 总线的四种标准体系结构。

(1) 基于 PC 总线的虚拟仪器。由于个人计算机的用户量大、通用性强，基于 PC 总线的虚拟仪器成为了人们的首选。这类虚拟仪器一般采用基于 PC 总线的通用型 DAQ(数据采集卡)，可以充分利用计算机的资源，大大增加了测试系统的灵活性和扩展性。利用通用型 DAQ 可方便快捷地组建基于计算机的仪器，易于实现一机多型和一机多用。随着 A/D 转换技术、精密放大技术、滤波技术与数字信号调制技术等的迅速发展，DAQ 的采用速率已达到 2 GB/s，精度高达 24 位，通道数高达 64 个，并能任意组合数字 I/O、模拟 I/O、计数器/定时器等通道，大大扩展了仪器的功能。

(2) 基于 GPIB 总线的虚拟仪器。如今已有的专业仪器多数配有 GPIB(General Purpose Interface Bus，通用接口总线)，所以，一般采用 GPIB 实现利用此类仪器构建基于计算机的虚拟仪器。基于 GPIB 的虚拟仪器充分利用了现有条件，可以实现测量、检测等功能，但其数据传输速度一般低于 500 KB/s，不适合对系统速度要求较高的应用。

(3) 基于 VXI 总线的虚拟仪器。VXI 系统最多可包含 256 个装置，主要由主机箱、控制器、具有多种功能的模块仪器和驱动软件、系统应用软件等组成，具有即插即用的特性，所以，系统中各功能模块可随意更换构成新系统。基于 VXI 总线的虚拟仪器具有模块化、系统化、通用化、互换性和互操作性的特征，VXI 的价格相对较高，适用于尖端的测试领域。

(4) 基于 PXI 总线的虚拟仪器。PXI(PCI eXtensions for Instrumentation)总线整合了台式计算机高速 PCI 总线所具有的 80 MB/s 的优势，借鉴 VXI 总线中先进的仪器技术，如同步触发、板间总线、星形触发总线、板载时钟等的特性，兼容 Compact PCI 机械规范，并增加了主动冷却、环境测试(温度、湿度、振动和冲击试验)等要求。

1.1.4　虚拟仪器的软件

虚拟仪器框架从底层到顶层，由 VISA(Virtual Instrumentation Software Architecture)库、仪器驱动程序和应用软件三部分组成。

1. VISA 库

VISA 库即虚拟仪器软件体系结构库，实质上是标准 I/O 函数库及相关规范的总称，一般将该 I/O 函数库称为 VISA 库。VISA 库驻留于计算机系统中，执行仪器总线的特殊功能，起着连接计算机与仪器的作用，以实现对仪器的程序控制。

1) VISA 库的作用

对于虚拟仪器驱动程序的开发编程者来说，VISA 库是一个可调用的操作函数集。作为标准化的 I/O 接口软件规范，VISA 库的作用有以下四点：

(1) 为所有使用者提供统一的软件编程基础，对于驱动程序、应用程序不必考虑接口均可使用。

(2) 仅规定为用户提供标准函数，不对具体实现做任何说明。

(3) 用于编写符合 VPP 规范的仪器驱动程序，完成计算机与仪器之间的命令和数据传输，实现对仪器的控制。

(4) VISA 库作为底层 I/O 接口软件，一般运用于计算机系统中。

2) VISA 库的特点

VISA 库的主要特点一般有以下四点：

(1) 适用于各类仪器，如 VXI、PXI、GPIB、RS-232 和 USB 仪器等。

(2) 与硬件接口无关。

(3) 既适用于单处理器结构，又适合于多处理器或分布式结构。

(4) 适用于各种网络机制。

VISA 库只解决了仪器接口的可互换性(即改变接口或总线方式时,不必修改测试程序)，但并没有解决更高层次的针对不同仪器的可互换性。

2．仪器驱动程序

所谓仪器驱动程序，是指能实现某一仪器系统控制与通信的软件程序集，是应用程序实现仪器控制的桥梁。仪器的驱动程序由仪器生产商以源代码形式提供给用户使用，每个仪器模块都有各自的仪器驱动程序。

常用的虚拟仪器设计软件集成了大量常用仪器的驱动程序，以方便编程者使用。经常使用的测量仪器有几十大类、上万种型号，各种仪器的驱动程序各不相同，为使同类功能的仪器可以互换而不必修改测试软件，即实现仪器的可互换性，世界各大仪器公司都在为仪器驱动程序研究和制定统一的标准和规范而努力。

仪器驱动程序又称为驱动器。目前广泛使用的驱动器规范有 VPP(VXI Plug & Play，即插即用型驱动器)规范和 IVI(Interchangeable Virtual Instruments，互换型驱动器)规范两种。

3．应用软件

应用软件是直接面向操作用户的程序。该软件建立在仪器驱动程序之上，通过提供的测控操作界面、丰富的数据分析及处理功能等完成自动测试任务。尤其是通用数字处理软件，集中体现了虚拟仪器的优点。

虚拟仪器应用软件的开发工具包括通用编程软件和专业图形化编程软件两类。

(1) 通用编程软件：主要包括 Microsoft 公司 Visual Basic 中的 Visual C++、Borland 公司的 Delphi、Sybase 公司的 PowerBuilder 等。这类软件功能强大，但并非专门为虚拟仪器而设计。利用通用编程软件开发虚拟仪器，需要开发者具备较高的软件编程技术，同时对虚拟仪器技术也应有相当的了解。

(2) 专业图形化编程软件：主要包括 HP 公司的 VEE、NI 公司的 LabVIEW 和 Lab Windows/CVI 等。这类软件是针对虚拟仪器的开发而设计的，对开发者的要求较低，只要了解软件的总体功能以及所要设计的虚拟仪器的功能，即可快捷方便地进行虚拟仪器的开发。

1.2　LabVIEW 特点及功能

　　LabVIEW 是一种图形化的编程语言，广泛地应用于工业界、学术界和研究实验室，可被视为一个标准的数据采集和仪器控制软件。LabVIEW 集成了满足 GPIB、VXI、RS-232 和 RS-485 协议的硬件及数据采集卡通信的全部功能，还内置了便于应用 TCP/IP、ActiveX 等软件标准的库函数，是一个功能强大且灵活的软件。利用 LabVIEW 可以方便地建立自己的虚拟仪器，其图形化的界面使得编程及使用过程都生动有趣。

　　图形化的程序语言又称为"G"语言，使用这种语言编程时，基本上不用写入程序代码，只需输入流程图即可。"G"语言最大限度地利用了技术人员、科学家、工程师所熟悉的术语、图标和概念。因此，LabVIEW 是一个面向最终用户的工具，它可以增强用户构建自己的科学和工程系统的能力，提供实现仪器编程和数据采集系统的便捷途径。使用 LabVIEW 进行原理研究、设计、测试并实现仪器系统，可以大大提高工作效率。

1.2.1　LabVIEW 的特点

　　LabVIEW 的出现大大提高了虚拟仪器的开发效率，降低了软件操作对开发人员的要求。LabVIEW 交互式的图形化开发环境，彻底颠覆了以往开发工具在拥有强大开发功能的同时使用却比较困难的状况。LabVIEW 所包含的各种特性使其成为开发测试、测量、自动化及控制应用的理想工具。

　　作为基于图形化编程语言的开发环境，LabVIEW 自然、直观、便捷的程序开发方式大大降低了学习难度。用户可以通过各种交互式的控件、对话框、菜单及函数模块进行编程。

　　LabVIEW 的优势主要体现在以下八个方面：

　　(1) 提供了丰富的图形控件，采用了图形化的编程方法，把工程师从复杂、枯燥的文件编程工作中解放出来。

　　(2) 采用数据流模型，实现了自动多线程处理，从而能充分利用处理器的处理能力。

　　(3) 内建有编译器，能在用户编写程序的同时自动完成编译。因此，如果用户在编写程序的过程中有语法错误，就能立即在显示器上显示出来。

　　(4) 通过 DLL、CIN 节点、ActiveX、.net 或 MATLAB 脚本节点等技术，能够轻松实现 LabVIEW 与其他编程语言的混合编程。

　　(5) 内建有 600 多个分析函数，用于数据分析和信号处理。

　　(6) 通过应用程序生成器可以轻松地发布可执行程序、动态链接库和安装包。

　　(7) 提供了大量的驱动和专用工具，几乎能够与任何接口的硬件轻松连接。

　　(8) NI 提供了丰富的附加模块，用于扩展 LabVIEW 在不同领域的应用，如实时模块、PDA 模块、数据记录与监控模块、机器视觉模块与触摸屏模块。

1.2.2　LabVIEW 的功能

　　LabVIEW 结合了简单易用的图形式开发环境与强大的图形化编程语言，提供了一个非常直观的编程环境。LabVIEW拥有专为大型应用开发、集成开发及应用配置设计的附加开发工具，包括应用程序生成器、图形比较、源代码控制、程序码编写指导及复杂矩阵运算等功能。

LabVIEW不仅是一种编程语言，还是一种可用于测量和自动化的特定应用程序开发环境，也是一种可用于快速设计工业原型和应用程序的高度交互式的开发环境。同时，LabVIEW还实现了对FPGA等硬件的支持，实际上也是一种硬件设计工具。在LabVIEW应用过程中，其测量和自动化程序在处理与通用程序相同的问题(如数据结构和算法、文件I/O、网络I/O和数据库存取、打印等)时，还要处理额外的问题(如物理I/O、实时性约束和硬件配置等)。

LabVIEW最初是为测试测量而设计的，因而测试测量是LabVIEW最广泛的应用领域。经过多年的发展，LabVIEW在测试测量领域获得了广泛的认可。如今，大多数主流的测试仪器、数据采集设备都拥有专门的LabVIEW驱动程序，使用LabVIEW可以非常便捷地控制这些硬件设备。LabVIEW还包含了多种多样的数学运算函数，特别适合进行模拟、仿真、原型设计等工作。例如在设计机电设备之前，可以先在计算机上用LabVIEW搭建仿真原型，验证设计的合理性，找到潜在的问题，最后形成一个合理的机电设备设计方案。在高等教育领域，使用LabVIEW进行软件模拟，也可以达到同样的效果，使学生能更深刻地体会所学知识。

1.2.3 LabVIEW 的应用

电子信息类专业以及控制技术专业的专业课程，如模拟和数字电子、电路、数字信号处理、信号与系统、自动控制等，这些课程讲述的是抽象的电学原理以及控制学原理等内容，需要通过反复的计算分析、实验研究甚至实践来帮助学生理解和掌握，因此，计算和实验是学习此类课程非常重要的环节，在培养学生的实际动手能力和创新能力方面有着不可取代的作用。计算过程通常比较复杂，需要进行大量的手工运算或者编程来实现；而实验练习通常需要多种仪器，不同的实验所用的仪器也不尽相同，同时，实验仪器准备工作繁琐，实验过程复杂，投入资金较高，容易出现错误，较难熟练掌握，在有些情况下还会存在危险。

通过LabVIEW简化计算过程，模拟一些功能各异的实验，让读者把更多的时间用在理解原理和掌握设计上，而不用在编制复杂的程序和准备实验上花费大量的精力，大大提高了学习效率。利用LabVIEW辅助学习，能够更好地使理论学习与实践紧密结合，学习更生动、更形象，达到事半功倍的效果。LabVIEW软件的诸多特点决定了它将成为未来实验教学、实践练习的重要工具。

LabVIEW作为一种可视化工具更易被广大师生接受，建议将其贯穿到大学的辅助学习中。LabVIEW在实验教学以及课程学习中的优势有：

(1) LabVIEW是一个开放的开发平台，使用"所见即所得"的可视化技术建立人机界面，并且针对测试、测量和过程控制等电子信息技术与控制技术等应用领域，使用大多数学生、工程师和科学家熟悉的数据流程图式的语言书写程序代码，编程过程和思维过程非常相似，使编写程序变得简单，而且编写出来的程序更易懂。

（2）LabVIEW 软件本身提供了丰富而实用的函数库以及硬件驱动程序库，用户可以在极短的时间内开发出满足自己需要的虚拟仪器，并且可以通过修改软件的方法很方便地改变或增减仪器的功能和规模，以满足新的需求。

（3）LabVIEW 提供了许多仪器面板包含的控制对象，如表头、旋钮、开关、坐标图等，用户还可以通过控制编辑器，将现有的控制对象修改为适合自己工作领域的控制对象，可以方便直观地进行计算和检验查看实验结果。

LabVIEW 平台除了可以独立地完成电子信息类与控制类专业的基础课和专业课的计算和实验练习外，还可以将信号与系统、数字信号处理、数字图像处理等课程有机地结合起来，甚至可以完成电子信息综合课程设计、毕业设计等任务，加深学生对抽象专业知识的理解，培养学生分析问题和解决问题的能力。

利用 LabVIEW 软件建立的学习和实验平台，使学生能在所设计的 LabVIEW 程序中，通过修改参数、不断凑试和调试、反复实验、对比分析等过程，在实践中理解和掌握专业知识，为今后的工作奠定坚实的基础。

LabVIEW 软件目前已在电子测量、物理探伤、电子工程、振动分析、声学分析、地球物理勘探、故障分析、医学信息处理、射频信号处理等领域得到了广泛的应用。

1.3 LabVIEW 2015 的安装

LabVIEW 可以安装在 Mac OS、Linux 和 Windows 2000/XP/Vista 等不同的操作系统上，在安装 LabVIEW 时，对不同的操作系统的配置要求也不同。用户在安装 LabVIEW 软件之前，需要对个人计算机的软/硬件作一定的了解。

安装 LabVIEW 的最低配置要求如下：

（1）处理器：最低配置为 Pentium Ⅲ 或 Celeron 866 MHz 处理器，推荐配置 Pentium 4 或类似处理器。

（2）内存：最小内存为 1G，推荐内存配置为 2G。

（3）分辨率：1024 × 768 像素。

（4）硬盘空间：最少需要 2G 的硬盘空间。

LabVIEW 2015 的安装包可以通过网络直接下载，这里建议安装 LabVIEW 2015 32 位的中文版软件。安装之前，建议先关闭杀毒软件，因为有些杀毒软件会干扰 LabVIEW 2015 的安装。具体的安装步骤如下：

步骤一：双击下载的 LabVIEW 2015 安装包，会弹出如图 1.2 所示的界面，可以通过"Browse…"按钮选择解压文件的存放位置，然后点击"Unzip"按钮对安装包进行解压。之后软件即可进入解压进度界面，如图 1.3 所示。解压完成后，会弹出如图 1.4 所示的界面，点击"确定"按钮。

图 1.2 安装包解压开始界面

图 1.3　安装包解压进度界面　　　　　　　　　图 1.4　安装包解压成功界面

步骤二：直接弹出安装界面，点击"下一步"按钮，即可进入如图 1.5 所示的安装程序初始化界面。

图 1.5　安装程序初始化界面

步骤三：安装程序初始化完成以后，会进入如图 1.6 所示的用户信息输入界面。直接点击"下一步"按钮，进入序列号输入界面，如图 1.7 所示。这时可以直接点击"下一步"按钮，暂时不输入序列号。

图 1.6　用户信息输入界面

图 1.7　序列号输入界面

步骤四：进入软件安装的路径设置界面，可以在此选择软件安装的路径(默认或自定义皆可)，如图 1.8 所示。然后点击"下一步"按钮，会出现如图 1.9 所示的选择安装组件界面，默认值不用更改，直接点击"下一步"按钮。

图 1.8　选择软件安装路径界面

图 1.9　选择安装组件界面

步骤五：选择好需要安装的组件后，会进入选择产品通知界面，如图 1.10 所示。不要选择产品更新选项，只要去掉复选框的勾选即可。然后点击"下一步"按钮，会相继弹出两个许可协议界面，直接点击"我接受上述 2 条许可协议"单选按钮和"下一步"按钮。软件开始进入正式安装界面，如图 1.11 所示。安装大概需要 30 分钟。

图 1.10　选择产品通知界面

图 1.11　LabVIEW 安装界面

步骤六：在安装进度快要结束时，会弹出"安装 LabVIEW 硬件支持"界面。此处选择"不需要支持"按钮，然后直接点击"下一步"按钮。进入"安装完成"界面，选择"下一步"按钮，又会弹出"NI 客户体验改善计划设置"界面。这里选择"否，不加入 NI 客户体验改善计划"，然后点击"确定"按钮。接下来会提醒重启计算机，选择"稍后重启"。

步骤七：接着双击 NI_License Activator 1.1.exe 应用程序，出现如图 1.12 界面，右键点击每个方框图标，然后选择 Activate，将界面中的九个框框变为绿色。这样软件就安装完成了，重启电脑之后，就可以正常使用 LabVIEW 2015 集成开发软件了。

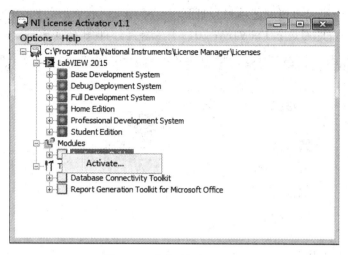

图 1.12　激活破解软件界面

1.4　LabVIEW 2015 编程环境

在 LabVIEW 2015 软件安装完成以后，用户就可以运行该软件了。用户可以通过以下几种方式启动 LabVIEW 2015：

(1) 通过桌面快捷方式运行程序。

(2) 进入 LabVIEW 安装路径，双击"LabVIEW.exe"运行程序。

(3) 在"开始"菜单中选择"所有程序"→"National Instrument"→"LabVIEW 2015(32位"→"LabVIEW 2015"，即可运行程序。

1.4.1　LabVIEW 2015 启动

运行 LabVIEW 2015 应用程序，显示自动初始化界面后，会出现如图 1.13 所示的启动界面。

图 1.13　LabVIEW 2015 启动界面

在启动界面中可以直接创建项目并打开现有文件，一般从启动界面中选择"文件"→"新建(N)"选项，即可进入 LabVIEW 2015 开发环境，如图 1.14 所示。

图 1.14 LabVIEW 2015 新建界面

打开已有文件或创建新文件以后，启动界面会自动消失；关闭所有已打开的程序后，启动界面会再次出现。在程序运行过程中，可以通过选择前面板或程序框图界面的菜单栏中的"查看"→"启动窗口"选项，显示启动界面。

1.4.2 LabVIEW 2015 编程界面

LabVIEW 与虚拟仪器有着非常紧密的联系，在 LabVIEW 中开发的程序都被称为 VI(虚拟仪器)，其扩展名默认为".vi"格式。所有的 VI 都包括三个部分：前面板、程序框图和图标，如图 1.15 所示。

图 1.15 LabVIEW 2015 编程界面

VI 的前面板是图形化的用户界面。该界面上包含交互式的输入和输出两类对象，分别称为控制器和显示器。控制器包括开关、按钮、旋钮和其他各种输入设备；显示器包括图形、LED 和其他显示输出设备。该界面可以模拟真实仪器的显示界面，用于设置输入数值和观察输出量。

程序框图是定义 VI 逻辑功能的图形化源代码。程序框图中的编程元素除了包括与前面板上的控制器和显示器对应的连线端子外，还包括函数、子 VI、常量、结构和连线等。在程序框图中对 VI 编程的主要工作是从前面板上的控制器获得用户输入信息，并进行计算和处理，最后在显示器中将处理结果反馈给用户。只要在前面板中放置输入或显示控件，用户就可以在程序框图中看到相应的函数。

在程序框图和前面板右上角都有一个图标，单击鼠标右键可以修改 VI 属性并编辑该图标，双击该图标就可以直接进入如图 1.16 所示的编辑图标界面。用户可以根据自己的需要和爱好对图标进行重新编辑。

图 1.16　图标编辑界面

1.4.3　LabVIEW 2015 菜单栏

用户若要熟练地使用 LabVIEW 2015 工具编写程序，首先需要了解其编程环境。在LabVIEW 2015 中，菜单栏是编程环境的重要组成部分，LabVIEW 2015 的菜单栏如图 1.17 所示。

文件(F)　编辑(E)　查看(V)　项目(P)　操作(O)　工具(T)　窗口(W)　帮助(H)

图 1.17　LabVIEW 2015 菜单栏

1. "文件(F)" 菜单

LabVIEW 2015 的 "文件" 菜单几乎包括了对其程序操作的所有命令，如图 1.18 所示。下面依次介绍 "文件" 菜单中各选项的功能。

(1) 新建 VI：创建一个空白的 VI 程序。

(2) 新建：打开"新建 VI"对话框，可以选择新建空
白 VI，也可以根据需要选择模板创建 VI 或者创建其他类
型的 VI。

(3) 打开：打开一个 VI。

(4) 关闭：关闭当前 VI。

(5) 关闭全部：关闭打开的所有 VI。

(6) 保存：保存当前编辑过的 VI。

(7) 另存为：将当前 VI 另存为其他路径或名称。

(8) 保存全部：保存当前打开的所有 VI。

(9) 保存为前期版本：可以保存修改前的 VI。

(10) 还原：当打开错误时可以还原 VI。

(11) 创建项目：新建项目文件。

(12) 打开项目：打开已有的项目文件。

(13) 保存项目：保存项目文件。

(14) 关闭项目：关闭项目文件。

(15) 页面设置：设置打印当前 VI 的一些参数。

(16) 打印：打印当前 VI。

(17) 打印窗口：可以对打印参数进行相关设置。

(18) VI 属性：查看和设置当前 VI 的一些属性。

(19) 近期项目：查看最近打开过的项目。

(20) 近期文件：查看最近打开过的"文件"菜单。

(21) 退出：退出 LabVIEW 2015 开发环境。

图 1.18　"文件"菜单

2. "编辑(E)"菜单

"编辑"菜单中列出了几乎所有的编辑 VI 及其组件命
令，如图 1.19 所示。下面详细介绍"编辑"菜单中一些重要
的命令。

(1) 撤消　窗口移动：撤消上一步操作，恢复到上一次编
辑之前的状态。

(2) 重做：执行与撤消相反的操作，再次执行上一次撤
消所做的修改。

(3) 剪切：删除选定的文本、控件或者其他对象，并将
其放到剪贴板中。

(4) 复制：将选定的文本、控件或者其他对象复制到剪
贴板中。

(5) 粘贴：将剪贴板中的文本、控件或者其他对象放到
当前光标位置。

(6) 删除：删除当前选定的文本、控件或者其他对象。

(7) 当前值设置为默认值：将当前前面板上对象的值设

图 1.19　"编辑"菜单

定为该对象的默认值，这样在下一次打开该 VI 时，该对象将被赋予该默认值。

(8) 重新初始化为默认值：将前面板上对象的取值初始化为原来的默认值。

(9) 自定义控件：用户自己定义控件。

(10) 导入图片至剪贴板：可从文件中导入图片。

(11) 设置 Tab 键顺序：可以设定用 Tab 键切换前面板上对象的顺序。

(12) 删除断线：除去 VI 程序框图中由于连线不当造成的断线。

3. "查看(V)"菜单

"查看"菜单包括了程序中所有与显示操作有关的命令，如图 1.20 所示。下面详细介绍"查看"菜单中一些重要的命令。

(1) 控件选板：显示 LabVIEW 2015 的控件选板。

(2) 函数选板：显示 LabVIEW 2015 的函数选板。

(3) 工具选板：显示 LabVIEW 2015 的工具选板。

(4) 快速放置：可以生成放置列表进行快速选择。

(5) 断点管理器：对程序中的断点进行设置。

(6) VI 层次结构：显示该 VI 与调用的子 VI 之间的层次关系。

(7) 浏览关系：浏览程序中使用的所有 VI 之间的相对关系。

(8) 类浏览器：浏览程序中使用的所有类。

图 1.20　"查看"菜单

4. "项目(P)"菜单

"项目"菜单包括了所有与项目操作有关的命令，如图 1.21 所示。下面详细介绍"项目"菜单中一些重要的命令。

(1) 创建项目：新建一个项目文件。

(2) 打开项目：打开一个已有的项目文件。

(3) 保存项目：保存当前项目文件。

(4) 关闭项目：关闭当前项目文件。

(5) 添加至项目：将 VI 或其他文件添加到现有的项目文件中。

(6) 属性：显示当前项目属性。

5. "操作(O)"菜单

"操作"菜单中包括了对 VI 操作的基本命令，如图 1.22 所示。下面介绍"操作"菜单中相关命令的使用方法。

(1) 运行：运行当前 VI 程序。

(2) 停止：中止当前 VI 程序运行。

图 1.21　"项目"菜单

(3) 单步步入：单步执行进入程序单元。

(4) 单步步过：单步执行完成程序单元。

(5) 单步步出：单步执行之后跳出程序。

(6) 调用时挂起：当 VI 被调用时，挂起程序。

(7) 结束时打印：当 VI 运行结束后打印该 VI。

(8) 结束时记录：当 VI 运行结束后，将运行结果储存到记录文件。

(9) 数据记录：设置记录文件的路径。

(10) 切换至运行模式：切换到运行模式。

(11) 连接远程前面板：设置与远程的 VI 连接或通信。

6. "工具(T)"菜单

"工具"菜单中包含了进行编程的所有工具，如图1.23 所示。下面介绍"工具"菜单中相关命令的使用方法。

(1) Measurement & Automation Explorer：打开 MAX 程序。

(2) 仪器：可以选择连接 NI 的仪器驱动网络，或者导入 CVI 仪器驱动程序。

(3) 比较：比较两个 VI 的不同之处。假如两个 VI 非常相似，却又比较复杂，用户想要找出两个 VI 中的不同之处时，可以使用此项功能。

(4) 合并：将多个 VI 或 LLB 程序合并在一起。

(5) 性能分析：可以查看内存及缓存状态，并对 VI 进行统计。

(6) 安全：可以进行密码保护措施设置。

(7) 通过 VI 生成应用程序：可以生成编辑程序的相关信息。

(8) 源代码控制：设置和进行源代码的高级控制。

(9) LLB 管理器：对库文件进行新建、复制、重命名、删除及转换等操作。

(10) 分布式系统管理器：对本地硬盘上的分布式系统和网络上的分布式系统进行综合管理。

(11) Web 发布工具：可以将程序发布到网络上。

(12) 高级：可以操作 VI 的高级工具。

(13) 选项：设置 LabVIEW 及 VI 的一些属性和参数。

7. "窗口(W)"菜单

利用"窗口"菜单可以打开各种窗口，如前面板窗口、程序框图窗口及导航窗口等，如图1.24 所示。这里对相关命令的功能就不再赘述了。

图 1.22　"操作"菜单

图 1.23　"工具"菜单

图 1.24 "窗口"菜单

8. "帮助(H)"菜单

LabVIEW 2015 提供了功能强大的帮助功能, 集中体现在其"帮助"菜单中, 如图 1.25 所示。下面详细介绍"帮助"菜单中相关命令的使用方法。

(1) 显示即时帮助: 打开"即时帮助"窗口, 鼠标放在控件或函数上时, 软件会提示该对象的作用或函数的使用说明信息。

(2) 锁定即时帮助: 可以将即时帮助固定在前面板或程序框图中。

(3) LabVIEW 帮助: 打开"LabVIEW"帮助文档。

(4) 解释错误: 输入错误代码时, 可以知道该错误的原因。

(5) 查找范例: 查找 LabVIEW 开发环境中附带的所有范例。

(6) 网络资源: 在 NI 公司的官方网站查找程序的帮助信息。

(7) 专利信息: 显示 NI 公司所有的相关专利。

图 1.25 "帮助"菜单

1.4.4 LabVIEW 2015 工具栏

1. 前面板工具栏

在编辑前面板时, 可以通过界面上方工具栏上的工具按钮快速访问一些常用的程序功能。编辑状态下的前面板工具栏如图 1.26 所示。

图 1.26 前面板工具栏

下面详细介绍各个按钮的功能。

(1) 运行: 单击该按钮可运行当前 VI, 运行中该按钮变为 ➡, 如果按钮变为 ➹, 表示当前 VI 中存在错误, 无法运行, 单击此按钮即可弹出对话框, 显示错误原因。

(2) 连续运行: 单击此按钮可重复连续运行当前 VI。

(3) 中止执行: 当 VI 运行时, 此按钮变亮, 单击此按钮中止当前 VI 运行。

(4) 暂停：单击此按钮可暂停当前 VI 的运行，再次单击继续运行当前 VI。

(5) 文本设置：对选中文本的字体、大小、颜色、风格、对齐方式等进行设置。

(6) 对齐对象：用于将前面板或框图上的多个选中对象在某一规则下对齐，可用的对齐方式如图 1.27 所示。

(7) 分布对象：用于改变多个选中对象的分布方式，具体分布方式如图 1.28 所示。

图 1.27　对齐方式　　　　　　　　　　　　　图 1.28　分布方式

(8) 调整对象大小：使用不同方式对选中的若干前面板控件的大小进行调整，也可精确指定某控件的尺寸，具体方式如图 1.29 所示。

(9) 重新排序：用于组合对象、锁定对象位置以及改变对象纵深层次和叠放次序，具体选项及其功能如图 1.30 所示。

图 1.29　调整对象大小的方式　　　　　　　　　图 1.30　重新排序

2．程序框图工具栏

程序框图中的工具栏包括许多与前面板工具栏相同的按钮，如图 1.31 所示。下面仅介绍与前面板工具栏不同的按钮。

图 1.31　程序框图工具栏

(1) 高亮显示执行过程：单击该按钮，变为 💡 后，VI 运行时变慢，并可观察到数据流在框图中的流动过程，对初学者理解数据流运行方式很有帮助。

(2) 保存连线值：单击该按钮后，可在 VI 运行后为各条连线上的数据保留值，可用探针直接观察数据值。

(3) 单步进入：调试时使程序单步进入循环或者子 VI，允许进入节点，一旦进入节点，即可在节点内部单步执行。

(4) 单步跳过：单步跳过节点，单步执行时不进入节点或子 VI 内部而有效地执行节点。

(5) 单步跳出：单步进入某循环或者子 VI 后，单击此按钮可使程序执行完该循环或者子 VI 剩下的部分并跳出。

(6) 整理程序框图：对整个程序框图按照默认分布重新整理。

1.4.5　LabVIEW 2015 选板

选板是应用 LabVIEW 开发环境开发项目最得利的助手，在 LabVIEW 中主要有三种选板，分别是"控件"选板、"函数"选板和"工具"选板。

1. "控件"选板

"控件"选板在前面板显示，由表示子选板的顶层图标组成，该选板包含创建前面板时可使用的全部对象。如需显示"控件"选板，可选择"查看"菜单中的"控件选板"选项或者在前面板空白处单击鼠标右键。"控件"选板有多种可见类别和样式，用户可以根据自己的需要来选择，"控件"选板中常用的控件有"新式"、"银色"、"系统"和"经典"四种显示风格。"控件"选板如图 1.32 所示。

图 1.32　"控件"选板

"新式控件"选板中各子面板的功能如表 1.1 所示。

表 1.1　"新式控件"选板功能表

子面板名称	主 要 功 能
数值	存放各种数字控制器，包括数值控件、滚动条、旋钮、颜色盒、时间标识、滑动杆、量表、温度计等
布尔	用于创建按钮、开关和指示灯
字符串与路径	创建文本输入框、组合框和文件路径输入框等
数组、矩阵与簇	用来创建数组、矩阵与簇，包括标准错误簇输入控件和显示控件
列表、表格和树	创建各种列表、表格、树形和 Express 表格
图形	提供各种形式的图形显示对象
下拉列表与枚举	下拉列表用来创建可循环浏览的字符串列表，枚举控件用于向用户提供一个可供选择的项列表
容器	用于组合控件，或在当前 VI 的前面板上显示另一个 VI 的前面板
I/O	将用作配置的 DAQ 通道名称、VISA 资源名称和 IVI 逻辑名称传递至 I/O VI，与仪器或 DAQ 设备进行通信
变体与类	用来与变体和类数据进行交互
修饰	用于修饰和定制前面板的图形对象
引用句柄	可用于对文件、目录、设备和网络连接等进行操作

2. "函数"选板

"函数"选板如图 1.33 所示，其工作方式与"控件"选板大体相同。"函数"选板由表示子选板的顶层图标组成，该选板包含创建程序框图时可使用的全部对象，只能在编辑程序框图时使用。如需显示"函数"选板，可选择"查看"菜单中的"函数选板"选项或者在程序框图的空白处点击鼠标右键。

最常见且函数最全的选板是"编程函数"选板，该选板中的函数及其功能如表 1.2 所示。

表 1.2　"编程函数"选板功能表

子面板名称	主 要 功 能
结构	提供循环、条件、顺序、事件、定时结构、公式节点、结构变量等编程要素
数组	提供数组运算和变换的功能
簇、类与变体	提供各种数组和簇的运算函数，以及簇与数组之间的转换、类相关函数、变体属性设置
数值	提供数学运算、标准数学函数、各种常量和数据类型变换等编程要素
布尔	提供包括布尔运算和布尔常量在内的编程元素
字符串	提供字符串运算、字符串常量和特殊字符等编程元素
比较	提供数字量、布尔量和字符串变量之间比较运算的功能
定时	提供时间计数器、时间延迟，获取时间日期，设置时间标志常量等
对话框与用户界面	提供对话框、错误处理机制、前面板管理、事件管理、光标和菜单等

子面板名称	主 要 功 能
文件I/O	提供文件管理、变换和读/写操作模块
波形	提供创建波形、提取波形和数/模转换等功能
应用程序控制	提供外部程序或 VI 调用和打印选单、帮助管理等辅助功能
同步	提供通知器操作、队列操作、信号量和首次调用等功能
图形与声音	用于 3D 图形处理、绘图和声音的处理
报表生成	提供生成各种报表和简单打印 VI 前面板或说明信息等功能

图 1.33　"函数"选板

3. "工具"选板

　　"工具"选板是特殊的鼠标操作模式,使用"工具"选板可完成特殊的编辑功能,这些工具的使用类似于标准的画图程序工具,如图 1.34 所示。如果启动 LabVIEW 2015 后并未显示"工具"选板,可通过选择"查看"菜单中的"工具选板"选项或者按住 Shift 键再用鼠标单击选板空白处来显示"工具"选板。光标对应于选板上所选择的工具图标,可选择合适的工具对前面板或者程序框图上的对象进行操作和修改。

使用浮动的"工具"选板中的"定位工具"可创建、修改和调试 VI。使用"自动选择工具"可以提高 VI 的编辑速度，如果"自动选择工具"已经打开，其指示灯呈现高亮状态，当光标移到前面板或程序框图的对象上时，LabVIEW 将自动从"工具"选板中选择相应的工具。如需取消"自动选择工具"功能，可以单击"工具"选板上的"自动选择工具"按钮，其指示灯呈现灰色状态，表示"自动选择工具"功能已经关闭。按 Shift+Tab 组合键或单击"自动选择工具"按钮，可重新打开"自动选择工具"功能。"工具"选板的可选工具与功能如表 1.3 所示。

图 1.34 "工具"选板

表 1.3   "工具"选板功能表

名　称	功　　能
自动选择工具	选中该选项后，在前面板和程序框图中的对象上移动光标时，LabVIEW 将根据相应对象的类型和位置自动选择合适的工具
操作工具	用于操作前面板的控制器和指示器，可以操作前面板对象的数据或选择对象内的文本和数据
定位工具	用于选择对象、移动对象或缩放对象的大小
标签工具	用于输入标签或标题说明的文本，或者用于创建自由标签
连线工具	用于连接程序框图中节点端口，或者定义子 VI 端口
对象快捷键	选择该选项后，在前面板或程序框图中单击鼠标右键，即可弹出鼠标右键的快捷菜单
滚动窗口	同时移动窗口内的所有对象
断点操作	用于在程序中设置或清除断点
探针工具	可在程序框图中的连线上设置探针
复制颜色	可以获取对象某一点的颜色，用于编辑其他对象的颜色
着色工具	用于给对象上色，包括对象的前景色和背景色

1.4.6 LabVIEW 2015 帮助

LabVIEW 的帮助系统为不同的用户提供了详尽的、全面的帮助信息和编程范例，利用这些帮助信息有助于用户快速获取所需的信息，进而掌握 LabVIEW 程序的使用方法。这些帮助信息形式多样、内容丰富，主要包括显示即时帮助、LabVIEW 帮助、查找范例以及网络资源等。

1. 显示即时帮助

显示即时帮助是 LabVIEW 2015 提供的实时快捷帮助窗口。即时帮助信息对于 LabVIEW 2015 初学者来说是非常有用的。

选择菜单栏中"帮助"下的"显示即时帮助"选项，即可弹出"即时帮助"窗口。如果用户需要获得 VI、节点或控件的帮助信息，只需将鼠标移动到相关的 VI、节点或控件上，"即时帮助"窗口将显示其基本的功能说明信息。默认的"即时帮助"窗口显示的是"加"

节点的帮助信息，如图 1.35 所示。

图 1.35 "即时帮助"窗口

2. LabVIEW 帮助

如果用户找不到相关的控件或函数，可以利用"LabVIEW 帮助"选项。"LabVIEW 帮助"是一个 Windows 标准风格的窗口，操作简单快捷，它包含了 LabVIEW 全部详尽的帮助信息。选择菜单栏中"帮助"下的"LabVIEW 帮助"选项，即可弹出如图 1.36 所示的"LabVIEW 帮助"对话框。

图 1.36 "LabVIEW 帮助"对话框

"LabVIEW 帮助"包含 LabVIEW 编程理论、编程分步指导以及 VI、函数、选板、菜单和工具等参考信息。通过窗口左侧的"目录"、"索引"和"搜索"可浏览整个帮助系统，用户可以方便地查找到自己需要的帮助信息。

在 LabVIEW 的编程过程中，如果用户想获取某个 SubVI 或者函数节点的帮助信息，可以在目标 SubVI 或者函数节点上单击鼠标右键，通过选择弹出的快捷菜单上的"帮助"功能选项可以打开"LabVIEW 帮助"窗口，在这个窗口中即可获取到该目标 SubVI 或者函数节点相关的帮助信息。

3. 查找范例

LabVIEW 范例包含了 LabVIEW 各个功能模块的应用实例，对于初学者来说，借鉴 LabVIEW 提供的典型范例无疑是快速学习 LabVIEW 的一个好方法。在启动界面中，选择菜单栏中"帮助"下的"查找范例"选项，即可打开如图 1.37 所示的"NI 范例查找器"对话框。

图 1.37　"NI 范例查找器"对话框

"NI 范例查找器"中的"任务"和"目录结构"的浏览方式可供用户浏览、查找 LabVIEW 范例。另外，用户可以使用"搜索"功能查找感兴趣的例程，同时也可以向 NI Developer Zone 提交自己编写的程序作为例程与其他用户共享。

在学习 LabVIEW 使用方法的过程中，用户应该充分利用 LabVIEW 的自带例程。这些例程编程规范，编程思路活跃，通过学习、借鉴这些例程可以帮助读者事半功倍地掌握 LabVIEW 的编程方法。

在 LabVIEW 应用程序的开发过程中，用户只要对一些相关的例程进行部分修改后，就可以直接应用到自己的 VI 中，这样可以大大减少设计工作量，提高开发效率。

4. 网络资源

LabVIEW 网络资源包括 LabVIEW 论坛、培训课程以及 LabVIEW Zone 等丰富的资源。在启动界面中，单击菜单栏中"帮助"下的"网络资源"选项，即可链接到 NI 公司的官方网站(http://www.ni.com/labview/zhs/)，该网站提供了大量的网络资源和相关链接。值得一提的是 LabVIEW Zone，在这个论坛上用户可以提问、发表看法、与全世界的 LabVIEW 用户交流 LabVIEW 编程心得。另外一个值得关注的是 Knowledge Base，该论坛上几乎包括了所有常见的问题解答。

1.4.7　自定义编程环境

当 LabVIEW 安装完成并启动后，LabVIEW 环境的所有窗口、选板和系统运行参数都处于默认设置状态，用户可以根据个人喜好定制自己的编程环境。

1. 定制控件和函数选板

选择主菜单"工具"下"高级"选项中的"编辑选板"，即可弹出如图 1.38 所示的"编辑控件选板和函数选板"对话框。在这个对话框中可以重新排列已经建立的选板、创建或移动子选板等。

使用鼠标右键单击需要修改的选板，会弹出如图 1.39 所示的快捷菜单，通过选择相应的选项可以任意编辑选板，如插入子选板、移动子选板、复制选板图标、重新命名子选板等。

图 1.38 "编辑控件和函数选板"对话框

图 1.39 选板编辑快捷菜单

2. 环境参数设置

在 LabVIEW 窗口菜单栏中选择"工具"下的"选项"命令，即可弹出如图 1.40 所示的"选项"对话框。在该对话框左边的"类别"栏列出了可以进行设置的各类选项，选中任何一个选项，右边都会自动显示一系列设置或参数供用户选择。

图 1.40 "选项"对话框

1.5　LabVIEW 应用开发实例

在介绍了 LabVIEW 2015 编程环境以后，可以编写一个简单的 LabVIEW 程序来体验 LabVIEW 2015 编程的简单与强大。编写 LabVIEW 程序的简单程度与文本编程语言中的 Hello World! 程序一样，但是它的功能却不像 Hello World! 那么简单。因为 LabVIEW 程序可以实现仿真一个正弦信号，并计算其幅值与频谱。在本节中，读者可以通过以下实例的学习，进一步掌握 VI 的基本编程步骤。

在 LabVIEW 应用开发环境中，所编写的 LabVIEW 程序都被称为 VI(Virtual Instrument)，并以 ".vi" 作为后缀名。本书中，将一直使用 VI 来代表 LabVIEW 程序。

本实例的目的是使读者掌握 LabVIEW 基本知识，通过仿真信号函数仿真出一个正弦信号，并计算其幅值与频谱，以此来增强读者学习 LabVIEW 的兴趣和信心。具体操作步骤如下：

步骤一：创建一个新 VI。启动 LabVIEW 2015 后，进入 LabVIEW 2015 的启动窗口。在该窗口可以创建项目、打开现有文件和通过菜单栏"文件"选项，实现更多的功能。这里直接点击菜单栏中"文件"下的"新建 VI"选项，即可弹出一个新建 VI 的前面板和程序框图。

步骤二：添加前面板控件。在前面板的"控件"选板中选择"新式"→"数值"→"数值输入控件"，添加到前面板中，并将标签修改为"幅值"。同理再添加一个名为"频率"的数值输入控件。继续在前面板的"控件"选板中选择"新式"→"图形"→"波形图"，并将控件添加到前面板中，修改其标签为"仿真信号波形图"。同理添加另外两个波形图，分别命名为"幅度波形图"和"相位波形图"。整个前面板控件的界面如图 1.41 所示。

图 1.41　测量仿真信号频谱前面板图

步骤三：编辑程序框图。在程序框图"函数"选板中选择"编程"→"波形"→"模拟波形"→"波形生成"→"仿真信号"，将函数添加到程序框图中。继续选择"编程"→

"波形"→"模拟波形"→"波形测量"→"FFT 频谱(幅度-相位)"选项，将函数添加到程序框图中。将"幅值"和"频率"两个图标分别连接到"仿真信号"的"幅值"和"频率"输入端；将"仿真信号"的"正弦"输出端同时连接"仿真信号波形图"的输入端和"FFT 频谱(幅度-相位)"的"时间信号"输入端；将"FFT 频谱(幅度-相位)"的"幅度"和"相位"输出端分别连接"幅度波形图"和"相位波形图"的输入端。整个程序框图的程序编程结果如图 1.42 所示。

图 1.42　测量仿真信号频谱程序框图

步骤四：运行 VI。在前面板的"频率"和"幅值"两个数值输入控件中分别输入"200"和"10"，点击工具栏中的"运行"按钮，即可查看运行结果，如图 1.41 所示。然后保存程序并命名，关闭程序。

数据类型与基本操作

第2章

作为一种通用的编程语言，LabVIEW 与其他文本编程语言一样，掌握数据类型和操作是最基本的要求。LabVIEW 几乎支持所有常用的数据类型和数据操作，同时还拥有其特殊的数据类型。本章主要介绍一些基本的数据类型、字符串、数组、簇、矩阵和数据操作。

2.1 基本数据类型

数据类型是程序设计的基础，不同的数据类型在 LabVIEW 中存储的方式是不一样的，选择合适的数据类型不但能提高程序的性能，而且还能节省内存。在 LabVIEW 编程中会用到一些基本的数据类型与数据操作，基本数据类型包括数值型、布尔型、枚举类型、时间类型和变体类型。下面针对不同的数据类型进行详细讲解。

2.1.1 数值型

1. 基本功能

数值型是 LabVIEW 的一种基本的数据类型，可分为浮点型、整型和复数型三种基本形式。LabVIEW 中以不同的图标和颜色来表示不同的数据类型，其详细分类图标如图 2.1 所示，其详细信息如表 2.1 所示。

图 2.1 数值型数据分类图标

表 2.1 数值型数据的详细信息

数据类型	存储位数	数值范围	数据类型	存储位数	数值范围
64 位整型	64	−18446744073709551616～18446744073709551615	长整型	32	−2147483648～2147483647
无符号 64 位整型	64	0～18446744073709551615	无符号长整型	32	0～4394967295
双字节整型	16	−32768～32767	无符号双字节整型	16	0～65535
单字节整型	8	−128～127	无符号单字节整型	8	0～255
双精度浮点型	64	最小正数：4.94E−324 最大正数：1.79E+308 最小负数：−4.94E−324 最大负数：−1.79E+308	双精度复数浮点型	128	实部与虚部分别与双精度浮点型相同
单精度浮点型	32	最小正数：1.40E−45 最大正数：3.40E+38 最小负数：−1.40E−45 最大负数：−3.40E+38	单精度复数浮点型	64	实部与虚部分别与单精度浮点型相同
扩展精度浮点型	128	最小正数：6.48E−4966 最大正数：1.19E+4932 最小负数：−6.48E−4966 最大负数：−1.19E+4932	扩展精度复数浮点型	256	实部与虚部分别与扩展精度浮点型相同
定点浮点型	32	−2.147484E+9～+2.147484E+9			

在前面板上单击鼠标右键或选择菜单栏中"查看"下的"控件选板"选项，即可弹出"控件"选板对话框，在"控件"选板中会看到各种类型的数值输入控件与显示控件，如图 2.2 所示为数值型数据控件在"新式"显示风格下的面板，对于其他显示风格下的界面，用户可以在实际运用中加以熟悉。

数值控件选板中包括多种不同形式的输入控件和显示器，包括数值控件、时间控件、滚动条、旋钮、进度条、颜色盒等。这些控件本质上都是数值控件，它们大多功能相似，只是在外观上有所不同，只要掌握了其中一种的用法也就掌握了全部数值对象的用法。

图 2.2　数值型数据控件界面

2．数据类型转换

对于前面板或程序框图中的数值型数据，用户可以根据需要来改变数据的类型。在前面板或程序框图中使用鼠标右键单击目标对象，从弹出的快捷菜单中选择"表示法"选项，从该界面中可以选择该控件所代表的数据类型，如图 2.1 所示。

不同的数据类型转换可分为强制转换和显式转换两类，当进行强制转换时，强制转换点(红色小圆点)会出现在输入参数节点上。一般将两种不同类型的数据连接在一起时会出现强制转换现象，LabVIEW 会对不同的参数进行转换以适合运算。强制类型转换往往意味着要消耗较多的存储空间和运行时间，这就要求在设计 VI 时尽可能保证传递的数据一致。显式转换可以通过 LabVIEW 数据类型转换函数实现，LabVIEW 提供了丰富的数据类型转换函数供设计人员使用。显式转换函数位于"函数"选板"数值"下的"转换"子选板中，如图 2.3 所示。

图 2.3　显式转换函数面板

下面通过一个具体实例来讲解强制转换的使用方法。首先获取类型为 8 位无符号整型(U8)数组的长度，除以 2 后得出 For 循环循环处理的次数 N 值；随后使用 For 循环结构将数组中的元素两两合并转换为 16 位有符号整型(I16)数，并组合成新数组(新数组的长度是原来数组长度的一半)；For 循环结束后将新数组中的各元素均放大 1.5 倍输出。由于新数组为 I16 类型，而放大因子是双精度浮点型(DBL)，因此数组必须在参加乘法计算前被强制转换为双精度浮点型，这使原来长度为 2 B 的每个数组元素变为 8 B，存储缓冲空间同时增加了 4 倍。强制转换数值型数据程序框图如图 2.4 所示，运行结果如图 2.5 所示。

图 2.4　强制转换数值型数据程序框图

图 2.5　强制转换数值型数据运行结果图

无论是强制转换还是显式转换，LabVIEW 均遵循以下转换规律：

(1) 整型数转换为浮点数。LabVIEW 会将无符号或有符号整型数转换为最近似的浮点数。

(2) 浮点数转换为整型数。LabVIEW 按照"四舍五入"或"去尾法"的原则进行转换。例如，对于连接至 For 循环次数的浮点数，如果其值为 4.5，则按照去尾法取值 4 而非 5；而运算时如果涉及浮点数转换为整型数，则按照"四舍五入"的原则。

(3) 将枚举数当无符号整型数看待。LabVIEW 按照要求的范围将枚举类型匹配至适当的整数类型。当要转换的数在所定义枚举类型的范围内时，采用"四舍五入"的原则；如果超出范围，则按就近原则取所定义枚举类型范围的上限或下限。例如，枚举类型范围为 0~7，当需要将浮点数 5.2 转换为枚举数时，其值为 5；对 3.8 转换时，其值为 4；对 -2.8 转换时，其值为 0；对 12.9 转换时，其值为 7。

(4) 整型数之间的转换。LabVIEW 可以实现整型数之间的数据转换。如果转换源类型比目标类型范围小，则对有符号整型数来说，LabVIEW 会用符号位补充所有多余位；对无符号整型数来说，将在多余位补 0。如果转换源类型比目标类型范围大，则仅取低位部分。

(5) 整型、浮点型或定点类型到定点类型之间的转换。在进行整型、浮点型或定点类型到定点类型之间的转换时，对超出范围的数分别取上限或下限。

虽然设计人员可以在不同数值类型之间进行转换，但在设计时还是经常会用 I32 来代表整型数，用双精度浮点数代表浮点数。单精度浮点数基本上不会节省太多空间和处理时间，还经常会溢出，扩展的浮点数只在必要时才使用。当将多个不同类型的数据连接到一个函数时，通常 LabVIEW 会先将精度较高、范围较大的类型作为目标来转换所有数据类型，然后再进行计算。在 LabVIEW 的数值操作函数中，还包括一些底层的字节和位处理函数，这些函数对设计与硬件相关的一些应用极为有用。例如，在设计与单片机通信的程序或数据报文处理的程序时，使用这些函数将非常简便。

3．数值型控件属性的更改

如果用户希望更改数值型控件的属性，同样可以在前面板或程序框图中通过使用鼠标右键单击目标对象，从弹出的快捷菜单中选择"属性"选项，会弹出如图 2.6 所示的对话框。

图 2.6　数值型数据的属性对话框

该对话框共包括七个选项卡，分别为外观、数据类型、数据输入、显示格式、说明信息、数据绑定和快捷键。下面分别对几个常用选项卡的功能进行简要的说明。

1）"外观"选项卡

在此选项卡中可以设置数值控件的外观属性，包括标签、标题、启用状态、显示基数和显示增量/减量按钮等，各选项功能说明如下：

(1) 标签可见：标签用于识别前面板和程序框图上的对象。勾选"可见"选项，可以显示对象的自带标签并启用标签文本框对标签进行编辑。

(2) 标题可见：同标签相似，但该选项对常量不可用。勾选"可见"选项，可以显示对象的标题并使标题文本框可编辑。

(3) 启用状态：勾选"启用"选项，表示用户可操作该对象；勾选"禁用"选项，表示用户无法对该对象进行操作；勾选"禁用并变灰"选项，表示在前面板窗口中显示该对象并将对象变灰，用户无法对该对象进行操作。

(4) 显示基数：显示对象的基数，使用基数可以改变数据的格式，如十进制、十六进制、八进制等。

(5) 显示增量/减量按钮：用于改变该对象的值。

(6) 大小：分为高度、宽度两项，对数值输入控件而言，其高度不能更改，只能修改控件宽度数据。

与数值输入控件的外观属性配置选项卡相比，滚动条、旋钮、转盘、温度计、液罐等其他控件的外观属性配置选项卡稍有不同。如针对旋钮输入控件的特点，在外观属性配置选项卡又添加了定义指针颜色、锁定指针动作范围等特殊外观功能项。

2) "数据类型"选项卡

在"数据类型"选项卡中可以设置数据类型和范围等。应当注意，在设定最大值和最小值时，不能超出该数据类型的数据范围，否则，设定值无效。"数据类型"选项卡各部分的功能如下：

(1) 表示法：为控件设置数据输入和显示的类型，例如整型、双精度浮点型等。在数据类型选项卡中有一个表示法的小窗口，用鼠标左键单击该窗口，会得到如图 2.1 所示的数值类型选板。

(2) 定点配置：可用于设置定点数据的配置。启用该选项后，将表示法设置为"定点"，可配置编码或设置范围。编码即设置定点数据的二进制编码方式，"带符号与不带符号"选项用于设置定点数据是否带符号。"范围"选项用于设置定点数据的范围，包括最大值和最小值。"所需 Delta 值"选项用来设置定点数据范围中任意两个数值之间的差值。

3) "显示格式"选项卡

在此选项卡中用户可以设置数值的格式与精度，其各部分功能介绍如下：

(1) 类型：数值计数方法可选"浮点"、"科学计数法"、"自动格式"和"SI 符号"四种方法。其中，"浮点"表示以浮点计数法显示数值对象；"科学计数法"表示以科学计数法显示数值对象；"自动格式"是指以 LabVIEW 所指定的合适的数据格式显示数值对象；"SI 符号"指以 SI 表示法显示数值对象，且测量单位出现在数值后。

(2) 精度类型和位数：可显示不同表示法的精度位数或者有效数字位数。

(3) 隐藏无效零：表示当数据末尾的零为无效零时不显示，但若数值无小数部分，该选项会将有效数字精度之外的数值强制为零。

(4) 以 3 的整数倍为幂的指数形式：显示时采用工程计数法表示数值。

(5) 使用最小域宽：当数据实际位数小于用户指定的最小域宽时，用户选择此选项后，在数据左端或者右端软件将用空格或者零来填补额外的字段空间。

(6) 高级编辑模式：选中"高级编辑模式"时，页面中的内容会发生变化。其中，"格式字符串"用于格式化数值数据的格式符；"合法"指示灯表示格式字符串的格式是否合法；"还原"按钮用来将不合法的字符串格式恢复到上一个合法的格式；"格式代码显示"用于格式字符串中的格式代码，双击格式代码或选中格式代码后，再单击"插入格式字符串"

按钮可将其插入格式字符串。

(7) 时间格式：当数值对象格式为绝对时间或相对时间时，设置控件中的时间显示格式为"自定义时间格式"、"系统时间格式"和"不显示时间"。时间格式包括 24 小时制、AM/PM(12 小时制)、HH:MM(小时:分钟)和 HH:MM:SS(小时:分钟:秒数)。

(8) 日期格式：当数值对象格式为绝对时间或相对时间时，设置控件中的日期显示格式为"自定义日期格式"、"系统日期格式"和"不显示日期"。日期格式包括 M/D/Y(月/日/年)、D/M/Y(日/月/年)、Y/M/D(年/月/日)、不显示年份、显示两位年份和显示四位年份。

4) "说明信息"选项卡

用户可以在此选项卡中根据具体情况在说明和提示框中加注描述信息，用于描述该对象并给出使用说明。提示框用于 VI 运行过程中当光标移到一个对象上时显示对象的简要说明。

5) "数据绑定"选项卡

"数据绑定"选项卡用于将前面板对象绑定至网络发布项目项以及网络上的发布-订阅协议(PSP)数据项。各选项功能说明如下：

(1) 数据绑定选择：指定用于绑定的服务器，包括"未绑定"、"共享变量引擎(NI-PSP)"以及"DataSocket"三个选项。其中，"未绑定"表示对象未绑定至网络发布的项目或 PSP 数据项；"共享变量引擎(NI-PSP)"通过共享变量引擎，将对象绑定至发布的项目项或网络上的 PSP 数据项；"DataSocket"通过 DataSocket 服务器、OPC 服务器、FTP 服务器或 Web 服务器，将对象绑定至一个网络上的数据项。

(2) 访问类型：指定正在配置对象的访问类型，包括"只读"、"只写"以及"读/写"三个选项。其中，"只读"指定对象从网络发布的项目项或从网络上的 PSP 数据项读取数据；"只写"指定对象将数据写入到网络发布的项目项或网络上的 PSP 数据项；"读/写"指定对象从网络发布的项目项读取数据，向网络上的 PSP 数据项写入数据。

(3) 路径：指定与当前配置的共享变量绑定的共享变量或数据项的路径，单击"浏览"按钮可打开"选择项源"对话框，选择用于绑定对象的共享变量或数据源。

6) "快捷键"选项卡

"快捷键"选项卡用于设置控件的快捷键。各选项功能说明如下：

(1) 选中：为该控件设置一个选中快捷键。

(2) 增量：为该控件设置一个增量快捷键。

(3) 减量：为该控件设置一个减量快捷键。

(4) 现有绑定：列出已使用的按键分配。如果选择列表框中显示"现有按键分配"，LabVIEW 将把该按键分配给当前控件，并删除之前的按键分配。

(5) Tab 键动作：定位至该控件时控制 Tab 键的动作，勾选"按 Tab 键时忽略该控件"复选框时忽略该控件。

2.1.2 布尔型

1. 基本功能

布尔型数据在 LabVIEW 中的应用比较广泛。因为 LabVIEW 程序设计的很大一部分功能体现在仪器设计上，而在仪器设计时经常会遇到一些类似控制按钮和指示灯的控件，这些控件的数据类型一般为布尔型。另外，在程序设计过程中进行一些判断时也需要用到布尔型数据。

布尔型的值为 0 或者 1，即真(TRUE)或者假(FALSE)，通常情况下，布尔型又称逻辑型。在前面板上单击鼠标右键或者直接在菜单栏中选择"查看"下的"控件选板"选项，即可弹出"控件"选板对话框，在对话框中就可找到"布尔"子选板，如图2.7所示。

图 2.7　新式风格"布尔"子选板

从图中可以看到各种布尔型输入控件和显示控件，如开关、指示灯、按钮、单选按钮等，用户可以根据需要选择合适的控件。布尔控件用于输入并显示布尔值(TRUE/FALSE)。

2. 设计实例

下面介绍一个简单温度监控系统的设计，该系统可用于监控实验室的温度，当温度超过设定温度时，警示灯亮，以示警告。程序设计过程如下：

步骤一：打开 LabVIEW 2015，新建一个 VI。在前面板添加一个布尔型的指示灯和一个浮点型的数值显示控件。

步骤二：打开程序框图，首先在"函数"选板中选择"编程"→"结构"→"While循环"，将该结构添加到程序框图中，在"循环条件"端子单击鼠标右键选择"创建输入控件"。然后，选择"编程"→"数值"→"随机数(0-1)"，将函数添加到 While 循环体内，选择"编程"→"数值"→"乘"命令对随机数放大 50 倍，把计算得出的结果显示在数值显示控件内。接着，选择"编程"→"比较"→"大于?"，将函数添加到程序框图中，把放大 50 倍的随机数与常量 35 进行大小比较。由于比较结果是布尔型数据，最后把比较结果连接至温度警示灯输入端子。

步骤三：添加延时函数。在函数选板中选择"编程"→"定时"→"等待(ms)"，将所选函数添加到 While 循环体内，在输入端子创建一个常量，常量数据为1000，表示每一秒钟运行一次该程序，实现循环运行的效果。程序连线如图2.8所示。

步骤四：运行程序，点击工具栏中的"运行"按钮，观察运行效果，如图2.9所示。

图 2.8　简易温度监控系统程序框图　　　　图 2.9　简单温度监控系统效果图

3. 布尔属性配置

在前面板的布尔控件上单击鼠标右键,即可弹出快捷菜单,选择"属性"选项,则可打开如图 2.10 所示的布尔属性对话框。

图 2.10　布尔属性对话框

下面对其属性配置选项卡中的"外观"选项卡和"操作"选项卡进行说明。

1)"外观"选项卡

打开布尔控件属性配置对话框,"外观"选项卡为默认选项卡。可以看到该选项卡与数值"外观"配置选项卡基本一致。下面介绍一些与数值控件"外观"选项卡不同的选项及其相应的功能。

(1) 开:设置布尔对象状态为真时的颜色。

(2) 关:设置布尔对象状态为假时的颜色。

(3) 显示布尔文本:在布尔对象上显示用于指示布尔对象状态的文本,同时使用户能够在开时文本和关时文本的文本框中进行编辑。

(4) 文本居中锁定:将显示布尔对象状态的文本居中显示。也可使用锁定布尔文本居中属性,通过编程将布尔文本锁定在布尔对象的中部。

(5) 多字符串显示:允许为布尔对象的每个状态显示文本。如取消勾选,在布尔对象上将仅显示关时文本的文本框中的内容。

(6) 开时文本：布尔对象状态为真时显示的文本。

(7) 关时文本：布尔对象状态为假时显示的文本。

(8) 文本颜色：说明布尔对象状态的文本颜色。

2)"操作"选项卡

该选项卡用于为布尔对象指定按键时的机械动作，包括按钮动作、动作解释、所选动作预览和指示灯等选项，各选项的功能如下：

(1) 按钮动作：用于设置布尔对象的机械动作，共

图 2.11　布尔对象的机械动作

有六种机械动作可供选择，如图 2.11 所示。机械动作也可以通过在前面板单击鼠标右键输入"布尔型控件"，在弹出的快捷菜单中选择"机械动作"即可。各种机械动作的详细说明如表 2.2 所示。

表 2.2　机械动作的详细说明

动 作 名 称	动 作 说 明
单击时转换	按下鼠标时改变值，并且新值一直保持到下一次按下鼠标为止
释放时转换	按下鼠标时值不变，释放鼠标时改变值，并且新值一直保持到下一次释放鼠标为止
保存转换直到释放	按下鼠标时改变值，保持新值一直到释放鼠标时为止
单击时触发	按下鼠标时改变值，保持新值一直到被 VI 读取一次为止
释放时触发	释放鼠标时改变值，保持新值一直到被 VI 读取一次为止
保持触发直到释放	按下鼠标时改变值，保持新值一直到释放鼠标并被 VI 读取一次为止

机械动作的图例中有 3 行字母和图形的组合。第一行 m(motion)表示鼠标在控件上的动作，图形中凹下表示按下，其余表示释放状态；中间行 v(value)表示控件值的变化情况，图形中凹下水平线表示 False 或 0，凸起水平线表示 True 或 1；最后一行 RD(read)表示程序读取控件值，图形中的脉冲表示读取的时刻。

(2) 动作解释：具体描述选中的机械动作。

(3) 所选动作预览：显示全部所选动作的按钮，用户可以测试按钮的动作。

(4) 指示灯：当预览按钮的值为真时，指示灯变亮。

2.1.3　枚举类型

1. 基本功能

LabVIEW 中的枚举类型和 C 语言中的枚举类型定义相同，它提供了一个选项列表，其中每一项都包含了一个字符串标识和数字标识，数字标识与每个选项在列表中的顺序一一对应。枚举类型包含在"控件"选板的"下拉列表与枚举"子选板中，而枚举常量包含在"函数"选板的"数值"子选板中，如图 2.12 所示。

枚举类型可以以 8 位、16 位或 32 位无符号整型数据表示，这三种表示方式之间的转换可以通过右键快捷菜单中的"属性"选项实现，其属性的修改与数值对象基本相同，在此不再赘述。

下面主要介绍如何实现枚举类型。首先，在前面板中添加一个枚举类型控件，然后使

用鼠标右键单击该控件，从弹出的快捷菜单中选择"编辑项"选项，即可弹出如图2.13所示的"枚举类的属性"对话框。在该对话框中通过"插入"按钮可以向枚举控件中添加字符串数据。

图2.12　枚举类型控件　　　　　　　图2.13　"枚举类的属性"对话框

2. 枚举控件信息的获取

怎样获取枚举控件里面的相关信息呢？下面通过一个简单的实例进行讲解。本实例的主要功能是从枚举控件中获取用户选择的星期数信息，显示在字符串显示控件中。

步骤一：打开LabVIEW 2015，新建一个VI。在前面板添加一个枚举型控件，使用鼠标右键点击该对象，在弹出的快捷菜单中选择"编辑项"选项，然后向枚举控件中添加星期日到星期六的七个选项信息。继续在前面板中添加一个数值显示控件和字符串显示控件，分别用来显示用户选中项的字符串标识(项)和数字标识(值)。

步骤二：打开程序框图，为枚举类型控件创建一个属性节点。使用鼠标右键单击该对象，在弹出的快捷菜单中，选择"创建"→"属性节点"→"下拉列表文本"→"文本"，将所选节点添加到程序框图中。连接相关对象连线端子，如图2.14所示。

步骤三：运行程序，查看结果。在工具栏中点击"连续运行"按钮，选择枚举控件中的不同选项，可以在字符串显示控件中看到选中星期数的信息，在数值显示控件中看到该星期数在编辑项的数字标识，如图2.14所示。

图2.14　枚举类型实例

2.1.4 时间类型

1. 基本功能

时间类型是 LabVIEW 中特有的数据类型,用于输入与输出时间和日期。时间标识控件位于"控件"选板的"数值"子选板中,时间常数位于"函数"选板的"定时"子选板中。

图 2.15 "设置时间和日期"对话框

使用鼠标右键单击时间标识控件,在弹出的快捷菜单中选择"显示格式"选项,或者选择"属性"选项,再选择"显示格式"选项卡,在弹出的对话框中可以设置时间和日期的显示格式和显示精度,与数值属性的修改类似。单击时间日期控件旁边的时间与日期选择按钮▦,可以打开如图 2.15 所示的"设置时间和日期"对话框。

在时间类型中,几个比较重要的常用函数介绍如下:

(1)"获取日期/时间(秒)"函数。该函数的实现功能是返回一个系统当前时间的时间戳。LabVIEW 计算该时间时采用的是自 1904 年 1 月 1 日星期五 0 时 0 分 0 秒起至当前的秒数差,并利用"转换为双精度浮点数"选项将该时间戳的值转为浮点数类型。其调用路径为"编程"→"定时"→"获取日期/时间(秒)",如图 2.16 所示。

(2)"格式化日期/时间字符串"函数。该函数的功能是使用时间格式代码指定格式,并按照该格式将时间标识的值或数值显示出来。图 2.17 给出了该函数的接线端子。只要在"时间格式化字符串(%c)"输入端输入不同的时间格式代码,该函数就会按照指定的显示格式输出不同的日期/时间值;"时间标识"输入端通常连接在"获取日期/时间(秒)"函数上;"UTC 格式"输入端可以输入一个布尔值,当其输入为"True"时,输出为格林尼治标准时间,其默认为"False",输出为本机系统时间。

图 2.16 "获取日期/时间(秒)"函数 　　图 2.17 "格式化日期/时间字符串"函数

通过向时间格式化字符串输入不同的内容,可以提取不同的时间标识信息,如输入字符串为"%a"显示星期几,其他的输入格式与对应的显示信息如表 2.3 所示。

表 2.3 时间格式代码列表

输入字符	显示格式	输入字符	显示格式	输入字符	显示格式
%a	星期名缩写	%I	时,12 小时制	%x	系统当前日期
%b	月份名缩写	%m	月份	%X	系统当前时间
%c	本机日期/时间	%M	分钟	%y	两位数年份
%d	日期	%p	am/pm 标识	%Y	四位数年份
%H	时,24 小时制	%S	秒	%<digit>u	小数秒<digit>位精度

(3) "获取日期/时间字符串"函数。该函数的功能是使时间标识的值或数值转换为计算机配置时区的日期和时间字符串，其连续端子如图 2.18 所示。"时间标识"输入端通常连接在"获取日期/时间(秒)"函数上，也可以不输入信息；"日期格式"可选择日期字符串的格式，一般有"short"、"long"和"abbreviated"三种；"需要秒？"端子控制时间字符串中是否显示秒数；"日期字符串"是函数依据指定的日期格式返回的字符串；"时间字符串"是依据计算机上配置的时区返回的格式化字符串。

图 2.18 "获取日期/时间字符串"函数

2. 设计实例

下面通过一个获得系统当前时间的实例，将获得的系统当前日期和时间按照指定的格式显示出来，从而为读者提供一个从计算机时钟获取日期和时间的综合运用范例。

步骤一：打开 LabVIEW 2015 工具，创建一个 VI，命名为"获得系统当前时间.vi"。

步骤二：设计前面板。在控件面板中，选择"新式"→"字符串与路径"→"字符串显示控件"，添加三个字符串显示控件在前面板上，依次作为输出星期、当前日期和当前时间的字符串文本框。选择"新式"→"数值"→"时间标识显示控件"，并将其添加在前面板中，作为显示系统当前日期/时间文本框。

步骤三：添加 While 循环。在程序框图中添加一个 While 循环结构，移动光标到"循环条件"端子，单击鼠标右键，从弹出的快捷菜单中执行"创建输入控件"命令，创建一个停止按钮节点。

步骤四：添加延时节点。选择"函数"→"编程"→"定时"→"等待(ms)"，将函数添加到 While 循环体内，为该函数创建一个常量作为延时时间，单位为毫秒。

步骤五：主程序设计。选择"函数"→"编程"→"定时"→"获取日期/时间(秒)"，并将该函数和"格式化当前日期/时间字符串"函数添加到程序框图中，在"格式化当前日期/时间字符串"函数的"时间格式化字符串"端子上，创建字符串常量，分别输入"%a"、"%x"、"%X"等字符。将各函数输出端与相应的函数节点连接起来，会得到如图 2.19 所示的程序框图。运行程序，查看结果，如图 2.20 所示。

图 2.19 获得系统时间程序框图

图 2.20 获得系统时间效果图

2.1.5 变体类型

变体类型和其他的数据类型不同，它不仅能存储控件的名称和数据，而且还能携带控件的属性。例如，当把一个字符串转换为变体数据类型时，既可以保存字符串文本，还可将该文本标识为字符串类型。LabVIEW 中的任何一种数据类型都可以使用相应的函数来转换为变体数据类型。该数据类型包含在前面板"控件"选板的"变体与类"子选板中，如图 2.21 所示。该数据类型的相关函数位于程序框图"函数"选板的"编程"下的"簇"、"类和变体"下的"变体"子选板中，如图 2.22 所示。

图 2.21　"变体与类"子选板　　　　　图 2.22　"变体"函数子选板

变体数据类型主要用在 ActiveX 技术中，以方便不同程序间的数据交互。在 LabVIEW 中可以把任何数据都转换为变体数据类型。

"变体"函数子面板中各子函数的主要功能如下：

(1) 转换为变体：将任意 LabVIEW 数据转换为变体数据，也可以用于将 ActiveX 数据转换为变体数据。

(2) 变体至数据转换：将变体数据转换为可为 LabVIEW 所显示或处理的 LabVIEW 数据类型，也可用于将变体数据转换为 ActiveX 数据。

(3) 平化字符串至变体转换：将平化数据转换为变体数据。

(4) 变体至平化字符串转换：将变体数据转换为一个平化的字符串以及一个代表了数据类型的整型数组。ActiveX 变体数据无法平化。

(5) 获取变体属性：根据是否连接了名称参数，从某个变体的所有属性或值中获取名称和值。

(6) 设置变体属性：用于创建或改变变体数据的某个属性或值。

(7) 删除变体属性：删除变体数据中的属性和值。

2.2　数　据　运　算

LabVIEW 中提供了丰富的数据运算功能，除了基本的数据运算外，还有许多功能强大的函数节点，并且还支持通过一些简单的文本脚本进行数据运算。文本语言编程具有运算符优先级和结合性的概念，而 LabVIEW 是图形化的语言编程，不具有这些概念，其运算是按照从左到右沿数据流的方向顺序执行的。

2.2.1 数值函数选板

"数值"函数选板包含在"函数"选板的"数值"子选板中，主要实现加、减、乘、除等基本功能。LabVIEW 中的"数值"函数选板的输入端能够根据不同的输入数据类型自动匹配合适的数据类型，并且能够自动进行强制数据类型转换。该选板中还包含"转换"节点、"数据操作"节点、"复数"节点、"缩放"节点和"数学与科学常量"节点等，如图2.23 所示。

图 2.23 "数值"函数选板

下面对"数值"选板中的几种子选板进行简单的介绍。

1. "数据操作"子选板

"数据操作"子选板如图 2.24 所示，其中的节点可用于改变 LabVIEW 中的数据类型。"数据操作"子选板中的节点名称及其功能如表 2.4 所示。

图 2.24 "数据操作"子选板

表 2.4 "数据操作"子选板节点名称及其功能表

节点名称	作用及功能	节点名称	作用及功能
强制类型转换	将输入 x 强制转换为指定的数据类型	逻辑移位	将输入数据 x 左移 y 位,如果 y<0,则右移–y 位
平化至字符串	将任意输入数据平化为字符串	循环移位	将输入数据 x 循环移动 y 位
从字符串还原	将平化字符串转换为原数据类型	拆分数字	基于字节或字长拆分数字,拆为高位和低位
尾数与指数	计算输入数据对于 2 的指数幂和尾数	整数拼接	将高位和低位拼接起来,形成一个新的数
带进位的左移位	使输入值的每一位向左移动一位,在低阶位上插入传递,返回最高有效位	带进位的右移位	使输入值的每一位向右移动一位(从最高有效位到最低有效位),在高位上插入进位,返回最低有效位
交换字节	交换字数据中的高 8 位和低 8 位	交换字	交换长整型数据中的高 16 位和低 16 位

2. "复数"子选板

"复数"子选板如图 2.25 所示,子选板中的节点可用来进行复数操作。"复数"子选板中的节点名称及其功能如表 2.5 所示。

图 2.25 "复数"子选板

表 2.5 "复数"子选板节点名称及其功能表

节点名称	作用及功能	节点名称	作用及功能
复共轭	输出 x+yi 的复共轭 x–yi	复数至实部虚部转换	提取输入复数 x+yi 的实部 x 和虚部 y
极坐标至复数转换	将极坐标值模 r 和角度 theta 转换为复数	实部虚部至极坐标转换	将实部为 x、虚部为 y 的复数转换为极坐标值
复数至极坐标转换	将复数转换为极坐标值	极坐标至实部虚部转换	将极坐标值模 r 和角度 theta 转换为复数实部 x 和虚部 y
实部虚部至复数转换	输入实部 x 和虚部 y 组成复数 x+yi		

3. "缩放"子选板

"缩放"子选板如图 2.26 所示,子选板中的节点可用于将电压读数转换为温度或应变单位等。"缩放"子选板中的节点名称及其功能如表2.6所示。

图 2.26 "缩放"子选板

表 2.6 "缩放"子选板节点名称及其功能表

节点名称	作用及功能	节点名称	作用及功能
转换 RTD 读数	将 RTD 读取的电压值转换为摄氏温度值；输出可以是波形或标量	转换应变计读数	将应变计的电压读数转换为应变值；输入可以是波形或标量
转换热敏电阻读数	将热敏电压值转换为温度；输入可以是波形或标量	转换热电偶读数	将热电偶读取的电压值转换为温度值；输入可以是波形、数组或标量
弧度转换至角度	将数据从弧度转换为角度	RPM 转换至弧度/秒	将数据从每分钟转数(RPM)转换为弧度/秒
角度转换至弧度	将数据从角度转换为弧度	弧度/秒转换至 RPM	将数据从弧度/秒转换为每分钟转数(RPM)

2.2.2 布尔函数选板

"布尔"函数选板包含在"函数"选板中的"布尔"子选板中。"布尔"函数选板的输入数据类型可以是布尔型、整型、元素为布尔型或整型的数组和簇。"布尔"函数选板如图2.27所示。

图 2.27 "布尔"函数选板

输入数据为整型时，在进行布尔运算前，"布尔"函数选板会自动将整型数据转换成相应的二进制数，然后逐位进行逻辑运算，得到二进制数运算结果，再将该结果转换成十进制输出。输入数据为浮点型时，"布尔"函数选板能够自动将其强制转换成整数型后再运算。"布尔"子选板函数节点名称及其功能如表 2.7 所示。

表 2.7 "布尔"子选板函数节点名称及其功能表

节点名称	作用及功能	节点名称	作用及功能
与	将两个输入数进行逻辑"与"运算	与非	将两个输入数进行"与非"运算
或	将两个输入数进行逻辑"或"运算	或非	将两个输入数进行"或非"运算
异或	将两个输入数进行逻辑"异或"运算	同或	将两个输入数进行"同或"运算
非	将两个输入数进行逻辑"非"运算	蕴含	将一个输入进行"非"操作后的结果与另一个输入进行"或"操作
复合运算	将输入的多个对象进行相应操作，操作可以选择"加"、"乘"、"与"、"或"、"异或"	数组元素与操作	将数组所有元素进行"与"操作；数组元素都为 True 时输出为 True，否则输出为 False
数组元素或操作	将数组所有元素进行"或"操作；数组元素都为 False 时输出为 False，否则输出为 True	数值至布尔数组转换	将十进制数值转换为二进制，再按位转换为布尔型数组
布尔数组至数值转换	将布尔型数组转换为二进制数，再转换为十进制数值	布尔值至 (0，1)转换	将布尔型值真、假转换为数值 1、0

2.2.3 比较函数选板

"比较"函数选板包含在"函数"选板中的"比较"子选板中，用户使用"比较"函数选板可以进行数值比较、布尔值比较、字符串比较、数组比较和簇比较。"比较"函数选板如图 2.28 所示。

图 2.28 "比较"函数选板

不同数据类型的数据在进行比较时使用的规则不同，下面简单介绍一些基本规则。

(1) 布尔值比较：实际上就是 0 和 1 两个值的比较。

(2) 数值比较：相同数据类型直接进行比较；数据类型不同时，"比较"函数选板的输入端能够自动进行强制性数据类型转换，然后进行比较。

(3) 字符串比较：因为两个字符的比较是按照其 ASCII 的大小来比较的，所以两个字符串的比较是从字符串的第一个字符开始逐个进行比较，直到两个字符不相等为止。

(4) 数组比较和簇比较：与字符串的比较类似，该比较规则从数组或簇的第一个元素开始比较，直到有不相等的元素为止。进行簇比较时，簇中的元素个数、元素的数据类型及顺序的比较与数组相同。

2.2.4　表达式节点

表达式节点包含在"函数"选板的"数值"子选板中。使用表达式节点可以计算包含一个变量的数学表达式，该节点允许使用除复数外的任何数值类型。在表达式节点中可以使用的函数有 abs、acos、acosh、asin、asinh、atan、atanh、ceil、cos、cosh、cot、csc、exp、expml、floor、getexp、getman、int、intrz、ln、lnpl、log、log2、max、min、mod、rand、rem、sec、sign、sin、sinc、sinh、sqrt、tan、tanh 等。

表达式节点中有许多运算符可以使用，其中有很多是双目和三目运算符，由于表达式节点是单变量输入的节点，所以在双目和三目运算符中除输入变量外只能使用常量。表 2.8 中的运算符是按优先级由高到低的顺序排列的，同组运算符的优先级是一样的。

表 2.8　表达式节点的运算符表

次序	运算符	功 能 说 明	次序	运算符	功 能 说 明
1	**	指数运算	8	&	按位与
2	+、−、!、~	正、负、逻辑非、按位取反	9	^	按位异或
3	*、/、%	乘、除、求余	10	|	按位或
4	+、−	加、减	11	&&	逻辑与
5	>>、<<	算术右移、算术左移	12	||	逻辑或
6	>、<、>=、<=	大于、小于、大于等于、小于等于	13	? :	条件判断运算符
7	!=、==	不等于、等于			

下面用一个实例简述表达式节点的应用。给定任意 x，求表达式 $y=x**5+\cos(x)/\exp(x)$ 的值。

步骤一：打开 LabVIEW 2015 工具，新建一个 VI。

步骤二：打开前面板，添加一个数值输入控件和一个数值显示控件。

步骤三：在程序框图中添加一个表达式节点，在表达式节点中输入"x**5+cos(x)/ exp(x)"。连接相关端子连线，如图 2.29 所示。

步骤四：运行程序，查看运行结果，如图 2.30 所示。

图 2.29　表达式节点实例框图

图 2.30　表达式节点实例前面板

2.3　数　　组

在程序设计语言中，数组是一种常用的数据类型，是多个相同数据类型的元素按照一定顺序排列的集合，是一种存储和组织相同类型数据的良好方式。LabVIEW 也不例外，它提供了丰富的数组函数供用户在编程时调用。

数组由元素和维度组成，元素是组成数组的数据，维度是数组的长度、高度或深度。数组可以是一维的，也可以是多维的，每一维可具有多达 21 亿个数据。数组中的每一个元素都有其唯一的索引数值，对每个数组成员的访问都是通过索引数值来进行的。索引值从 0 开始，一直到 n–1，n 是数组成员的个数。

2.3.1　创建一维数组

一维数组是最基本的数组，表示一行或一列数据，描绘的是平面上的一条直线；多维数组则是在一维数组的基础上创建的。一维数组的创建过程如下：

步骤一：创建数组框架。在前面板窗口"控件"选板中，选择"新式"→"数组、矩阵与簇"→"数组"控件，如图 2.31 所示，将所选控件置于前面板窗口空白处。数组框架由左侧的索引号和右侧的元素区域两部分组成，如图 2.32 所示。通过索引号直接定位到数组的行、列，行、列索引都从 0 开始计算。空的数组框架默认为一维，而且不包含任何元素，需要用户设置维数并添加元素。

图 2.31　数组控件

图 2.32　数组框架

步骤二：添加数组元素。数组框架放置完成以后，选择一种简单类型的数据控件置于元素区域内，就形成了具体数据类型的数组。

步骤三：设置数组元素和显示数组元素。数组类型确定以后，为数组元素设置具体的数据值和显示元素。将光标移至元素区域右下角处，光标会变为三角梯形状，此时单击并拖动鼠标可以改变数组显示元素的个数，然后设置每一个元素的具体数据。注意，一维数组只能横向或纵向拖动形成一维队列，不能沿对角线拖动，多维数组才可以沿对角线拖动。

　　一维数组的长度由其中包含的元素个数决定，前面板中灰色元素不包含在数组中。如果需要删除、插入、复制、剪切某一个元素，可以右键单击该元素，在弹出的快捷菜单中选择"数据操作"选项，进入子菜单选择相应的选项即可。

2.3.2　创建多维数组

　　创建多维数组首先要在一维数组基础上修改维数，修改数组维数通常有以下几种方法。

　　(1) 通过改变索引框大小来增减维数。这种方法也是最简单、最常用的方法，具体操作步骤为：将光标移至索引号四周，会出现改变大小的箭头，单击鼠标拖动箭头改变索引框的大小和索引号的个数。索引号的个数代表了数组的维数，如图 2.33 所示为拖出两个索引号形成的二维数组，改变元素区域大小即可显示二维数组。

图 2.33　拖动索引号创建二维数组

　　(2) 通过索引号的右键快捷菜单选项"添加维度"来增加数组的维数，通过"删除维度"选项来减少数组的维数。

　　(3) 选择数组的右键快捷菜单"属性"选项，在弹出的"数组类的属性"对话框中改变数组的维数，如图 2.34 所示，在"大小"选项卡的"维"数字框中即可设置维数。

图 2.34　数组属性大小对话框

在前面板窗口中，既可以创建输入控件数组，也可以创建显示控件数组。在添加元素时选择"添加显示控件"即可创建显示控件数组。

在程序框图中可以创建数组常量。在程序框图"函数"选板中，选择"编程"→"数组"→"数组常量"选项，将函数置于程序框图窗口中。数组常量框架类似于前面板数组框架，包括索引号和元素区域。创建数组常量的过程与创建输入控件数组类似，设置显示的元素和增减维数的方法也相同。首先在数组常量框架中添加一个常量元素，然后设置数组元素。

2.3.3 循环结构创建数组

创建数组过程中可能会出现很多重复的内容，所以，大多时候可以利用循环结构来创建数组。下面通过生成 100 以内的随机整数创建一个 4×4 的二维数组。可按照以下步骤进行。

步骤一：创建一个 VI，在程序框图中添加一个 For 循环结构，设置循环次数为"4"，用来创建数组列。

步骤二：在第一个 For 循环结构中，再添加一个 For 循环结构，同样设置循环次数为"4"，用来创建数组行。

步骤三：在第二个 For 循环体内，添加一个"随机数(0-1)"函数，将生成的随机数扩大 100 倍后，取整数部分，作为数组中的元素数据。

步骤四：在第一个 For 循环结构外，创建一个数组数值显示控件，将"最近数取整"函数的输出端与数组的输入端连接。注意，要使两个 For 循环输出数据端口为"启用索引"状态，如果不是，可以通过在"自动索引隧道"的右键快捷菜单中选择"隧道模式"→"索引"选项即可，如图 2.35 所示。

图 2.35　循环结构创建数组框图和自动索引

步骤五：运行程序，在前面板窗口中即可显示结果，如图 2.36 所示。

图 2.36　循环创建数组结果图

2.3.4　数组函数

"数组"函数用于对一个数组进行操作，主要包括求数组的长度、替换数组中的元素、取出数组中的元素、对数组排序或初始化数组等运算。LabVIEW 的"数组"选板中包含丰富的数组函数，这些函数可以实现对数组的各种操作。函数是以功能函数节点的形式来表现的。"数组"函数选板可通过选择"编程"→"数组"选项得到，如图 2.37 所示。

图 2.37　"数组"函数选板

常见的"数组"函数包括以下几项。

(1) 数组大小。

"数组大小"函数可显示控件返回数组的位数。如果数组是一维的，则返回一个 32 位整数值；如果数组是多维的，则返回一个 32 位一维整型数组。节点的输入为一个 n 维数组，输出为该数组各维包含元素的个数。当 n=1 时，节点的输出为一个标量；当 n>1 时，节点的输出为一个一维数组，数组的每一个元素对应输入数组中每一维的长度。

下面通过一个实例来计算一维数组和二维数组的大小，步骤如下：

步骤一：创建一个 VI，命名为"计算数组大小.vi"。

步骤二：打开前面板，分别创建一个一维数组和一个二维数组，给数组元素赋予一些初始值，如图 2.38 所示。

步骤三：打开程序框图，添加"数组大小"函数，连接相关接线端，如图 2.39 所示。

步骤四：运行程序，在前面板窗口中即可显示结果，如图 2.38 所示。

图 2.38 计算数组大小前面板　　　　　　　　　图 2.39 计算数组大小框图

(2) 索引数组。

"索引数组"可用来索引数组元素或数组中的某一行。此函数会自动调整大小以匹配连接的输入数组维数。一个任意类型的 n 维数组接入此输入参数后，会自动生成 n 个索引端子组，将这 n 个索引端子作为一组，使用鼠标拖动到函数的下边沿可以增加新的输入索引端子组，这和数组的创建过程相似。每组索引端子对应一个输入端口。建立多组输入端子时，相当于使用同一数组输入参数，同时对该函数进行多次调用。输出端口可返回索引值对应的标量或数组。

下面通过一个实例说明对一维数组和二维数组进行索引的结果。程序操作步骤如下：

步骤一：新建一个 VI，命名为"数组索引实例.vi"，并保存。

步骤二：打开前面板，创建一个一维数组和一个二维数组，如图 2.40 所示即向数组元素赋予初始值。

图 2.40 数组索引实例前面板

步骤三：打开程序框图，添加"索引数组"函数。对于一维数组，"索引"端子输入值可设为"2"(数组下标)，表示第三个元素，在输出端子点击鼠标右键，在快捷菜单中选择"创建"→"显示控件"选项创建一个数值显示控件。对于二维数组的"索引数组"函数，拖动函数下边沿添加索引组，在第一个索引组的列端子和行端子都输入"2"，表示该二维数组的第三行第三列的元素；在第三个和第四个索引组只对其行端子或列端子输入数据"2"，表示第三行所有元素构成的一维数组和第三列所有元素构成的一维数组。用同样的方式创建即可显示控件，如图 2.41 所示。

图 2.41　数组索引实例框图

步骤四：运行程序，在前面板窗口中即可显示结果，如图 2.40 所示。

(3) 替换数组子集。

"替换数组子集"函数功能是从索引中指定的位置开始替换数组中的某个元素或子数组，拖动"替换数组子集"函数下边沿可以增加新的替换索引。其接线端子如图 2.42 所示。

图 2.42　"替换数组子集"函数接线端子

其中，"n 维数组"符号表示要替换元素、行、列或页的数组，可以输入任意类型的 n维数组。"索引 0，…，n–1"符号可用于指定数组中要替换的元素、行、列或页，如未连线该输入端，"新元素/子数组"输入的维数可确定 n 维数组的元素数，从元素 0 开始，函数进行替换。"新元素/子数组"符号表示数组或元素，用于替换由 n 维数组指定的数组中的元素、行、列或页。"输出数组"符号表示函数返回的数组已经对元素、行、列或页进行了替换。

下面用一个实例讲述一维数组元素的替换以及二维数组元素和子数组的替换方法。程序步骤如下：

步骤一：新建 VI，命名为"数组替换.vi"。

步骤二：打开前面板，创建一个一维数组和一个二维数组，如图 2.43 所示，表示向数组元素赋予初始值。

一维数组					输出一维数组				
0	23	34	45	56	0	23	67	45	56	0

二维数组					输出二维数组				
0 / 0	1	2	3	4	5	0 / 0	1	2	3	4	5
	11	12	13	14	15		11	12	13	14	455
	21	22	23	24	25		65	66	67	78	25
	31	32	33	34	35		31	32	33	34	35

图 2.43　数组替换实例前面板图

步骤三：打开程序框图，添加一个"替换数组子集"函数，连接一维数组输出端至 n

维数组输入端，索引端子输入常量"1"，新元素端子输入常量"67"，表示把一维数组的第二个元素替换为67。再添加一个"替换数组子集"函数，连接二维数组输出端至n维数组输入端，用鼠标拖动"替换数组子集"函数下边沿以增加新的替换索引组，对不同索引组的索引(行)、索引(列)、新元素/子数组端子输入不同的数据，如图2.44所示。

图2.44　数组替换实例程序框图

步骤四：运行程序，在前面板窗口中即可显示结果，如图2.43所示。

(4) 数组插入。

"数组插入"函数是向数组中插入新的元素或子数组，其接线端子如图 2.45 所示。n 维数组符号表示要插入元素、行、列或页的数组，可以输入任意类型的n维数组。"索引0,…, n−1"符号可指定数组中要插入元素、行、列或页的点。n 或 n−1 维数组符号表示要插入 n 维数组的元素、行、列或页。其使用与"替换数组子集"函数基本相同，此处不再赘述。

(5) 删除数组元素。

"删除数组元素"函数用于从数组中删除元素，可删除的元素包括单个元素或子数组。该函数的接线端子如图 2.46 所示。删除元素的位置由索引的值决定，长度端子指定要删除元素、行、列或页的数量，索引端子指定要删除的行、列或元素的起始位置。对二维及二维以上的数组不能删除某一个元素，只有一维数组允许删除指定元素。该函数的用法与"索引数组"函数基本相同，这里不再赘述。

图2.45　"数组插入"函数接线端子　　　图2.46　"删除数组元素"函数接线端子

(6) 初始化数组。

"初始化数组"函数的功能是创建一个新的数组，数组可以是任意长度，每一维的长度由选项"维数大小"所决定，元素的值都与输入的参数相同。初次创建的是一维数组，使用鼠标拖动函数的下边沿，可以增加新的数组元素，从而增加数组的维数。如图2.47所示是一个初始化数组函数应用的实例，具体步骤这里就不再赘述，读者可根据程序框图自行编写。

(7) 创建数组。

"创建数组"函数的功能是把若干个输入数组和元素组合为一个新的数组。函数包含标量和数组两种类型的输入。此函数可以接收数组和单值元素的输入，当此函数首次出现在框图窗口时，会自动附带一个标量输入。若要添加更多的输入，可以在函数左侧弹出的菜单中选择增加输入，也可以将鼠标放置在对象的一个角上拖动鼠标来增加输入。该函数在合并元素和数组时，按照出现的顺序从顶部到底部合并。如果需要把多个一维数组连接起来，仍然构成新的一维数组，可以使用鼠标右键单击该对象，在弹出的快捷菜单中选择"连接输入"即可。

图 2.47 "初始化数组"函数实例

其他数组函数的功能说明如表 2.9 所示。

表 2.9 其他数组函数功能说明表

数组函数名称	功　能　说　明
数组子集	从输入数组指定的"索引"提取指定"长度"的子数组并输出
数组最大值与最小值	如果输入为一维数组，则输出数组最大值、最小值及其位置(索引号)；如果输入为多维数组，则输出整个数组中的最大值、最小值和行列位置构成的数组；如果有多个最值，显示序号最小的位置
重排数组维数	将输入数组转换成新的 n 维数组，第 i 维的长度由"维数大小"决定，数组中元素按顺序保留
一维数组排序	将输入数组中的元素按照升序排列形成新的数组输出
搜索一维数组	在输入的一维数组中搜索指定的元素，输出该元素在数组中的位置(索引号)；如果没有找到则输出-1
拆分一维数组	从指定位置将一维数组分割成两个部分，并输出这两个子数组
反转一维数组	将输入的一维数组前后反转(数组中元素前后对换)后输出
一维数组循环移位	将输入的一维数组中元素循环后移 n 位并输出；如果 n 为负整数，则循环前移-n 位
一维数组插值	计算输入的一维数组指定位置处的线性插值并输出
以阈值插值一维数组	在输入的按升序排列的一维数组中寻找输入插值在数组中的位置
交织一维数组	将输入的一维数组中的元素按输入端子的顺序取出并交替组合成新的数组输出
抽取一维数组	函数"一维数组插值"的反操作，将输入的一维数组中的元素逐个按输出端子取出，形成多个数组输出
二维数组转置	将输入的二维数组转置后输出
数组至簇转换	将输入的一维数组转换为簇并输出，数组中的元素依次转换为簇中的元素
簇至数组转换	将输入的簇转换为一维数组并输出，簇中的元素依次转换为数组中的元素
数组至矩阵转换	将输入数组转换为矩阵并输出，数组中的元素按序号转换为矩阵中的元素
矩阵至数组转换	将输入矩阵转换为数组并输出，矩阵中的元素按序号转换为数组中的元素

2.4 字 符 串

字符串是 ASCII 字符的集合，包括可显示的字符(如 abc、123 等)和不可显示的字符(如换行符、制表符等)。字符串提供了一个独立于操作平台的信息和数据格式。LabVIEW 支持操作系统中各种字体，包括中文字体。LabVIEW 中常用的字符串数据结构有字符串、字符串数组等；在前面板中，字符串以文本输入框、标签和表格等形式出现。

2.4.1 字符串与路径

字符串是 LabVIEW 中一种基本的数据类型，LabVIEW 为用户提供了功能强大的字符串控件和字符串运算函数功能。

路径也是一种特殊的字符串，专门用于对文件路径的处理。在前面板中单击鼠标右键，打开"控件"选板，选择"新式"→"字符串与路径"子面板，可以看到有关字符串与路径的所有控件，如图 2.48 所示。

图 2.48 "字符串与路径"子面板

由图 2.48 可知，"字符串与路径"子选板共有三种对象供用户选择，即：字符串输入/显示控件、文件路径输入/显示控件和组合框控件。下面对几种控件进行详细的介绍。

1. 字符串控件

字符串控件用于输入和显示各种字符串。其属性配置选项卡与数值选项卡、布尔选项卡相似，读者可以参考前文的介绍，这里不再赘述。在字符串控件中最常用的是"字符串输入"和"字符串显示"两个控件。如果需要为字符串添加背景颜色可以使用"工具"选板中的设置颜色工具。如果需要修改字符串控件中文字的大小、颜色、字体等属性，需要先使用"工具"选板中的"编辑文本"工具选定字符串控件中的字符串，然后打开前面板工具栏中"文本设置"选项，选择符合用户需求的字体属性。

使用鼠标右键单击字符串控件，会弹出如图 2.49 所示的快捷菜单。由图 2.49 可知，有四种定义字符串的显示方式，每种显示方式及其含义如下：

(1) 正常显示：在这种模式下，除了一些不可显示的字符(如制表符、声音、Esc 等)，字符串控件显示可打印的所有字符。

(2) '\' 代码显示：选择这种显示模式后，字符串控件除了显示普通字符以外，用"\"形式还可以显示一些特殊控制字符，表 2.10 列出了一些常见的转义字符。

表 2.10　"\" 代码转义字符列表

字符	ASCII 码值	控制字符	功能含义
\n	10	LF	换行
\b	8	BS	退格
\f	12	FF	换页
\s	20	DC4	空格
\r	13	CR	回车
\t	9	HT	制表位
\\	39		反斜杠\

(3) 密码显示：密码模式主要用于输入密码，该模式下键入的字符均以"*"显示。

(4) 十六进制显示：可显示输入字符对应的十六进制 ASCII 码值。

同一个字符串内容用不同的显示方式显示，其结果如图 2.50 所示。

图 2.49　字符串快捷菜单　　　　　　　图 2.50　同一字符串不同显示方式

注意：在 LabVIEW 中，如果反斜杠后接的是大写字符，并且是一个合法的十六进制整数，则把它理解为一个十六进制的 ASCII 码值；如果反斜杠后接的是小写字符，而且是表中的一个命令字符，则把它理解为一个控制字符；如果反斜杠后接的既不是合法的十六进制整数，也不是表中的任何一个命令字符，则忽略反斜杠。

2. 路径控件

路径控件用于输入或返回文件或目录的地址。路径控件与字符串控件的工作原理相似，但 LabVIEW 会根据用户使用操作平台的标准句法将路径按一定格式处理。路径通常分为以下几种：

(1) 非法路径：如果函数未成功返回路径，该函数将在显示控件中返回一个非法路径值，非法路径值可作为一个路径控件的默认值来检测用户何时未提供有效路径，并显示一个带有选择路径选项的文件对话框。

(2) 空路径：空路径可用于提示用户指定一个路径，将一个空路径与文件 I/O 函数相连时，空路径将指向映射到计算机的驱动器列表。

(3) 绝对路径和相对路径：相对路径是文件或目录在文件系统中相对于任意位置的地址；绝对路径描述从文件系统根目录开始的文件或目录地址。使用相对路径可避免在另一台计算机上创建应用程序或运行 VI 时重新指定路径。

3. 组合框控件

"组合框"控件可用来创建一个字符串列表，在前面板上可按次序循环浏览列表。"组合框"控件类似于文本型或菜单型下拉列表控件。但是，"组合框"控件是字符串型数据，而下拉列表控件是数值型数据。

编辑"组合框"控件内容需要使用鼠标右键单击"组合框"控件，在弹出的快捷菜单中选择"编辑项…"选项，进入字符串编辑对话框；或者选择"属性"选项，在弹出的"组合框属性"对话框中选择"编辑项"选项卡，如图 2.51 所示。勾选复选框"值与项值匹配"，表示值与项内容一致，项确定以后不能修改值。选择右侧"插入"按钮添加项，选择"删除"按钮删除选中的项，"上移"或"下移"按钮用来上移或下移选中项在控件中显示的位置；勾选复选框"允许在运行时有未定义值"，表示可以有未赋值的空项存在。

图 2.51　"组合框属性"对话框

获取"组合框"控件的字符串内容，需要通过"组合框"控件的文本属性节点来获取。创建"组合框"控件的文本属性节点的方法是在程序框图中，使用鼠标右键组合框对象，在弹出的快捷菜单中选择"创建"→"属性节点"→"文本"→"文本"节点，然后创建一个显示控件即可。其函数代码和运行效果如图 2.52 所示。

图 2.52　"组合框"实例

2.4.2 字符串数组控件

字符串数组控件可以向用户提供一个可供选择的字符串项列表。字符串数组控件位于"控件"面板"新式"选项下的"列表、表格和树"子选板中，如图 2.53 所示。字符串数组控件包括列表框、多列列表框、表格和树形等，这几个控件的具体应用将在用户界面设计章节详细讲解。

图 2.53　字符串数组控件面板

1. 列表框

"列表框"控件可配置为单选或多选，多列列表框可显示更多的项信息。在运行时向"列表框"键入字符，LabVIEW 将在列表框中选择以键入字符开头的第一项。按左、右箭头键可选择与键入字符相匹配的上一项或下一项。使用鼠标右键单击列表框并从弹出的快捷菜单中选择"选择模式"下的"高亮显示整行"，则选中某一项时，整行内容将以高亮显示。

2. 表格

"表格"可以看成是由字符串组成的二维数组，每个单元格可以容纳一个字符串。

3. 树形

"树形"控件用于向用户提供一个可供选择的层次列表。用户将输入"树形"控件的项整理为若干组项或若干组节点，单击节点旁边的展开符号可展开节点，显示该节点中的所有项；单击节点旁的符号还可折叠节点。"树形"控件为目录状字符串，其第一列字符串可形成树形目录状，以后各列为一般字符串，可以用来添加备注说明等；"树形控件"的每一行是一个项，拖动项可以改变项所在的目录。

使用鼠标右键单击"树形"控件，在弹出的快捷菜单中选择"编辑项..."，会弹出如图 2.54 所示的"编辑树形控件项"对话框，可以对每一项进行编辑。勾选"仅作为子项？"复选框，表示该项只能作为子项，不能包含任何下层项；勾选"禁用？"复选框后，该项呈现灰色，表示该项被禁用。

图 2.54　"编辑树形控件项"对话框

2.4.3 字符串函数

　　LabVIEW 提供了用于对字符串进行操作的内置 VI 和函数，可对字符串进行格式化、解析等编辑操作。"字符串"操作函数位于程序框图"函数"选板"编程"选项下的"字符串"子选板中，如图 2.55 所示。

图 2.55　"字符串"子选板

下面对一些常用的字符串函数的使用方法进行详细的说明。

1．字符串长度

　　该函数可用于返回字符串、数组字符串、簇字符串等所包含的字符个数。如图 2.56 所示为一个返回字符串和数组字符串的长度。"字符串长度"函数有时可作为其他函数如 For 循环的输入条件使用。

图 2.56　"字符串长度"函数的使用

2．连接字符串

该函数的功能是将两个或多个字符串连接成一个新的字符串，拖动"连接字符串"函数的下边框可以增加或减少字符串输入端个数。如果"连接字符串"中需要换行，则可以在函数的输入端两个需要换行的字符串中间添加一个端口接入"回车键常量"、"换行符常量"或者"行结束常量"，如图 2.57 所示。

图 2.57　　"连接字符串"函数的使用

3．截取字符串

该函数的功能是返回输入字符串的子字符串，从偏移量位置开始，第一个为 0，输出长度端子输入数据个数的字符。如图 2.58 所示就是"截取字符串"函数和"连接字符串"函数的结合使用。

图 2.58　　"截取字符串"函数和"连接字符串"函数的结合使用

4．替换子字符串

该函数的功能是插入或替换子字符串，偏移量在字符串中指定，可以显示被替换的子字符串。该函数从偏移量位置开始在字符串中删除长度端子输入个数的字符，并使删除的部分替换为子字符串。如字符串长度为 0，"替换子字符串"函数在偏移量位置插入子字符串。如字符串为空，该函数在偏移量位置删除长度端子输入个数的字符。该函数的接线端子如图 2.59 所示，其中"字符串"端子输入的是要替换字符的字符串；"子字符串"端子输入包含用于替换字符串中位于偏移量处的长度端子输入个数的字符的子字符串；"偏移量"端子输入确定输入字符串中开始替换子字符串的位置；"长度"端子确定字符串中替换子字符串的字符数，如子字符串为空，则删除从偏移量开始的长度端子输入个数的字符；"结果字符串"端子输出包含已经进行替换的字符串；"替换子字符串"端子输出包含字符串中替换的字符串。如图 2.60 所示就是"替换子字符串"函数的使用。

图 2.59　　"替换子字符串"函数接线端子

图 2.60　"替换子字符串"函数的应用

5. 搜索替换字符串

"搜索替换字符串"函数的功能是将一个或所有子字符串替换为另一个子字符串。如需包括多行布尔输入，则可通过鼠标右键单击函数选择"正则表达式"实现。和"替换子字符串"函数一样，该函数也可用于查找并替换指定字符串。该函数接线端子如图 2.61 所示。

图 2.61　"搜索替换字符串"函数接线端子

该函数可用于修改多处错误拼写的字符串，比"替换子字符串"函数要方便。如图 2.62 所示为使用"替换子字符串"和"搜索替换字符串"函数进行比较字符串的替换。

2.62　两种替换子字符串方法的比较

6. 格式化写入字符串

"格式化写入字符串"函数的功能是将字符串、数值、路径或布尔量按指定格式转换成字符串，添加至初始字符串后输出，该函数的接线端子如图 2.63 所示。"格式字符串"端子指定函数转换输入参数为结果字符串的方法，默认状态可匹配输入参数的数据类型，时间标识只能按照时间格式，否则返回错误，使用鼠标右键单击函数，在快捷菜单中选择"编辑格式字符串"，可编辑格式字符串，通过特殊转义代码，可插入不可显示的字符、反斜杠和百分号。"初始字符串"端子指定可通过扩展参数组成结果字符串的基本字符串。"输入 1，…，n"端子指定要转换的输入参数，该参数可以是字符串、路径、枚举型、时间标识、布尔或任意数值数据类型，对于复数数据类型，该函数只转换实部。该函数不能用于数组和簇。

图 2.63 "格式化写入字符串"函数接线端子

下面通过一个将数值型数据转换成字符串并与其他字符串组合在一起输出的实例，来熟悉并掌握"格式化写入字符串"函数的应用。操作步骤如下：

步骤一：创建前面板控件。在前面板中，添加一个字符串输入控件"初始字符串"，添加两个数值输入控件"甲数"和"乙数"；将"初始字符串"和数值相加的结果组合成字符串，添加该输出的字符串显示控件"结果字符串"，并添加计算字符串长度的"字符串长度"显示控件，如图 2.64 所示。

图 2.64 前面板图

步骤二：创建程序框图函数节点。在程序框图中，采用字符串操作函数"格式化写入字符串"，将函数的初始字符串接线端与字符串输入控件接线端相连，函数的"输入"接线端分别连接控件"甲数"接线端、字符串"+"、"乙数"接线端、字符串"="和数值相加的结果。将函数"格式化写入字符串"的输出端和字符串显示控件"结果字符串"接线端相连；添加函数"字符串长度"，将函数输出端和数值显示控件"字符串长度"的接线端相连，如图 2.65 所示。

图 2.65 程序框图

步骤三：设置函数输入格式。使用鼠标右键单击函数"格式化写入字符串"，在弹出的快捷菜单中选择"编辑格式字符串"，弹出对话框，如图 2.66 所示。在"编辑格式字符串"

对话框中,"当前格式顺序"栏中包括 5 个输入;"已选操作(范例)"栏为选中格式对应的操作,"选项"栏为操作选项,可选择浮点表达,右侧用空格填空,小数点最大位数为 2;"对应的格式字符串"栏显示已经选择的格式所对应的代码。

图 2.66　"编辑格式字符串"对话框

如果用户了解格式字符串代码,可以直接修改代码编辑格式。格式字符串代码及其含义如表 2.11 所示。

表 2.11　格式字符串代码及其含义表

代　码	含　义	代　码	含　义
%g	自动选择格式	%x	十六进制数
%f	十进制浮点数	%o	八进制数
%e	科学计数法	%b	二进制数
%d	十进制整数	%s	字符串

步骤四:运行程序,前面板的结果如图 2.67 所示。

图 2.67　前面板结果图

7. 其他字符串函数

其他字符串函数的功能说明如表 2.12 所示。

表 2.12   其他字符串函数功能说明表

函 数 名 称	功 能 说 明
匹配模式	从指定偏移量开始搜索字符串，以此字符串头尾为限将原字符串分割成三个字符串输出
匹配正则表达式	从指定偏移量开始搜索字符串，以此字符串头尾为限将原字符串分割成三个字符串输出，比 "匹配模式" 搜索范围更广但速度慢
格式化日期/时间字符串	按指定格式输出系统时间字符串
扫描字符串	在 "输入字符串" 搜索指定格式，输出指定格式的偏移位置，根据此位置将输入字符串分割成前后两个子字符串输出
电子表格字符串至数组转换	将电子数据表类型的字符串转换成数组类型输出
数组至电子表格字符串转换	将数组转换成电子数据表类型的字符串输出
删除空白	删除字符串两端的空白。"位置(两端)" 为 0 表示删除输入字符串两端的空白，为 1 表示删除字符串首端的空白，为 2 表示删除输入字符串末端的空白
转换为大写字母	将输入字符串中的所有字母都转换成大写形式
转换为小写字母	将输入字符串中的所有字母都转换成小写形式

8．Express VI

1) 功能介绍

字符串操作函数子选板中还包含一个 "Express VI" 即 "创建文本" 选项，可对文本和参数化输入进行组合，创建输出字符串；如果输入的不是字符串，该 Express VI 将根据配置把输入转化为字符串。其图标和接线端子如图 2.68 所示。新建的 "创建文本" 包含输入接线端 "起始文本"，用来预置一段输入文本，作为该 Express VI 输出结果的起始段；输出接线端 "结果" 返回基于 Express VI 配置的结果数据。在该 Express VI 使用过程中，除了 "起始文本" 这一输入接线端以外，还可以通过添加参数来添加输入文本。

图 2.68   "创建文本" 图标和接线端子

2) 配置创建文本

在添加该 Express VI 时会自动出现配置框，选择快捷菜单(使用鼠标右键出现的菜单)选项 "属性" 也可打开配置框，如图 2.69 所示。

图 2.69 "配置创建文本"对话框

"配置创建文本"对话框包括如下选项：

(1) 带百分号的参数文本(%参数名%)：用来指定需要创建的文本，可通过在两个百分号符号之间添加文本来定义，每个参数仅可在创建的文本中使用一次。

(2) 配置参数，包括"参数"、"参数属性"、"示例文本"和"示例计算结果"。

"参数"可列举在"带百分号的参数文本(%参数名%)"中定义的所有变量。

"参数属性"指定选中参数对应的属性。单选框中的"文本"、"数字"、"布尔"选项分别表示将参数格式化为文本字符串、数值、布尔值。"格式"选项可根据参数的数据类型为其提供格式化选项。各种格式的范例会在格式名称后的括号中显示。

复选框"使用最小域宽"表示如果数据实际位数小于用户指定的最小域宽，将在文本、数字或布尔值的左端或右端用空格或零来填补额外的字段空间；"最小域宽"用来指定文本、数字或布尔值的最小字段宽度，默认值为 0；"调整"可以向左侧或右侧调整参数；"填充"是以空格或零填充数字。

"使用指定精度"选项会根据"精度"框中指定的精度将数字格式化，只有选择格式下拉菜单中的"格式化分数/科学计数法数字(12345)"、"格式化分数(12345)"或"格式化科学计数法数字(1.234E1)"时，该选项才可以使用；"精度"可修改表中数值的精度，默认值为 0。

"示例文本"根据参数属性中设置的选项，示范文本配置结果。

"示例计算结果"是根据参数属性的选项，显示在示例文本、示例数或示例布尔输入中的值。

3) 实例

下面通过将字符串控件"X"、"Y"与其值用"创建文本"组合起来的实例，更深层次地认识"创建文本"函数的应用。操作步骤如下：

步骤一：创建前面板控件。在前面板中，添加一个字符串输入控件"起始文本"，添加两个字符串输入控件"X"和"Y"，添加两个数值输入控件"xValue"和"yValue"；添加一个将所有输出字符串和数值组合起来的结果的字符串显示控件"结果"，如图 2.70 所示。

图 2.70　前面板图

步骤二：创建程序框图函数节点。在程序框图中，添加字符串操作函数"创建文本"，将函数的起始文本接线端与字符串起始文本输入控件接线端相连，将函数的结果接线端与字符串结果输入控件接线端相连。

步骤三：配置创建文本属性对话框。使用鼠标右键单击"创建文本"，在弹出的快捷菜单选择"属性"选项，弹出"配置创建文本"对话框，如图 2.71 所示。在"带百分号的参数文本"中设置需要输出的字符串，使用字符串"%参数名%"的格式添加输入参数。操作完成后，参数会自动添加到下方的"参数"栏中。选中参数，可在右侧"参数属性"项中设置变量的格式。本例设置"X"和"Y"为文本类型，设置"xValue"和"yValve"为"数字"类型、格式为"格式化分数"、"精度"设为"2"。如图 2.72 所示为连接相关节点连线端。

步骤四：运行程序，前面板显示的结果如图 2.70 所示。

图 2.71　设置创建文本

图 2.72　程序框图

9. 附加字符串函数

此外，字符串选板中还有"附加字符串函数"子选板，如图 2.73 所示。该子选板提供的字符串操作函数功能如表 2.13 所示。

图 2.73　"附加字符串函数"选板

表 2.13　"附加字符串函数"功能表

函 数 名 称	函 数 功 能
搜索/拆分字符串	从输入字符串指定偏移量开始搜索指定字符串，输出指定字符串所在位置，并根据此位置将原字符串分为前后两个字符串输出
选行并添加至字符串	在多行字符串中选择"指定行索引"，添加至原字符串后形成新的字符串输出
匹配字符串	在字符串组中搜索字符串，输出相匹配的字符串及其在原字符串组中的序号
匹配真/假字符串	检查输入字符串的开头是否与指定的真/假字符串一致；如果有一致的部分，则将输入字符串一致的部分删除后输出，并输出对应的布尔值；如果两者都有一致的部分，则较短的字符串有效
在字符串中搜索标记	从指定偏移量开始搜索指定符号，输出符号及符号后一位所在的位置
搜索替换模式	在原字符串中搜索指定字符串，如有相符，用"替换字符串"替换相符部分后输出，并输出在原字符串中后一位的位置
索引字符串数组	选择字符串组中指定索引的字符串，添加到原字符串后形成新的字符串输出

函 数 名 称	函 数 功 能
添加真/假字符串	根据布尔选择量选择真/假字符串其中的一个字符串,添加到原字符串后形成新的字符串输出
字符串移位	将原字符串中第一个字符移至最后并输出
反转字符串	将原字符串中所有字符顺序颠倒后输出,例如"abcde"→"edcba"

2.5　簇

与数组类型相似,簇也是 LabVIEW 中一种复合型数据类型,它对应 C 语言等文本编程语言的结构体变量。不同的是,数组中只能包含一种简单的数据类型,而簇中则可以包含多种数据类型的元素,包括简单数据类型和复合数据类型。

由于簇可以包含不同的数据类型,创建簇时要将不同类型的数据打包;访问簇中的元素时要先将簇解包,这一点和访问数组中的元素不同。另外,在运行过程中,数组的长度可以自由改变,而簇的元素个数是固定的。

2.5.1　簇的创建

簇位于"控件"面板中"新式"下的"数组、矩阵与簇"子选板中。簇的创建方法与数组的创建方法类似,首先选择"簇"控件,将其拖入前面板中,创建一个空簇,然后在簇中可以添加不同类型的对象控件,如数值型控件、布尔型控件和字符串控件等。将光标移到簇框架四周,光标会变成调整大小的斜箭头,单击并拖动箭头可以改变簇框架的大小。

创建完成的簇作为一个复合型数据,只能选择输入控件或显示控件两者之一的属性,不能同时拥有输入控件和显示控件两种属性。当选择一种属性以后,簇中所有元素都变为此属性。簇输入控件或显示控件的性质由最初添加的数据决定,可以通过右键快捷菜单选项进行转换。如图 2.74 所示的簇为输入控件簇,选择簇框架右键快捷菜单中的"转换为显示控件"选项可以将簇转换成显示控件簇,此时所有元素都变成显示控件。

图 2.74　"簇"控件的属性

簇中的元素是有次序的。簇中元素的次序按照元素放入簇中的先后顺序进行排列。如果两个簇中元素相同，但排列顺序不同，那么这两个簇是不同的簇。

若要对簇中元素的次序进行修改，不必删除簇中元素再重新添加，可以在簇框架的边框上单击鼠标右键，选择弹出的簇的右键快捷菜单中的"重新排序簇中的控件..."选项，进入"次序设置"窗口，重新设置簇中元素的顺序，如图 2.75 所示。

图 2.75 "次序设置"窗口

设置顺序的具体操作过程为：在工具栏"次序设置"框中，通过键盘输入设置元素的次序号(一般从 0 开始)；将光标移至窗口，在需要设置顺序的元素区域框上依次单击鼠标，完成该元素顺序的设置。

2.5.2 簇函数

簇函数位于"函数"选板中"编程"选项下的"簇、类与变体"子选板中，如图 2.76 所示。

图 2.76 簇函数选板

下面对常用的簇函数的功能进行详细的介绍。

1) 按名称解除捆绑

"按名称解除捆绑"函数的功能是根据名称有选择地输出簇的内部元素，其中元素名称指元素的标签。

如图 2.77 所示，在前面板中创建一个簇，簇中包含数组、滚动条和字符串三个数据。

将"按名称解除捆绑"函数拖放到程序框图中，初始情况下只有一个输出接线端，类型默认为簇中第一个输入数据类型，可使用鼠标左键单击该端口选择希望解除捆绑的数据类型，或者将函数图标边框下拉以改变输出数据端口数量，并同时对原簇数据中的几个值进行解除捆绑。

图 2.77　"按名称解除捆绑"函数的使用

2) 按名称捆绑

"按名称捆绑"函数的功能是通过元素的名称给簇的内部元素赋值，形成一个新的簇并输出。"按名称捆绑"函数通过参考簇来获得元素的名称，其中参考簇是必不可少的。

与"按名称解除捆绑"函数类似，将"按名称捆绑"函数拖放到程序框图中时，默认只有一个输入接线端，当其输入簇端口接入簇数据时，左侧的接线端口默认为第一个簇数据类型。同样可以通过使用鼠标左键单击该端口选择希望替换的数据类型，并赋值；也可以下拉函数图标边框，通过改变赋值元素数量对原簇数据中的几个值进行赋值。

下面介绍通过编程来实现温度显示器显示数据的操作方法。用一个温度配置器来设置显示方式和温度上限，用 0～100 的随机数来产生模拟数据。程序设计步骤如下：

步骤一：打开 LabVIEW 2015 工具，创建一个 VI，并保存为"簇温度显示器.vi"。

步骤二：创建前面板控件。打开前面板，向面板中添加两个簇控件，分别为"温度配置器"和"温度显示器"。在"温度配置器"簇中添加一个布尔型的水平摇杆控件，作为温度模式选择方式控件，开为华氏模式，关为摄氏模式；添加一个数值输入控件，作为温度上限值的设置控件。在"温度显示器"簇中添加一个数值型温度计控件，作为模拟温度数据的显示控件；添加三个布尔型的圆形指示灯控件，分别显示是否报警、摄氏模式和华氏模式；添加一个数值型显示控件，作为设置报警上限值的显示控件。

步骤三：程序框图的编写。在本框图中有一些结构需要在后面的章节中学习，这里只是简单应用，不具体解释。打开程序框图，在"函数"面板中选择"编程"下的"结构"子面板，选择"While 循环"结构并添加到程序框图中，并且把两个簇对象放到循环体内；选择"编程"下的"定时"子面板，选择"等待(ms)"函数，设置输入端子常量为 1000；添加一个数值型的"随机数(0-1)"函数，并扩大 100 倍，产生模拟温度数据；添加一个"按名称解除捆绑"函数，获取"温度配置器"簇中的元素值；添加一个条件结构并在条件为"真"的框图中添加一个公式节点结构，在公式节点结构中输入华氏度与摄氏度的计算方法；添加一个簇常量对象为参考簇，在参考簇中添加不同的五个常量，分别表示簇的内部元素名称和类型；添加"按名称捆绑"函数，实现温度显示器簇内部元素的赋值功能。连接相应的接线端，如图 2.78 所示。

图 2.78　温度显示器程序框图

步骤四：运行程序，查看运行结果，如图 2.79 所示。

图 2.79　温度显示器前面板

3）解除捆绑

该函数的功能是解开簇中各个元素的值。默认情况下，它会根据输入簇自动调整输入端子的数目和数据类型，并按照内部元素索引的顺序排列。在每一个输出接线端对应一个元素，并在接线端上显示出对应元素的数据类型。同时，接线端上数据类型出现的顺序与簇中元素的数据类型顺序一致，但是可以选择输出元素的个数。

4）捆绑

该函数可用于为参考簇中各元素赋值。一般情况下只要输入的数据顺序和类型与簇的定义匹配，就不再需要参考簇，但是当簇内部元素较多，或者用户没有太大把握的时候，建议加上参考簇。参考簇必须与输出簇完全相同，可以直接使用鼠标右键单击需要赋值的簇，选择"创建"下的"常量"选项创建一个与输出簇完全相同的常量簇作为参考簇。

下面通过一个将不同类型的数据打包形成一个簇，然后再向簇中添加元素的实例，来熟悉"捆绑"函数的应用。程序设计步骤如下：

步骤一：打开 LabVIEW 2015 工具，创建一个 VI，并保存为"簇捆绑.vi"。

步骤二：创建前面板。在前面板中创建一个与软件相关的信息数据，数据类型分别为字符串、数值、布尔类型。在程序框图中，添加"捆绑"函数，设置 3 个输入端子，分别连接 3 个数据。在输出端口选择创建一个显示控件"软件信息"，运行程序，程序框图和前面板中结果如图 2.80 所示。

图 2.80　"捆绑"函数应用

步骤三：向已经存在的"软件信息"簇中添加一个新的"公司"数据。在程序框图中，继续添加"捆绑"函数，设置 2 个输入端子，分别连接"软件信息"簇和新添加的"公司"数据，运行程序，程序框图和前面板结果如图 2.81 所示。

图 2.81　"捆绑"函数添加新数据

5) 创建簇数组

"创建簇数组"函数的功能是将每个组件的输入捆绑为簇，然后将所有组件簇组成以簇为元素的数组。每个簇都是一个成员。

如图 2.82 所示，首先需要将输入的两个一维数组转换成簇数据，然后再将簇数据组成一个一维数组。生成的"簇数组"中有两个元素，每个元素均为一个簇，每个簇则含有一个一维数组。在使用"簇数组"时，要求输入数据类型必须一致。

图 2.82　"创建簇数组"函数的应用

6) 簇至数组转换/数组至簇转换

"簇至数组转换"函数的功能是将相同数据类型元素组成的簇转换为数据类型相同的一维数组;"数组至簇转换"函数的功能是将一维数组转换为簇,簇元素与一维数组元素的数据类型相同。

把数组转换为簇时,必须指定簇的元素数量,因为 LabVIEW 无法预料输入数组的数量。默认的簇有 9 个元素,因此在使用"数组至簇转换"函数时,在创建的空簇中必须放入 9 个元素,当输入数组的值不足 9 个时,簇则默认为 0。可以通过使用鼠标右键单击函数图标,在快捷菜单中选择"簇大小"选项,会弹出如图 2.83 所示的"簇大小"对话框,可用于改变簇元素的个数,最大可达到 256 个。

图 2.83   "簇大小"对话框

2.6   矩   阵

在数学概念上,矩阵(Matrix)是指纵横排列的二维数据表格,最早来自于方程组的系数及常数所构成的方阵。这一概念由 19 世纪英国数学家凯利首先提出。矩阵是高等代数学中的常见工具,也常见于统计分析等应用数学学科中。在物理学中,矩阵在电路学、力学、光学和量子物理中都有应用。在计算机科学中,三维动画制作也需要用到矩阵。矩阵的运算是数值分析领域的重要问题。将矩阵分解为简单矩阵的组合,可以在理论和实际应用上简化矩阵的运算。

LabVIEW 8 之前的版本只能通过二维数组来实现对矩阵的操作。但是数组的运算方法和矩阵的运算方法有很大的区别,比如两个数组相乘是直接将相同索引的数组元素相乘,而矩阵的相乘必须按照线性代数中规定的方法相乘。因此,用数组实现矩阵运算是非常麻烦的。LabVIEW 8 版本加入了对矩阵运算的支持,从而把矩阵运算变得非常简单。

2.6.1   矩阵的概念

矩阵可存储实数或复数标量数据的行和列,故在矩阵运算(尤其是一些线性代数运算)中应使用矩阵数据类型,而不是使用二维数组表示矩阵数据。执行矩阵运算的数学 VI 接收矩阵数据类型并返回矩阵结果,这样数据流后续的多态 VI 和函数就可以执行特定的矩阵运算;如不执行矩阵运算的数学 VI 可支持矩阵数据类型,则该 VI 会自动将矩阵数据类型转换为二维数组,如将二维数组连接至默认为执行矩阵运算的 VI,根据二维数组的数据类型,该 VI 会自动将数组转换为实数或复数矩阵。

大多数数值函数支持矩阵数据类型和矩阵运算。例如,乘法函数可将一个矩阵与另一个矩阵或数字相乘。通过基本数值数据类型和复数线性代数函数，可创建执行精确矩阵运算的数值算法。

一个实数矩阵包含双精度元素，而一个复数矩阵包含双精度数组成的复数元素。矩阵只能是二维的，不能创建以矩阵为元素的数组。"捆绑"函数可联合两个或者更多的矩阵以创建一个簇。与数组一样，矩阵也有其限制。

"数组"函数可对矩阵中的元素、行和列进行操作。"数组"函数返回的是数组数据类型而非矩阵数据类型。例如，"索引数组"函数可提取矩阵的一行或一列并生成一个标量值的一维数组，而非一行或一列矩阵。"创建数组"函数可将该一维数组与其他数组相联合，生成一个标量值的二维数组而非矩阵二维数组。如 VI 减少了矩阵维数，则需要将数据转换成一维数组或一个双精度浮点数或复数；如使用一维数组或数字重新创建一个二维结构，**LabVIEW** 将生成一个二维数组而非原来的矩阵。

"矩阵"控件位于"控件"面板的"数组、矩阵与簇"子面板中，如图 2.84 所示，只有实数矩阵和复数矩阵两种。矩阵左边有着与数组相同的索引框，不同的是矩阵的索引框中有两个值，不能增加或减少索引的数量。另外，矩阵比数组多了一对垂直滚动条和水平滚动条，矩阵的大小也可以通过矩阵框边上的句柄来调节。

"矩阵"函数位于"函数"选项下"数组"中的"矩阵"子面板，如图 2.85 所示；也可以选择"数学"→"线性代数"→"矩阵"选项找到相关的"矩阵"函数。

图 2.84　矩阵控件　　　　　　　　图 2.85　"矩阵"函数子面板

2.6.2　矩阵转置

"矩阵转置"是对输入的矩阵进行转化，如输入矩阵是一个复数矩阵，则该 VI 进行共轭转置。连接至输入矩阵输入端的数据类型决定了所使用的多态实例，其接线端口如图 2.86 所示。

图 2.86　"矩阵转置"函数

下面介绍如何对一个矩阵进行转置，生成一个新的转置矩阵，然后创建一个显示矩阵。其具体编程步骤如下：

步骤一：在程序的前面板中，先创建一个名为"实数矩阵"的输入矩阵，再创建一个名为"转置的矩阵"的显示矩阵。

步骤二：在程序框图中，添加"矩阵转置"函数，把实数矩阵输出端连接"矩阵转置"的输入端口，把"矩阵转置"函数的输出端子连接到"转置的矩阵"输入端子；添加"矩阵大小"函数，分别创建各个端子的默认显示控件。其连接线如图2.87所示。

图 2.87　矩阵转置程序框图

步骤三：运行程序，前面板结果如图 2.88 所示，可以看到矩阵的行数和列数的值发生了交换。

除此之外，LabVIEW 还提供了丰富的线性代数运算函数，这些函数位于"函数"选板中"数学"选项下的"线性代数"子面板中，如图 2.89 所示，这里就不再详细讲解了，读者可以根据"帮助"文档自行学习体会。

图 2.88　矩阵转置的前面板

图 2.89　"线性代数"函数子面板

2.6.3 矩阵的基本运算

本节通过实例介绍两个矩阵的简单加、减、乘、除运算。矩阵的加、减、乘、除运算都是按照矩阵的运算规则进行的。

首先，在前面板创建两个矩阵控件并赋值，然后在程序框图中添加加、减、乘、除函数，分别将加、减、乘、除函数的两个输入端与两个矩阵控件的接线端相连，最后在各个函数的输出端创建显示控件，如图 2.90 所示。运行程序，查看运行结果，如图 2.91 所示。在矩阵的乘法运算过程中，如果两个输入矩阵不满足矩阵乘法运算的规则，那么结果为空矩阵。

图 2.90　矩阵基本运算框图

图 2.91　矩阵基本运算前面板

2.7　波　形

作为虚拟仪器语言，LabVIEW 在程序设计过程中与信号采集、处理和输出等操作有密切的联系。为了方便数据处理和程序设计，LabVIEW 提供了一种独特的数据类型——波形数据。波形数据的结构和簇类似，可以看成是一种特殊类型的簇。

2.7.1 波形数据

在前面板中,"波形"数据控件位于"控件"选板"新式"下"I/O"选项的"波形"中,将控件置于前面板中,如图 2.92 所示。

图 2.92 "波形"数据

"波形"数据包含以下几个组成部分:

(1) 起始时间 t0,为时间标识类型;

(2) 时间间隔 dt,为双精度浮点类型;

(3) 波形数值 Y,为双精度浮点数组。

另外波形数据中还有一个隐藏部分——波形属性,为变量类型,在"波形"数据上单击鼠标右键,在弹出的快捷菜单中选择"显示项"下的"属性",即可显示波形属性,如图 2.93 所示。

图 2.93 波形属性

2.7.2 波形操作函数

LabVIEW 提供了一些"波形"操作函数和子 VI 对"波形"数据进行操作,"波形"操作函数和子 VI 位于程序框图"函数"选板"编程"下的"波形"子面板中,如图 2.94 所示。

图 2.94 "波形"操作函数子面板

"波形"操作函数和子 VI 包括对波形属性、波形成分等的操作，表 2.14 详细列出了波形操作函数、子 VI 及其功能。

表 2.14 "波形"操作函数、子 VI 及其功能

函数名称	图 标 及 端 口	功 能 说 明
获取波形成分	波形 [t0 / Y / 波形成分 / 波形成分]	将输入的波形解包，有选择地输出 t0、dt、Y 等数据
创建波形	波形 / 波形成分 [Y] / 波形	根据输入的数据(t0、dt、Y 等)创建波形或修改输入的波形并输出
设置波形属性	波形 / 名称 / 值 / 错误输入（无错误） [波形输出 / 替换 / 错误输出]	给输入的波形添加属性(名称和值)后输出
获取波形属性	波形 / 名称 / 默认值（空变体） / 错误输入（无错误） [波形副本 / 找到 / 值 / 错误输出]	从输入波形中读取指定"名称"的属性值，输出原输入波形和属性值，如果没有找到则输出默认属性值
模数转换	压缩数字(T) / 模拟波形 / 分辨率（16位） / 满刻度范围（峰-峰） / 错误输入（无错误） / 数据格式（二进制偏移量） [数字波形 / 分辨率（输出） / 满刻度范围（输出） / 错误输出]	根据指定"分辨率(16 位)"和"满刻度范围(峰-峰)"将输入的模拟波形转换为数字波形输出
数模转换	数字波形 / 满刻度范围（峰-峰） / 错误输入（无错误） / 数据格式（二进制偏移量） [模拟波形 / 分辨率（输出） / 满刻度范围（输出） / 错误输出]	模数转换的反操作，将输入的数字波形转换为模拟波形并输出
索引波形数组	波形数组 / 索引 / 错误输入（无错误） [波形 / 错误输出]	提取输入波形数据中指定"索引"的波形并输出

函数名称	图标及端口	功 能 说 明
复制波形 dt	波形输入 → 波形输出 索引 → 错误输入（无错误）→ 错误输出	将输入波形中所有 dt 数值替换为指定"索引"处 dt 数值
对齐波形时间标识	波形输入 → 波形输出 索引 → 错误输入（无错误）→ 错误输出	将输入波形中所有时间戳 t0 替换为指定"索引"处 t0 数值
获取波形子集	开区间？(T) 开始/持续期格式 波形输入 → 波形输出 起始采样/时间 → 实际起始采样/时间 持续时间 → 实际持续期 错误输入（无错误）→ 错误输出	从输入波形指定的"起始采样/时间"处开始提取指定"持续时间"的波形输出；并输出"实际起始采样/时间"值和"实际持续期"值，因为 dt 不连续可能导致实际起始值和持续值与输入值不完全相同
获取终止时间值	开区间？(T) 波形输入 → 波形输出 → tf 错误输入（无错误）→ 错误输出	提取输入波形最后一个波形值输出(tf)；并保持原输入波形不变输出
波形持续时间	开区间？(T) 波形输入 → 波形输出 → 持续时间 错误输入（无错误）→ 错误输出	计算输入波形的长度输出；并保持原输入波形不变输出
按 dt 缩放	波形输入 → 波形输出 缩放因子 → 错误输入（无错误）→ 错误输出	将输入波形中所有 dt 数值乘以"缩放因子"后输出
获取 XY 值	波形输入 → X值 → 波形输出 Y位置格式 → 实际Y位置 Y位置 → Y值 错误输入（无错误）→ 错误输出	返回波形或数字数组集合的 X 和 Y 值；并保持原输入波形输出不变；另外输出提取波形值的实际位置，因为 dt 不连续可能导致实际位置与输入值不完全相同
获取波形时间标识数组	波形输入 → X数组 匹配转换数组 → 错误输入（无错误）→ 错误输出	提取输入波形中所有的时间戳，并组成一个数组输出

第3章 程序编辑与调试

本章主要讲述如何应用 LabVIEW 2015 进行虚拟仪器设计和编程、如何调试程序以及如何进行程序错误处理三个方面的内容，以使读者尽快学会使用 LabVIEW 2015 进行编程来解决实际应用问题。

3.1 VI 的 创 建

读者在熟悉了 LabVIEW 的编程环境并学会创建自己的第一个 VI 程序以后，下一步就可以开始进入 VI 的具体学习了。在启动窗口中选择菜单栏"文件"下的"新建 VI"，即可新建一个空白的 VI 程序，此时系统将自动显示 LabVIEW 的前面板工作界面，如图 3.1 所示。在该面板中可以添加所需的控件对象。下面分别从前面板、程序框图和图标三个部分详细讲解 LabVIEW 程序的创建。

图 3.1 VI 前面板工作界面

3.1.1 前面板的创建

在前面板窗口中，可以添加用户所需的任何数据类型的输入控件和显示控件。从"控件"选板中选择好所需的输入或显示控件，单击鼠标左键或右键，即可将所选的控件置于前面板窗口工作区。在已经添加到前面板窗口工作区的控件上单击鼠标右键，即可弹出该控件的快捷菜单，根据该菜单的选择项目可以对该控件的参数进行相应的配置。如图 3.2 所示为一个数值显示控件的快捷菜单，后面带省略号的选项表示点击该选项会弹出相应的对话框。需要注意的是，不同控件的快捷菜单中的选择项目也是不同的。控件的右键快捷菜单主要选项及功能如表 3.1 所示。

图 3.2　控件的右键快捷菜单

表 3.1　控件的右键快捷菜单主要选项及功能表

菜单选项	功能说明
显示项	在前面板中显示或隐藏的项，如标签、标题等
查找接线端	查找该控件在程序框图窗口中对应的连线端
转换为输入控件	将该输入(显示)控件转换为显示(输入)控件
说明和提示	为该控件添加或修改说明和提示信息
创建	为该控件创建变量、引用、节点等
替换	从弹出的控件选板中选择一个控件替换该控件
数据操作	对数据进行操作，如设置默认值、复制、剪切等
高级	自定义该控件、快捷菜单等操作
将控件匹配窗格	调整控件大小与窗格匹配
根据窗格缩放对象	根据窗格调整控件大小
表示法	设置数据的表示精度，有单精度、双精度、整型等
属性	对控件所有属性进行设置，如外观、显示格式等

　　除了必要的输入和显示控件外，还可以在前面板窗口中添加辅助性的注释文字。使用过文本语言编程的读者都知道，在编写程序时我们往往会在一些语句或程序段中增加一些文本注释行来解释程序的功能，以增加程序的可读性。同样，在 LabVIEW 图形化编程中适当添加文字注释也非常必要。在前面板或程序框图中添加注释比较简单，使用鼠标双击任意位置然后直接输入注释文本即可，添加效果如图 3.3 所示。

图 3.3　注释文本的添加

3.1.2　程序框图的创建

创建前面板后，前面板窗口中的控件在程序框图中对应为接线端。在前面板窗口的菜单栏中选择"窗口"下的"显示程序框图"选项，即可切换到程序框图界面。使用鼠标右键单击程序框图空白处就会弹出"函数"选板，从该选板中可以选择或添加所需要的函数对象、编辑对象等各种和编程有关的函数对象。

在程序框图中添加节点对象的方法与在前面板中添加控件的方法类似。从"函数"选板中选择相应的节点对象放置于程序框图中，同样也可以对节点进行相关操作，使用鼠标右键单击节点对象将会弹出如图 3.4 所示的快捷菜单。需要注意的是，不同函数节点的右键快捷菜单的选项是不一样的。对于这些快捷菜单选项功能，读者可以参照控件的右键快捷菜单选项功能对照学习，这里就不再赘述了。

图 3.4　数值节点的右键快捷菜单选项

3.1.3　图标的创建

创建 VI 图标就是使用图标编辑器对 VI 图标进行编辑。在前面板和程序框图的右上角有一个系统的默认图标，双击该图标即可弹出"图标编辑器"对话框，或者使用鼠标右键单击该图标，从弹出的快捷菜单中选择"编辑图标"选项，也会弹出"图标编辑器"对话框，如图 3.5 所示。在图标编辑器中，可以使用图标编辑工具设计修改图标。

图 3.5　"图标编辑器"对话框

利用"图标编辑器"编辑自己喜欢的图标，既简单又灵活。图标编辑的步骤大致如下：

步骤一：选择菜单栏中的"编辑"下的"清除所有"选项，即可清除工作区的所有图形，然后在空白工作区编辑图标。

步骤二：在图标编辑工具中单击"线条颜色"或"填充颜色"，即可弹出颜色选板，供用户选择喜欢的颜色进行应用。

步骤三：可以使用画笔、直线、填充、矩形等文本工具和选择模板、图标文本、符号和图层等相关选项，来编辑自己喜欢的图标。

步骤四：图标编辑完成以后，单击"图标编辑器"右下角的"确定"按钮，即可保存编辑好的图标。

3.2　VI 的编辑

在创建 VI 之后，需要通过定制前面板对象的外观、连接程序框图中的函数等方法进行具体编辑。下面将对选择、移动、复制和删除、对齐和分布、调整、重新排序、修改外观、连线等具体方法进行介绍。

3.2.1　选择对象

选择对象时必须将鼠标置于工具选板中的"定位工具"状态下。调出工具选板的方法是从菜单栏中选择"查看"下的"工具选板"选项，如图 3.6 所示，工具选板的具体内容已在第一章中讲解过，这里不再重复。

在默认状态下，系统一般使用的是"自动选择工具"功能，

图 3.6　工具选板

在进行对象选择时会自动切换为所需的工具，不必手动切换到"定位工具"功能下。

选择定位工具后，则要选择单个对象，只需用鼠标单击该对象即可。如果需要选中多个对象或者框图上的一块程序区域，可以用以下两种方法：

(1) 使用鼠标单击程序区域某处后，自由拖拽出一块矩形区域，将待选区域或待选对象包括在其中即可。此种方法简单快捷，尤其适合选择框图上的大块连续程序区域，或者位于连续区域内的多个对象。

(2) 使用鼠标单击某个对象后，按住 Shift 键，再选择其他待选对象、连线或程序体，即可添加到所选区域中。此种方法多用于精确选择多个对象，或者选择位于非连续区域内的多个对象。若在已选对象处按住 Shift 键再单击一次，可从所选区域中删除该对象。

已经选中的对象周围会出现虚线，表示该对象已经进入所选集合。如果要取消已选区域，直接单击前面板或框图上的任意空白区域，或者直接进行新的选择即可。

3.2.2　移动对象

移动某对象或某区域的基本方法是：首先选中该对象或区域，然后使用鼠标点击其中的一部分不松开，直接进行拖动，直到所需的新位置为止。拖动过程中该对象或区域的轮廓会以虚线形式跟随鼠标移动，以帮助用户判断相对位置。

如果拖动鼠标之前先按住 Shift 键，再进行拖动，可以使拖动方向严格限制在水平或者垂直方向上。这对于需要严格控制方向时的移动非常实用。

使用键盘上的方向键也可以进行移动，在选中对象或区域后，按住键盘上的"↑"、"↓"、"←"、"→"键即可分别进行上、下、左、右四个方向的移动，但移动速度较慢，是以像素为单位进行移动的；若需较快速度地移动，可以按住 Shift 键后进行操作，直到松开该键为止。

如果想在当前移动完成之前取消本次移动过程，可以将该对象或区域一直拖到所有已打开窗口之外并且虚线区域消失，然后释放鼠标即可。当然，如果移动过程已经完成，也可以使用菜单栏中"编辑"下的"撤消移动"选项，或者使用 Ctrl+Z 快捷键，取消上一次的移动过程。

3.2.3　复制和删除对象

1. 复制对象

复制对象可沿用 Windows 系统下的传统方法：选中对象后，使用 Ctrl+C 快捷键或者选择菜单栏中"编辑"下的"复制"选项，将对象信息复制到 Windows 剪贴板中，然后在待复制处使用 Ctrl+V 快捷键或选择菜单栏中"编辑"下的"粘贴"选项进行粘贴。

如果在同一个 VI 中使用该方法进行复制，所复制的新对象名会以原对象标签名为基础自动递增数字序号作为默认名，例如原对象标签名为"字符串"，则新对象名为"字符串 2"、"字符串 3"等。当然，也可以根据需要将新对象进行重新命名，使用鼠标双击其标签进入名称编辑状态并键入新名称即可；也可以使用鼠标右键单击该对象，在弹出的快捷菜单中选择"属性"选项，然后在"属性"中选择"外观"下的"标签"进行编辑修改。如果在不同的 VI 之间进行复制，且目标 VI 中没有同名标签，则该对象的新标签名与原标签名相同，否则也会与前面一样自动改变名称。

另一种与复制对象操作过程非常相似的方法是克隆对象。克隆对象的基本方法是：选中待克隆对象后，按住 Ctrl 键，同时将对象拖动到空白的目标区域，然后释放鼠标，就可得到原对象的复制品。

克隆对象与复制对象在大部分情况下效果相同，但是在对程序框图内的局部变量和属性节点进行操作时有所不同。克隆操作会产生该局部变量或属性节点的完全相同的副本；而复制操作会产生一个新的前面板控件(输入控件或显示控件)，并产生与该控件相对应的局部变量或属性节点。因此，如果只想复制局部变量或属性节点而不产生新的控件，用直接复制的操作是不可行的，只能使用克隆操作实现。

2. 删除对象

删除对象时，只需选中待删除的对象，按下 Delete 键或 Backspace 键即可；或者选择菜单选项中"编辑"下的"删除"选项，也可以进行删除操作。

当前面板上的输入控件、显示控件或者框图上的端子被删除后，它在该 VI 中对应的局部变量也会因为失去源变量而不可用，表现为其图标中央的名称变为问号，这时需要将该变量重新指定到其他源变量，或者将其删除，否则 LabVIEW 环境会认为存在语法错误，不执行该 VI。

对于属性节点和全局变量，也有类似的情况，在源变量被删除后，其他引用该变量的地方都会变为不可用，因此，往往需要手动指定新的源变量或进行删除。

在框图中删除某个程序时，除了依照上述类似方法进行删除外，还需注意以下几点：

(1) 如果选中某个程序结构(如循环结构、条件结构、顺序结构、事件结构等)后直接进行删除，会将该程序结构体内的所有代码一起删除。

(2) 如果只想删除结构体内的代码，需要在结构体内进行选择然后删除，切勿选中结构体本身。

(3) 如果想保留结构体内的代码而删除结构本身，则需要在结构边缘上单击鼠标右键，从弹出的快捷菜单中选择"删除***结构"命令进行删除。

3.2.4 对齐和分布对象

使用鼠标和键盘手动移动对象往往不够精确，不能达到理想的效果，这时可以使用工具栏上的对齐对象和分布对象工具，来精确调整多个对象之间的位置。

对齐对象工具用于将多个对象沿边缘或者中线对齐。单击工具栏上的对象工具，可以调出该选板，如图 3.7 所示。图 3.7 中包含了 6 个子工具，分别为上边缘对齐、水平中线对齐、下边缘对齐、左边缘对齐、垂直中线对齐、右边缘对齐等，可分别实现不同形式的对齐效果。各子工具的图标也非常形象，有助于用户使用。使用时，先选中需要对齐的多个对象，然后调出对齐对象选板，选择所需的对齐效果即可。

分布对象工具用于精确均匀地调整多个对象之间的间距。该工具选板紧邻对齐对象工具，同样，单击对象工具就可调出该选板，如图 3.8 所示。图 3.8 中包含了 10 个子工具，分别为按上边缘等距分布、按垂直中心等距分布、按下边缘等距分布、垂直间距等距分布、垂直压缩零距离分布、按左边缘等距分布、按水平居中等距分布、按右边缘等距分布、水平方向等间隔分布、水平压缩零距离分布等。使用方法与对齐工具相同,选中多个对象后,再选择调用所需的分布效果即可。

图 3.7　对齐对象工具选板　　　　　　图 3.8　分布对象工具选板

3.2.5　调整对象大小

前面板上对象的大小需要调整时,可以使用鼠标手动调整,基本方法为:在鼠标处于定位工具状态下时,将鼠标放在对象边缘或四角,当对象周围出现小的方形手柄(对于矩形对象)或者圆形手柄(对于圆形对象)且鼠标变为双箭头时,在所需方向进行适当的拖拽,直到所需尺寸后释放鼠标即可。

上述方法每次只能对单个对象大小进行调整,如果需要将多个对象的大小严格进行调整,就需要使用工具栏上的调整对象大小工具。单击工具栏上的调整对象大小工具,即可调出该选板,如图 3.9 所示。图 3.9 中包括调至最大宽度、调至最大高度、调至最大宽度和高度、调至最小宽度、调至最小高度、调至最小宽度和高度、使用对话框精确指定宽度和高度等 7 个工具,可分别实现不同形式的调整效果。

图 3.9　调整对象大小工具选板

调整对象大小工具的使用方法与对齐工具相同,选中多个对象后,再选择调用所需调整的效果即可。在前面板对象的右键快捷菜单中,还有两个调整大小的选项,分别为"将控件匹配窗格"和"根据窗格缩放对象"。下面简单介绍这两个选项的应用。

(1) 将控件匹配窗格:在前面板对象上单击鼠标右键,在弹出的快捷菜单中可以看到该选项,该选项可使控件的大小与当前前面板相同,完全充满前面板。

(2) 根据窗格缩放对象:该选项可使对象自动跟随前面板大小的改变按比例进行缩放,一个前面板中只能针对一个对象进行该操作。勾选"根据窗格缩放对象"选项后,该对象周围会出现水平和垂直方向的灰色延长线,这些延长线将整个前面板划分为若干区间,区间内的其他对象在前面板大小改变时,会依照与这些延长线的相对位置自动改变尺寸和位置,以保持整个面板上各个对象比例和位置的协调。

3.2.6　重新排序

前面板上的对象在一般情况下是分开排列的，但有时需要重叠前面板上的控件以产生特殊的显示效果，这时可以使用前面板工具栏中的重新排序工具进行调整。重新排序工具选板位于调整对象大小工具选板旁，在前面板对象上单击鼠标右键即可调出该选板，如图3.10 所示。

图 3.10　重新排序选板

下面详细介绍该选板中各子工具的功能。

(1) 组：将多个对象捆绑在一起，被组合后的各个对象之间的大小比例和相对位置总是固定的，因此组合后的组合体可以作为一个整体进行移动或者调整大小。"组合"功能对于需要固定多个位置紧邻的对象之间的距离，或者将功能相似的一组对象捆绑在一起时非常有用。组合对象时可以分级多层操作，例如先将一组按钮使用一次组合命令组合为一个组合体，然后将一组字符串控件使用一次组合命令组合为一个组合体，再将这两个组合体使用一次组合命令组合为一个新的组合体。

(2) 取消组合：取消组合体中的组合关系。在取消分级组合时也需多次调用取消组合命令。

(3) 锁定：固定对象或者组合体在前面板的位置。用户如果已经编辑好某些对象或者组合体的外观和位置，不希望误删除或误移动这些对象时，可以调用该命令进行锁定。锁定之后的对象或组合体不能被删除，也不能被移动。在对象启用"根据窗格缩放对象"功能时也不遵循位置相对移动规则，除非使用"解锁"工具解除锁定。

(4) 解锁：解除锁定的对象或组合体的锁定状态。

(5) 向前移动：把选中的对象在重叠的多个对象中向前移动一层。

(6) 向后移动：把选中的对象在重叠的多个对象中向后移动一层。

(7) 移至前面：把选中的对象移到最前层。

(8) 移至后面：把选中的对象移到最后层。

3.2.7　修改对象外观

框图上的对象外观一般不需要改变，用户可按默认的标准方式设置。但如果前面板作为与用户交互的窗口，其上的各个对象外观往往需要精心修改和编辑，以实现最为友好美观且便于使用的用户界面。下面将介绍如何对前面板上对象的标签、颜色和字体等主要用户界面元素进行修改和编辑。

1. 标签的编辑方法

标签是用于标识对象或者注释说明的文本框。前面板和程序框图上的每一个对象(包括输入控件、显示控件、子 VI、函数、结构等)都含有固定标签，可以通过勾选右键快捷菜单中的"显示项"来选择是否显示标签。

除子 VI 的标签名与 VI 文件名相同，不可更改外，其他对象的标签名都可以修改。从工具选板中选择"编辑文本"工具，然后在标签上单击鼠标左键；或者在"自动选择工具"状态下，在标签上直接双击鼠标；或者右键单击该对象，在弹出的快捷菜单中选择"属性"选项，都可进入标签编辑状态，再键入新的标签名，最后按回车键确认保存就可完成修改。

在 LabVIEW 中，输入控件和显示控件的标签名就是其变量名，在局部变量和属性节点引用该变量时，也会沿用其变量名。虽然同一个 VI 中允许变量名重名，LabVIEW 会自动区分重名的变量而不产生语法错误，但重名变量十分容易混淆，为编程的正确而清晰带来了不便的影响，因此在编程过程中应尽量避免重名现象。

除了用以标识对象的固定标签外，还有一类用于添加注释说明信息的自由标签，该类标签不与任何对象联系，只起注释作用。

自由标签的创建方法是：使用鼠标选择"工具"选板中的编辑文本工具，或者直接使用鼠标双击前面板或程序框图空白处，然后键入所需加注的信息即可。

前面板上的自由标签一般用于向用户提示操作信息或作简单说明，程序框图中的自由标签则一般用于添加程序注释，以便在日后程序维护和升级时阅读。

2. 颜色的修改方法

除了框图端子、函数、子 VI 和连线外，LabVIEW 中的大部分对象，以及前面板和程序框图的空白区域都可以更改颜色，以创建丰富多彩的外观。

更改对象颜色时需要用到"工具"选板上的设置颜色工具和获取颜色工具。着色工具面板上的两个方块显示了当前的前景色和背景色，用鼠标点击后可以调出如图 3.11 所示的调色板，使用鼠标在其中选择所需颜色即可。

图 3.11　"工具"选板的调色板

调色板左下角的预览窗口可以即时显示颜色效果。调色板的第一行为灰度色谱，仅有灰度区分而无色彩，右上角为透明(即无色)，对象的某部分被设为透明色后，将显示出下一层对象或背景的颜色；第二层和第三层分别为柔和色谱和明亮色谱，建议分别用于界面控件和高亮提醒的着色。单击右下角的按钮后可弹出新的颜色调配对话框，用于精确设置用户所需的颜色。

选择好前景色和背景色后，在设置颜色工具状态下，直接单击对象或对象的某部分即可完成着色。工具选板上的获取颜色工具可用来获取对象的前景色和背景色，在该工具状态下，用鼠标直接单击需要获取的对象，获得的前景色和背景色将显示在着色工具的颜色方框内，可用来设置其他对象的颜色。获取颜色工具和设置颜色工具通常配合使用，可将多个对象精确设置为相同的前景色和背景色。

3. 字体的修改方法

前面板和程序框图上的所有文本都可以进行颜色、大小和字体的修改设置，这些修改设置可以通过使用工具栏上的"文本设置"菜单。使用时，只需先选中需要更改字体大小的文本，然后单击工具栏上的"文本设置"下拉列表，从弹出的"文本设置"菜单中选择相应功能即可。

在字体菜单中，当前字体的大小和名称均显示在列表框中，第一个菜单项"字体对话框"通过对话框的形式全面设置字体的各种属性。应用程序字体、系统字体和对话框字体为 LabVIEW 中预定义的字体，可用来保证在不同平台之间移植程序时字体尽量相似。大小、样式、调整、颜色等菜单项均含有下一级子菜单，可分别用来设置字体的大小、样式、对齐形式和颜色。字体菜单最下方列出了 LabVIEW 操作系统中所有已安装的字体，可供用户选择。

3.2.8 连线

LabVIEW 程序是以数据流形式组织的，每一个 VI 框图中的对象需要通过线段连接起来，以保证数据的正常流动。根据数据流原理，数据流只能由输出端流向输入端，因此两个输入端或两个输出端都是无法连接的。对象的连线方法可以分为手动连线和自动连线。

1. 手动连线

首先在工具选板中选择进行连线按钮 ，当此光标放在对象的接线端或连线上时，接线端或连线处于闪烁状态。单击鼠标并移动，此时会出现一条虚线随鼠标一起移动。当连线需要转折时，单击鼠标左键，最后单击另一个接线端即可。如果在连线过程中，需要撤消上次连线操作，可以按住 Shift 键，然后单击程序框图的任意位置；如果要撤消整个连线操作，右击程序框图的任意位置即可。

最简单的办法就是使用鼠标单击源对象的源端口引出线段，然后连至目标对象的目标端口，再次单击鼠标即可完成连线。

2. 自动连线

在 LabVIEW 的默认编程环境中，自动连线功能是处于激活状态的。自动连线功能只有在添加新的节点时有效。在向程序框图中添加节点时，若其输入(或输出)接线端与其他对象的输出(或输入)接线端比较靠近，会显示有效的连线方式，这时放开鼠标后就会完成自动连线。自动连线功能只对数据类型匹配的接线端有效，在添加节点时，可以使用空格键来切换自动连线功能。

3. 选择连线

对连线进行选择主要有下面几种方法：在"工具"选板中单击定位/调整大小/选择按钮 🔧，单击连线可选中该连线的一个直线段，也可以在按住 Shift 键的同时选中多段直线段；双击连线选中的是一个连线分组；连续单击连线三次选中的是整体连线。最简单的办法是按住鼠标左键后拖动，可选择任意连线。

虽然连线的方法比较简单，但需注意以下几点：

(1) 线段的颜色、粗细和样式代表了通过该线段传递的数据类型。比如浮点型数据为橙色；标量为细实线；而一维数组较粗些，二维数组更粗，每增加一维数组，线就更粗一些；簇类型数据用花线表示。这些线的外观有助于用户直接判断数据类型，虽然在不同类型的变量之间连线时，LabVIEW 可以自动完成数据类型的转换，但一般来说应尽量在同种数据类型之间传递数据，或者在不影响效率的情况下，通过"显示类型转换"函数先进行类型转换后再传递数据，这样更便于阅读，而且可以提前避免数据溢出等可能潜在的错误。

(2) 如果程序框图窗口未包含全部程序，需要连线至当前窗口外的对象，可以在引线状态下将鼠标稍稍放在窗口之外一些，窗口会自动在该方向进行滚动，展现剩余部分的代码。

(3) 与其他框图对象一样，连线也可以被选中、复制、移动和删除。

(4) 进行多次连线和删除后，有可能会产生一些连线错误，或者不完整的断线头，可以将鼠标放在连线错误处，LabVIEW 会自动提示错误信息，帮助用户改正。如果想一次清除所有断线和连接错误，可以使用 Ctrl+B 快捷键或者选择主菜单中"编辑"下的"删除断线"选项。

3.3 VI 的运行和调试

在程序编写完成之后，必须经过运行和调试以测试编写的程序是否能够产生预期的运行结果，从而找出程序中存在的一些问题。LabVIEW 2015 提供了许多工具帮助用户来完成程序的调试。

3.3.1 运行调试工具

程序框图工具栏中与运行调试有关的按钮如图 3.12 所示。

图 3.12 运行调试相关按钮

下面对每一种运行调试按钮的功能进行详细说明：

(1) 运行：LabVIEW 有两种运行程序的方法，即运行和连线运行。单击前面板或者程序框图工具栏中的运行按钮，即可运行一次 VI，当 VI 正在运行时，运行按钮会变为 🔁 状态。

(2) 连续运行：单击前面板或者程序框图工具栏中的连续运行按钮，可以连续运行程序，这时按钮变为 ♻ 状态，在这种状态下，再单击此按钮就可以停止连续运行。

(3) 中止执行：当程序运行时，中止执行按钮会由编辑时的不可用状态 ⬤ 变为可用状态 ⬤。单击中止执行按钮可强行停止程序的运行。如果在调试程序的过程中，使程序进入死循环或无法退出的状态，单击该按钮可以强行结束程序运行。

(4) 暂停：前面板或者程序框图工具栏中的暂停按钮可用来暂停程序的运行。单击一次该按钮可暂停程序，再次单击此按钮会恢复程序的运行。

(5) 单步步入：单步执行 VI 则是在程序框图中按照程序节点的逻辑关系，沿连线逐个节点来执行程序。单击工具栏上的单步步入按钮时，程序会按单步步入方式执行 VI，单击一次该按钮可执行一步，遇到循环结构或子 VI 时，跳入循环或子 VI 内部继续单步执行程序。

(6) 单步步过：单击工具栏上的单步步过按钮时，程序会按单步跳过方式执行 VI。单击一次该按钮可执行一步，但是在遇到循环结构或者子 VI 节点时，程序会把它们作为一个节点来执行，不再跳入其内部执行程序。

(7) 单步步出：单击工具栏上的单步步出按钮时，程序会跳出单步执行 VI 的状态，且暂停运行程序。

3.3.2 高亮显示执行过程

LabVIEW 语言的一大特点就是数据流驱动，程序中每一个节点(包括函数、子 VI、各种结构等)只有在获得其全部输入数据后才能够被执行，而且只有当其功能完全时节点的输出才是有效的。

通过数据线连接各个节点，从而控制程序的执行顺序，这也形成了同步运行的数据通道，而不像文本语言程序那样受到顺序执行的约束。因此，数据流驱动模式使得 LabVIEW 应用程序的开发不仅更为简洁高效，更可以自然而有效地支持多线程并行执行。

使用工具栏上的高亮显示执行过程按钮可以切换 VI 是否以高亮方式运行，即是否显示数据流在框图中的流动过程。在该按钮变为高亮执行状态 💡 时，VI 运行速度会变得缓慢，并以流动的橙色小圆点代替数据在线上的流动过程。再次单击此按钮，程序又恢复正常的运行方式。这种状态非常有助于编程者在调试时正确理解程序的执行过程。

下面通过一个汽车车速测量系统的例子来学习高亮显示执行过程的操作方式。在设计汽车车速测量系统程序的过程中，需要通过计数器获得车轮的转速，由于车轮的直径已知，可以通过计算得知当前的行驶速度，再判断是否超速(以 100 km/h 为准)，最后以 LED 指示灯的开/关状态表示判断结果。

步骤一：打开 LabVIEW 2015 工具，新建一个 VI。

步骤二：创建前面板。使用鼠标右键单击前面板空白处，在弹出的控件面板中，选择"新式"→"数值"→"数值输入控件"，作为车轮转速的输入控件；选择"系统"→"数值"→"系统数值"控件，作为已知的车轮直径数据，单位为 cm；选择"新式"→"数值"→"仪表"控件，作为车速的显示仪表；选择"新式"→"布尔"→"圆形指示灯"控件，作为显示是否超速的指示标记。前面板设计如图 3.13 所示。

图 3.13　汽车速度测量前面板

步骤三：编辑程序框图。打开程序框图，通过车轮每分钟的转速乘以 60 来表示车轮每小时的转速，通过车轮的直径乘以 3.14 计算其车轮周长；每小时的转速乘以车轮周长就可计算出汽车的时速，然后将单位转换为公里。由于汽车的速度是波动的，因此添加一个随机生成的函数，乘以 5 表示向汽车增加一个 0~5 公里/小时的波动速度。最后添加一个"大于"函数，比较当前速度是否大于 100，比较结果可作为判断汽车是否超速的条件。其程序框图如图 3.14 所示。

图 3.14　汽车速度测量程序框图

步骤四：保存程序。在前面板的数值控件中输入相应的数据，运行程序，可发现当转速到 660 左右时，超速指示灯开始闪烁，车速表会在 100 左右波动。运行效果如图 3.13 所示。

步骤五：打开工具栏中的高亮显示执行过程按钮，运行程序，可以发现程序运行速度明显变慢，并且在程序框图中可看到数据的传输过程，如图 3.15 所示。

图 3.15　高亮显示执行程序框图效果图

3.3.3　探针与断点诊断

除了高亮执行外，LabVIEW 2015 还提供了探针工具和断点操作工具，方便用户实时观察变量值和控制程序的执行。探针工具和断点操作在工具选板上都可以找到，如图 3.16

所示。

调试运行 VI 时，可以通过工具选板直接选取探针工具，用于显示流过数据线的即时数据值，或者通过点击鼠标右键，在出现的快捷菜单中选择"探针"选项，都会弹出"探针监视窗口"对话框，可在其中添加探针，同时在连线上标示一个探针号。"探针监视窗口"对话框如图 3.17 所示。

图 3.16　工具选板的探针工具与断点操作　　　图 3.17　"探针监视窗口"对话框

如果从右键快捷菜单中选择"自定义探针"选项，则可以生成具有更多功能的自定义探针，自定义探针具有更复杂的数据探测和流程控制功能，比如特殊条件的断点功能以及波形图显示数据的功能等。

程序调试过程中经常会将断点操作与探针工具配合使用。断点的创建方法为：调试运行 VI 前，从 VI 工具选板中选取断点操作，在数据线、节点或子 VI 上单击就可添加断点，或者在数据线、节点或子 VI 上点击鼠标右键，在弹出的快捷菜单中选择"断点"下的"设置断点"选项，添加断点。

添加断点的数据线会出现一个红色圆点——●——，添加断点的节点或者子 VI 四周会出现红色实线，用来代表断点。需要清除断点时，再次用断点工具单击该对象，或者从右键快捷菜单中选择"断点"下的"清除断点"选项即可。

程序运行后，数据流流至任一断点时，会暂停执行；如果断点设置在函数、节点或子 VI 上，会不断闪烁引起用户注意，此时如果单击工具栏上的暂停按钮，程序就会运行到下一个断点或直到程序运行结束。用户可配合探针工具观察变量数据，或者使用单步调试工具继续执行程序。

下面介绍如何利用"波形生成"函数产生一个带噪声的正弦波，并利用不同的探针来观察线路总数据，学习探针在程序调试中的具体应用。

步骤一：打开 LabVIEW 2015，创建一个新 VI。打开程序框图，在"函数"面板选择"编程"→"结构"→"While 循环"，使用鼠标右键单击右下角循环条件的输入端，选择"创建"下的"输入控件"。

步骤二：添加噪声仿真信号。在程序框图中单击鼠标右键，在"函数"面板上选择"编程"→"波形"→"模拟波形"→"波形生成"→"仿真信号"函数，将所选函数放置在循环体内，会弹出如图 3.18 所示的对话框。在对话框中勾选"添加噪声"复选框，单击"确定"按钮即可。

图 3.18 "配置仿真信号"对话框

步骤三：编辑前面板。打开前面板，在"控件"面板中选择"新式"→"图形"→"波形图"选项，将所选显示控件放在前面板上即可。

步骤四：编写程序框图。从"函数"面板中选择"编程"→"数值"→"随机数(0-1)"函数，将其放置在程序框图中。将随机数连接至仿真信号的"幅值"输入端，并将"仿真信号"函数的"正弦与均匀噪声"输出端与波形图输入端连接起来。该程序框图如图 3.19所示。

图 3.19 创建仿真信号程序框图

步骤五：创建通用探针。在连至波形图的数据线上单击鼠标右键，在弹出的快捷菜单中选择"自定义探针"下的"通用探针"选项，即可创建一个通用探针，如图 3.20 所示。通用探针只有显示数值的功能。

图 3.20　通用探针

步骤六：创建带条件双精度探针。删除原探针，在连至随机数的数据线上单击鼠标右键，从弹出的快捷菜单中选择"自定义探针"下的"带条件双精度探针"选项，如图 3.21 所示。探针"数据"页可实时显示数据值，"条件"页可设置断点条件，在满足任何一个勾选中的条件时程序暂停。

图 3.21　带条件双精度探针

步骤七：创建控件型探针。删除原探针，在连至随机数的数据线上单击鼠标右键，从弹出的快捷菜单中选择"自定义探针"→"控件"→"新式"→"图形"→"波形图表"选项，如图 3.22 所示。探针可以实时以图表的形式显示数据，适用于观察数据的实时趋势。

图 3.22　控件型自定义探针

本例中为了观察数据及信号分别创建了三种最常见的探针，实际上在自定义探针菜单项里还有很多形式灵活的自定义探针，适用于不同场合，读者可结合工程实际应用深入体会。

3.3.4　VI 程序调试技巧

程序错误一般分为两种：一种为程序编辑错误或编辑结果不符合语法，程序无法正常运行；另一种为语义和逻辑上的错误，或者是程序运行时某种外部条件得不到满足引起的运行错误，这种错误很难排除。

LabVIEW 2015 工具对用户的编程过程进行实时语法检查，对于不符合规则的连线或没有连线但必须连线的端子，工具栏中的运行按钮会变为 ➡ 状态。系统对于错误的准确定位，能够有效地提高调试程序的效率。单击 ➡ 按钮，会弹出如图 3.23 所示的"错误列表"对话框。

图 3.23　"错误列表"对话框

在"错误列表"对话框中详细地列出了所有的错误信息，且在对话框的最底部对每个错误进行了详细描述，并列出了如何修改错误的一些建议。用户可以通过访问 LabVIEW 2015 的"帮助"文件来了解有关该程序的相关问题，以便及时准确修改程序。

一般来说，大部分程序错误都是显而易见的，不改正程序的错误会直接导致程序无法运行。而在很多情况下，程序虽然可以运行，但是无法得出期望的结果，这种错误一般较难发现，对于这种错误，查找过程可以按以下步骤进行：

(1) 检查连线是否连接得当。可在某条连线上连续三次单击鼠标左键，虚线会显示与此连线相接的所有连线，以此来检查连线是否存在问题。

(2) 使用"帮助"下拉菜单中的"显示即时帮助"功能，可以动态显示鼠标所指向的函数或子程序的用法介绍以及各端口的定义，然后对比当前的连线检查其正确性。

(3) 检查某些函数或子程序的端口默认值，尤其当函数或子程序的端口类型是可选型时，因为如果不连接端口，则程序在运行时将使用默认值作为输入参数来进行传递。

(4) 在菜单栏中选择"查看"下的"VI 层次结构"选项，通过查看程序的层次结构来发现是否有未连接的子程序。如果有未连接的子程序，运行程序图标会变为 ➡ 状态，所以很容易找到。

(5) 通过使用高亮执行方式、单步执行方式以及设置断点等手段，来检查程序是否是按照预定要求运行的。

(6) 通过使用探针工具获取连线上的即时数据，并检查函数或子程序的输出数据是否存在错误。

(7) 检查函数或子程序输出的数据是否有意义。在 LabVIEW 2015 中，有两种数据是没有意义的：一种是 NaN，表示非数字，一般是由无效的数字运算得到的；一种是 InF，表示无穷大，一般是由运算产生的浮点数。

(8) 检查控件和指示器的数据是否有溢出。因为 LabVIEW 不提供数据溢出警告，所以在进行数据转换时存在数据丢失的风险。

(9) 当 For 循环的循环次数为 0 时，需要注意此时将会产生一个空数组，调用该空数组需要事先进行特殊的处理。

(10) 检查簇成员的顺序是否与目标端口一致。LabVIEW 2015 在编辑状态下能够检查数据类型和簇的大小是否匹配，但不能检查相同数据类型的成员是否匹配。

(11) 检查是否有未连接的 VI 子程序。

3.4 错误处理

对于一个应用程序来说，错误是在所难免的。程序运行出错时会超出程序员的控制，使得程序"南辕北辙"，不仅无法正常完成功能，在某些工业应用中甚至会导致悲剧发生。有效的解决方法是在程序设计中有意识地加入一些机制，使其能够在运行时捕捉发生的错误，在错误失控之前报告错误，并由用户或程序对其进行处理。

错误(Error)是实现某个功能或任务时出现的失误。捕捉和处理错误的方法多种多样，最常见的情况是将错误处理代码分布于整个项目代码中，可能出错的地方都有进行错误处理的代码，这种方法的好处是阅读代码时能够直接看到错误处理情况。但这种处理办法使应用程序的核心代码晦涩难懂，难以判断程序功能是否正确实现，使得代码的理解和维护更加困难。

与常见错误处理的方法不同，LabVIEW 2015 程序的错误处理遵循数据流模式。程序中的函数和 VI 分别以错误代码和输入、输出错误簇(Error Cluster)返回错误信息。设计时，从起始函数或 VI 将错误信息一直连接到终点函数或 VI，错误信息就会像数据值一样流经各个函数和 VI。默认情况下，LabVIEW 可通过挂起、高亮显示出错的子 VI 或函数，并以显示错误信息对话框的方式自动处理每个错误。这至少为每个虚拟仪器项目提供了错误处理功能。如果开发的项目对错误处理要求不高，就可以直接使用。当然，如果需要以其他方式处理程序发生的错误，例如，在某些工业应用场合中可能并不希望错误对话框出现，就可以禁用 VI 的"自动处理错误"功能，在代码中采用自定义的错误处理方式。

通常，禁用了 LabVIEW 的"自动处理错误"功能后，就可以将程序中的各个函数和 VI 错误端子连接起来传递错误的信息，并使用分支结构在每个执行节点中检测错误，把正常执行的代码放置在没有错误发生的分支中，而只通过错误分支传递错误信息。这样，在没有发现任何错误时，节点将正常执行。如果 LabVIEW 检测到错误，则该节点的代码并不执行，只会快速将错误信息传递到下一节点，以此类推，直到错误信息被传递到终点为止。基于这种原理，就不必在每个节点上报告或处理错误，而是将这些工作集中在某些关键节点或者最终节点之后完成。这种基于数据流模式"分点捕获、集中处理"的错误处理方法，可以使程序的主要功能一目了然。

3.4.1 错误簇

LabVIEW 程序的错误信息通过"错误输入"和"错误输出"簇(如图 3.24 所示)在各 VI 和函数节点之间传递。"错误输入"和"错误输出"簇包含一个表示状态的布尔量、一个表示错误代码的整型常量和一个表示错误具体信息的字符串常量，它们的作用如下：

图 3.24　"错误输入"和"错误输出"簇

(1) 状态(Status)是一个布尔类型的量，用于表示是否有错误发生，当其值为 True 时，表示发生错误。

(2) 代码(Code)是一个 32 位带符号的整数，可以通过它来索引详细的错误或警告信息。

(3) 源(Source)是用来说明哪个函数或 VI 发生的错误或者警告，也包含了错误或警告的具体信息。

在默认情况下，错误簇的值为：状态为 False，代码为 0，源为空字符串。如果状态的值等于 True，则表示发生了错误，此时不等于 0 的代码值可以表示错误详细信息的索引代码，源字符串用来指明错误的确切位置。而如果状态的值等于 False 并且代码的值不等于 0，则表示一个警告。一般来说，警告并不会导致严重后果，或者说，警告比错误造成的后果要轻一些。

对于系统错误，代码都有预先的定义，可以通过选择菜单栏中"帮助"下的"解释错误"选项打开"解释错误"对话框来查找该错误代码的详细解释。"解释错误"对话框如图 3.25 所示。具体错误代码范围如表 3.2 所示。

图 3.25　"解释错误"对话框

表 3.2 LabVIEW 错误代码范围划分

代码范围	错误代码类别
1046～1050、1053	MATLA 脚本(MATLAB Script)错误
1158～1169	实时菜单(Run-Time Menu)错误
16211～16554	SMTP
0	信号处理、GPIB、VISA 错误、仪器驱动、公式解析
61～65	串口错误
53～66、−2147467263～−1967390460、108～113、1087～1185	网络错误
−1073807360～−1073807192、1073676290～1073676457	VISA 错误
−41007～−41000	报表生成错误
−1300～1210、102～103、−1074003967～−1074003950、1073479937～1073479940	仪器驱动错误
−23096～−23081	公式解析错误
−23096～−23000	数学错误
−20699～−20601	信号处理工具错误
−20999、−20103～−20001、−20337～20301、20020、20334、20351～20353	信号处理错误
−20207～−20201	逐点错误
−10943～−10001	数据采集错误
−1809～−1800、1800～1809	波形错误
−1719～−1700	Apple Event 错误
−932～−900	PPC 错误
−620～−600	Windows 注册表访问错误
1～20、30～41	GPIB 错误
1～52、67～91、97～100、116～118、1000～1045、1051～1086、1088～1157、1174～1188、1190～1194、1196	一般错误
92～96、1172、1173、1189、1195、14050～14053	Windows 接口互联错误
−8999～8000、5000～9999、500000～599999	自定义警告或者错误。正值通常用于警告，负值用于错误

从表 3.2 可以看出，LabVIEW 将−8999～−8000、5000～9999 和 5000～59999 之间的代码预留给开发人员用于自定义错误。如果要在 VI 中标记一个 LabVIEW 错误数据库中未定义的错误或警告，就可以选用上述范围内的某个错误代码。通常，用该范围内的正值来表示警告，用负值来表示错误。LabVIEW 错误数据库中的某些错误代码可同时适用于一组或多组 VI 和函数。例如，错误 65 不仅表示串口错误代码(表示串口超时)，还可以表示网络错误代码(表示网络连接已建立)。有关错误的详细信息，可以在开发时参阅 LabVIEW "帮助"文档。

3.4.2 错误捕获

如前所述，建议采用"分点捕捉、集中处理"的方法构建 LabVIEW 程序的错误处理功能。首先需要使程序在运行时能检测是否有错误发生，并设法将捕获到的错误信息发送到进行集中报告或处理的地方。

错误捕获的方法多种多样，一般常用以下几种方法：

(1) 使用错误信息链顺序传递错误信息。

(2) 合并错误信息。

(3) 使用移位寄存器捕获所有循环迭代中的错误。

(4) 在大型项目中使用队列将错误信息传递到对其集中报告或处理的地方。

1. 使用错误信息链传递错误信息

在程序中使用错误信息链顺序传递错误信息是最常用的错误捕获手段。大多数 LabVIEW 函数和子 VI 都有输入和输出错误簇的接线端，且一般都会将其设计成发生错误时忽略执行功能代码而仅仅传递错误信息的结构。因此，只要根据程序运行顺序，从起始函数或 VI 依次连接各个节点的输入/输出错误信息链，就可以在发生错误时快速地将错误信息通过错误信息链传递到终点。

错误信息链除了传递错误信息外，其本质上会基于数据流构成函数之间的数据依赖关系。也就是说，所有在错误信息链上的函数或子 VI 都会顺序执行。通常，在设计时也会基于这一特点，确定那些没有明显数据依赖关系的程序片段的执行顺序。但一定要注意，不能仅仅为了创建数据依赖而忽略了错误信息链报告和处理错误的主要功能。

要使错误信息链快速传递错误信息，就必须保证错误链上的各个节点在发生错误时及时地将错误信息向后传递。如前所述，大多数 LabVIEW 函数一般都会在错误发生时忽略执行子 VI 功能代码，而仅仅传递错误信息结构。通常由于功能代码的执行耗时较多，而且在错误发生时执行功能代码可能会因等待某个正常参数耗费更长时间，甚至导致不可预料的后果。因此，在错误情况下 LabVIEW 会避免执行功能代码而仅传递错误信息，这样不仅可以提高函数或 VI 的响应速度，还可以避免因错误引发不可预料的后果。

基于上述理念，建议在创建子 VI 时，可根据如图 3.26 所示的程序框图模板来设计。在图 3.26 所示的模板中，"错误输入"簇被连接到条件结构的条件选择器接线端，条件选择器标签显示"无错误"和"错误"两个选项，同时条件结构边框的颜色也会变成红色(错误时)或绿色(无错误时)。如果在无错误分支添加程序功能代码，那么错误发生时，程序功能代码就不会被执行，而错误分支就会很快地将错误信息传递到下一节点。

图 3.26　带错误处理的程序框图模板

2．合并错误信息

如果程序中同时存在多个错误信息链并行执行，就可以使用"合并错误"函数，将各个错误链中最后一个节点的错误输出端合并。"合并错误"函数位于函数选板"编程"下的"对话框与用户界面"子面板中，该函数可以对连接至输入端的多个错误信息进行合并，如图 3.27 所示。

图 3.27　"合并错误"函数

合并错误信息时要遵循以下原则：

(1) 从第一个错误输入(错误输入 0 端)开始，依次寻找错误。

(2) 如果发现错误，立即返回该错误。例如，如果在错误输入端 1 中未发现错误，转而在错误输入端 2 中发现错误时，应立即返回错误输入端 2 中的错误。

(3) 如果未发现所有输入端有误，程序就开始从第一个错误输入查找警告，并返回第一个发现的警告。

(4) 未发现所有输入端有警告，VI 将返回无错误。

3．使用移位寄存器捕获错误

在循环中捕获错误，较理想的方法是使用移位寄存器来传递错误信息。由于移位寄存器可以将前一次循环迭代结束时的错误输出作为下一次循环迭代的输入，因此，当某个循环迭代中发生错误时，后续迭代中的读取串口函数并不执行操作，而只是快速传递错误信息。这不仅保证了所有错误可以被正确捕获，还能使错误信息在 While 循环退出后向后正确传递。与 While 循环类似，使用移位寄存器捕获错误信息也是在 For 循环各个迭代中传递错误数据的最好方法。一方面，由于大多数节点在错误发生时只传递错误信息，使得移位寄存器捕获错误的效率非常高；另一方面，使用这种方法时，只有一个错误簇被保存在内存中，因此内存使用效率也非常高。此外，移位寄存器还保证了错误信息在循环迭代时连续传递，每次迭代开始时循环的输入错误都不会被重置。

使用错误信息链、合并并行错误信息链和循环中使用移位寄存器捕获错误的方法在开发一般 VI 时较常用。但是，在为大型虚拟仪器项目构建错误处理机制时，通常会使用队列把在程序的不同部分捕获的错误发送到错误处理模块集中进行报告和处理。程序中的错误处理线程会不断从错误队列中取出错误，按照进入队列的先后顺序对错误进行报告或处理。这种模式不仅可以有效地处理大型多线程程序的错误，还可以保证发生错误时，用户可以及时地结束程序。

3.4.3 错误报告

LabVIEW 在捕获到错误后，可以将其报告给用户，以便用户采取措施进行纠正。在 LabVIEW 程序中，可以使用以下几种方法向用户报告错误。

(1) 使用对话框或主界面上提示窗口报告错误。

(2) 使用错误日志文件报告错误。

(3) 使用 E-mail 或短信通知用户。

1. 使用对话框报告错误

使用对话框报告错误相对比较容易。LabVIEW 提供了两个错误报告函数来支持这种方案，分别是"简易错误处理器"函数(Simple Error Handler)和"通用错误处理器"函数(General Error Handler)，这两个函数都位于"函数"选板"编程"下的"对话框与用户界面"子面板中。这两个函数都会检测错误输入端的错误，然后在 LabVIEW 错误代码数据库中查找与错误代码对应的错误描述，并生成包含错误代码、错误源和详细错误描述的对话框显示给用户。在默认情况下，这个对话框需要用户确认后才会关闭。

"简易错误处理器"函数和"通用错误处理器"函数的详细信息如图 3.28 所示。

图 3.28 "简易错误处理器"函数和"通用错误处理器"函数

双击"简易错误处理器"函数图标查看它的程序框图，如图 3.29 所示，不难发现该函数只是使用了较少的输入和输出参数来调用"通用错误处理器"函数。因此，它本质上只是对"通用错误处理器"函数进行了再次封装。这种简单的封装除了减少部分连接参数外，并没有增加任何其他价值。相反，增加函数调用次数为系统带来不必要的负担。由于"通用错误处理器"函数具有较少的参数，这种减少参数的封装反而降低了它的灵活性。因此，在使用对话框来报告错误时，笔者强烈建议直接使用"通用错误处理器"函数，使程序更灵活、高效。

图 3.29 "简易错误处理器"函数的程序框图

2. 使用错误日志文件报告错误

需要确认的错误对话框有时可能会混淆或妨碍许多用户操作，而且在使用时，系统并不会保存报告的错误信息。但是，大型项目中的故障记录和回放功能往往非常重要。例如，对无人值守或者远程控制的项目，用户不希望弹出错误对话框，而是希望程序记录故障信息供用户对系统进行诊断或维护。因此，使用错误日志文件保存错误信息就显得非常重要。

在创建错误日志文件时，通常至少应保存下列与错误相关的信息：

(1) 错误发生的时间(如日期、时、分、秒等)。

(2) 错误源。

(3) 错误代码。

(4) 错误描述。

(5) 错误类别和操作员账号等其他信息。

保存上述与错误相关信息的方法从程序设计的角度看，可以使用位于 LabVIEW"函数"选板"编程"下的"定时"子选板中的"获取日期/时间字符串"函数，生成 ASCII 码格式的日期和时间字符串；使用"通用错误处理器"函数获取与错误相关的错误源、错误代码和详细的错误描述。这时一般需要配置"对话框类型"输入端为"无对话框"，禁止程序弹出对话框。对每个需要报告的错误，把这些信息组合在一起，并使用 Tab 分割符分开后写入文件中即可。

LabVIEW 对特别大的日志文件操作效率往往较低，而且如果不加控制地向文件中添加记录，可能会塞满整个硬盘，使系统崩溃。因此，在使用错误日志文件报告错误的方法时，特别要注意控制错误日志文件的大小。通常，可以限定错误日志文件保存错误记录的条目数，当程序向文件中添加条目时，首先检查是否到达最大可记录的条目，可以丢弃最早记录的条目，为新记录腾出空间。

3. 使用 E-mail 或短信报告错误

移动通信和互联网技术已经趋向成熟，而且支撑这些技术的基础设施建设也日趋完善，使用 E-mail 或短信来报告系统错误不仅变得可行，而且在某些项目招标中已经变成一项必需的功能。LabVIEW 提供了使用 SMTP 发送电子邮件的函数集，使用这些函数可以很容易地将错误信息送到指定的用户邮箱中。至于使用短信发送错误信息的方法，可以使用串口连接一部手机，向其发送 AT 命令来发送错误信息。这种方式速度相对较慢，如果需要大量群发短信，则可以使用 GSM-SM Modem(俗称短信猫)或通过运营商提供的短信网关来实现。

3.4.4 错误处理

捕获错误并报告错误的目的是希望用户或程序能采取适当的措施(如消除错误，使程序恢复运行或结束程序等)处理这些错误，提高程序运行的准确性，减少错误带来的损失。

LabVIEW 程序设计中的错误处理方案可以总结为以下几种：

(1) 使用 LabVIEW 的自动错误处理功能。

(2) 使用一些带有布尔量的 VI、函数或基本程序结构来识别错误簇信息。

(3) 使用程序代码消除错误。

(4) 在大型项目中，对错误进行分级和分类处理。

1. 使用 LabVIEW 自动错误处理功能

在默认情况下，LabVIEW 会为每个 VI 自动进行错误处理。如果激活了该功能，当错误发生时，LabVIEW 就会通过挂起程序执行、高亮显示出错的子 VI 或函数以及显示错误对话框的方式，自动处理每个错误。但是，LabVIEW 的自动错误处理功能有很多不尽如人意之处。例如，如果用户在程序框图中把 VI 的错误输出参数与另一个输入参数或错误输出显示控件连接构成错误信息链，VI 的自动处理错误功能就会被禁用。也就是说，它不能保证每次都会将错误信息报告给用户。因此，多数大型商用项目开发中都会禁用 LabVIEW 的自动错误处理功能，而通过代码为程序添加错误处理能力。如果要禁用或使能某一个 VI 的自动处理错误功能，可以选择 VI 菜单栏中"文件"下的"VI 属性"，并从所弹出对话框的"类别"下拉菜单中选择"执行"选项，选择或取消 "启用自动错误处理"复选框，如图 3.30 所示。

图 3.30　启用单个 VI 错误处理功能

　　如果要启用或关闭项目中所有新创建 VI 的自动错误处理功能，并配置 VI 在发生错误时弹出或不弹出错误对话框，可以在菜单栏中选择"工具"下的"选项"，并从弹出的"选项"对话框的"类别"列表中选择"程序框图"，在"错误处理"栏，选择或取消"在新VI 中启用自动错误处理"和"启用自动错误处理对话框"复选框即可，如图 3.31 所示。

图 3.31　设置新创建 VI 错误处理功能对话框

2．使用带有布尔量的 VI、函数或基本程序结构

通过 LabVIEW 程序框图处理错误的一种常见方法是使用一些带有布尔量的 VI、函数或基本程序结构，来识别错误簇中传递的错误信息。前面讲到的把错误簇连接到条件结构的条件接线端，来区分是执行程序的功能代码，还是仅传递错误信息的方法就是一个很好的例子。虽然这种操作很简单，但却是保证 LabVIEW 程序发生错误时，VI 作出快速响应的基础。

3．使用程序代码消除错误

使用代码清除错误的最基本思想是针对某一错误进行修复后，将错误簇中的各个元素的值复位到无错误的状态。

在进行大型虚拟仪器项目开发时，往往涉及使用代码对发生错误进行纠正的自动纠错模块的开发。但无论自动纠错模块的功能有多复杂，只要把握将输出错误簇复位至无错状态这个核心原则即可。

4．对错误分级分类处理

理论上，对项目中的各个模块可能发生的错误追踪处理得越全面，程序的可靠性就越高。但是在实践中，很少有人会将程序框图中的所有节点都连接到错误信息链上。事实上，由于连线数量大，而且错误处理需要耗时，这样做不仅容易造成程序框图上的连线重叠，还会导致程序运行效率低下。因此，要对进行错误处理的模块进行取舍，在运行效率和可靠性之间取得平衡。

那么，如何决定模块是否可以舍弃错误处理呢？一般根据模块所实现功能的重要性、错误发生的可能性以及错误可能带来后果的严重性，将不同模块划分为高、中、低 3 个级别，级别低的模块可以视情况舍弃错误处理功能。事实上，LabVIEW "函数"选板中函数的错误处理就使用了这种思想。访问外部资源的函数(如仪器驱动和文件 I/O 等函数)级别最高，其次是带有错误输入/输出端子但不访问外部资源的函数，最后是不带错误端子的函数，如算数计算和逻辑运算函数等。

参照 LabVIEW 对自带函数的分类方法，在虚拟仪器项目开发时，也可以将要求执行 I/O 操作的模块划分为优先级最高，把不进行 I/O 操作但需要监测其运行情况的模块划分为中级类别，而忽略相对可靠模块的错误处理。

第4章 程序结构设计

程序的流程控制是程序设计的一项重要内容，直接关系到程序的质量和执行效率。对于 LabVIEW 这种基于图形方式和数据流驱动的语言，程序流程显得更为重要。在 LabVIEW 中，结构是程序例程控制的节点和重要因素，结构控制函数在代码窗口中是一个大小可调的方框，用户可在方框内编写该结构控制的图形代码，不同结构间可以通过连线交换数据。

本章主要介绍了 LabVIEW 2015 的 6 种基本结构，即顺序结构、条件结构、循环结构、事件结构、定时结构和禁用结构，同时也介绍了公式节点、反馈节点和变量的使用方法。在程序框图窗口中，程序结构位于"函数"选板的"编程"下的"结构"子选板中，如图 4.1 所示。

图 4.1　程序结构子选板

4.1　顺　序　结　构

LabVIEW 最大的特点是数据流驱动，所以程序不一定会按图形代码的先后顺序执行，这是和传统的文本编程语言最大的不同之处。如果用户一定要指定某段代码的先后执行顺序，则可以用顺序结构来实现。顺序结构包含一个或多个按顺序执行的子程序框图或帧，程序中用帧结构来控制程序的执行顺序，执行完某一帧中的程序以后再执行下一帧中的程序。

LabVIEW 中的顺序结构有两种形式：平铺式顺序结构和层叠式顺序结构。它们的功能是相同的，只是形式不同，层叠式可以节省更多的空间，让整个程序代码看上去更加整齐。

4.1.1　平铺式顺序结构

平铺式顺序结构位于"函数"选板"编程"下的"结构"子选板中，选择其下拉菜单中的"平铺式顺序结构"对象，拖放到程序框图中，按住鼠标左键，向右下方拖动到一定大小后松开，就创建好了一个平铺式顺序结构，如图 4.2 所示。

新建的平铺式顺序结构只有一帧，可以通过单击鼠标右键，在出现的快捷菜单中选择"在后面添加帧"选项或"在前面添加帧"选项，在当前帧的后面或前面添加新帧。添加的帧一般是平行排列的，通过拖动四周的方向箭头可改变其大小。添加顺序结构如图 4.3 所示。

图 4.2　平铺式顺序结构　　　　　　　图 4.3　添加顺序结构

如图 4.4 所示为平铺式顺序结构的操作步骤。在程序框图中创建平铺式顺序结构，先在第一帧中编辑加法运算，然后在后面添加一帧，在此帧中编辑减法运算，减法运算的被减数为第一帧中的和。平铺式顺序结构中，两个帧之间的数据传递可以通过直接连线的方法来实现，因此可以将第一帧中加法函数的输出端直接连接到第二帧中减法函数的被减数输入端口上。

图 4.4　平铺式顺序结构的操作步骤

4.1.2　层叠式顺序结构

在 LabVIEW 2015 集成开发环境中，没有专门创建层叠式顺序结构的函数。层叠式顺序结构是通过平铺式顺序结构转换而来的。在平铺式顺序结构对象中，单击鼠标右键，在出现的快捷菜单中选择"替换为层叠式顺序"选项，即可创建层叠式顺序结构。层叠式顺序结构添加帧的方法和平铺式顺序结构相同，只是出现在用户面前的形式不同。在层叠式顺序结构中，用户只能看到一个帧，其他帧是层叠起来的，如图 4.5 所示，代码按"0，1，2，…"的帧结构顺序执行，顺序框图上方显示的是当前帧的序号和帧的总数，例如"0[0..3]"表示这个程序共用 4 帧，当前为第 1 帧。

图 4.5　层叠式顺序结构

对于平铺式顺序结构，前后帧的数据可以通过数据连线直接传递；层叠式顺序结构的数据传递，则要借助于局部变量来实现。

创建层叠式顺序结构局部变量的方法是：在顺序结构的边框上单击鼠标右键，在出现的快捷菜单中选择"添加顺序局部变量"选项，这样，在每一帧的对应位置会出现一个方框。该方框可以沿框体四周移动，颜色会随传输数据类型的系统颜色发生变化，如传输数据为浮点数据变量时其颜色为橙色。对于添加代码的顺序结构框体，添加局部变量后，方框中会出现一个箭头，如果箭头朝外，则表示数据向外传递，反之，则表示数据向内传递；对于未添加代码的顺序结构框体，添加代码后只会出现方框，而没有表示数据流向的箭头，如图 4.6 所示。在顺序结构中，数据只能从编号小的帧向编号大的帧传递，而不能反向传递。

图 4.6　顺序结构局部变量

删除层叠式局部变量的方法是在局部变量小方框上单击鼠标右键，在弹出的快捷菜单中选择"删除"选项，即可删除选中的局部变量。

4.1.3　顺序结构之间的转换

平铺式顺序结构和层叠式顺序结构功能相同，相互之间可以方便地进行转换。通过平铺式顺序结构的右键快捷菜单选项"替换为层叠式顺序"，可以将平铺式顺序结构转换为层叠式顺序结构。如果平铺式顺序结构的帧之间存在数据线连接，则可相应地将其转换为局部变量，如图 4.7 所示。

图 4.7　平铺式顺序结构转换为层叠式顺序结构

通过层叠式顺序结构的右键快捷菜单选项"替换"下的"替换为平铺式顺序"，可以将层叠式顺序结构转换为平铺式顺序结构，如果层叠式顺序结构有局部变量，则可转换为数据连线。

顺序结构是一种强制的串行机制，虽然可以保证执行顺序，但同时也阻止了并行操作。在 LabVIEW 程序设计过程中，应充分利用 LabVIEW 固有的并行机制，避免使用过多的顺序结构。

为了查看顺序结构中代码的执行顺序，加深对顺序结构功能的理解，下面通过一个实例来查看顺序结构中代码的执行顺序。程序创建过程如下：

步骤一：新建一个 VI，切换到程序框图，创建一个平铺式顺序结构，在结构边框上单击鼠标右键，在弹出的快捷菜单中选择"在后面添加帧"选项，创建一个新帧。

步骤二：在第一帧中添加两个数值常量"x"和"y"，同时添加一个加法函数，将"x+y"的值通过显示控件显示出来；在第二帧中添加两个 DBL 数值常量"a"和"b"，同时添加一个乘法函数，将 a*b 的值通过显示控件显示出来。

步骤三：将顺序结构两个帧中的程序图复制到顺序结构外。单击工具菜单的高亮显示按钮，运行程序，程序框图和程序运行时的状态如图 4.8 所示。

图 4.8　顺序结构代码执行顺序

图 4.8 中高亮显示的部分为当前正在运行的代码，未高亮显示部分表示等待执行的代码，从中可以直观地看出程序运行的顺序。

为了观察层叠式顺序结构局部变量的数据流向，下面同样通过一个实例进行说明。程序创建步骤如下：

步骤一：新建一个 VI。在前面板放置两个数值输入控件，命名为"x"和"y"，再放置两个数值显示控件，命名为"x+y"和"(x+y)^2"。

步骤二：切换到程序框图，创建一个层叠式顺序结构，并在后面添加一个帧。在第一帧中放置一个"加"函数，输入分别与"x"和"y"连接，输出与"x+y"连接。

步骤三：创建一个层叠式顺序结构的局部变量，将第一帧中的"x+y"连接到局部变量。

步骤四：单击帧标签，切换到第二帧，添加"平方"函数，将输入连接到局部变量，输出连接到"(x+y)^2"对象。

步骤五：单击工具菜单的高亮显示按钮，运行程序，显示结果如图 4.9 所示，用户可以改变控件"x"和"y"的值，观察变化。

图 4.9　层叠式顺序结构局部变量应用

4.2　条 件 结 构

条件结构类似于文本编程语言中的 switch 语句、if else 结构或 case 结构，条件结构的创建与顺序结构相似，位于"函数"选板"编程"下"结构"选项中的"条件结构"。条件结构包含多个子程序框图，根据传递给结构的不同输入值执行相应的子程序框图。条件结构每次只能显示一个子程序框图，并且每次只执行一个条件分支。条件结构框由选择器标签、分支选择器和分支子程序框组成，如图 4.10 所示。

图 4.10　条件结构框图

4.2.1　条件选择器标签

位于条件结构顶部的条件选择器标签，由结构中各个条件分支对应的选择器值名称以及两边的递增、递减箭头组成，用来添加、删除、编辑和选择浏览不同的分支。

在新建一个条件结构框时，一般系统会默认为布尔型条件结构,选择器标签中包含"真"

分支和"假"分支，如图 4.11 所示。单击递增、递减箭头可以滚动浏览已有的条件分支；也可以单击条件名称旁边的向下箭头▾，从下拉菜单中选择一个条件分支，标记"√"的标签表示被选中的标签。

当默认的布尔型条件结构不符合程序设计的要求，或需要更多的条件分支时，可以使用鼠标右键单击选择器标签，通过弹出的快捷菜单进行修改。选择器标签右键快捷菜单如图 4.12 所示，其中第三栏和第四栏中的选项是针对条件分支进行操作的。

图 4.11　条件结构选择器标签　　　　图 4.12　选择器标签的右键快捷菜单

(1) 在后面添加分支：在当前分支后添加一个分支，分支框中为空。

(2) 在前面添加分支：在当前分支前添加一个分支，分支框中为空。添加分支的位置不同影响着分支的顺序。

(3) 复制分支：在当前分支后添加一个分支，并将当前分支框中的所有程序复制到新的分支中。

(4) 删除本分支：删除当前分支和分支框中的程序。

(5) 删除空分支：删除条件结构中程序框为空的分支。如果所有的分支程序框都为空，则自动保留排在最前端的分支。

当分支个数超过两个时，选择器标签的右键快捷菜单中第四栏的选项会发生变化，如图 4.13 所示。

(6) 显示分支：从子菜单中选择需显示的分支，该选项与选择器标签上单击"▾"显示分支下拉菜单作用相同。

(7) 将子程序框图交换至分支：将当前分支程序框图中所有程序和选中的分支程序框图中的程序进行互换，并跳转至选中的分支。

(8) 重排分支：可调整分支顺序。打开"重排分支"对话框，如图 4.14 所示。在"分支列表"中选择一个分支并拖拽到新位置，可以改变分支顺序。在"分支选择器全名"中可以改变分支名称或条件。

图 4.13　多分支的右键快捷菜单　　　　图 4.14　"重排分支"对话框

4.2.2　分支选择器

　　根据分支标签的不同，分支选择器端子可以连接的数据类型也不同，包括整型、布尔型、字符串型和枚举型。当分支结构中有两个分支时一般使用布尔型，包括"真"和"假"分支；当分支结构中有多个分支时使用整型、字符串型或枚举型。

　　选择器接线端常用的数据类型有布尔型和整型，默认连接布尔型变量。当选择器接线端连接整型变量时，默认的布尔型分支标签自动变为数值 0 和 1，并设置一个默认分支，如图 4.15 所示。如果将默认分支删除或者没有默认分支，则要选择一个分支作为默认分支，否则程序会提示错误。当选择器接线端连接整型量时，选择器标签可以在十进制、十六进制、八进制和二进制之间转换。使用鼠标右键单击选择器标签，在弹出的快捷菜单中选择"基数"子菜单下的数值进制选项，即可进行转换，如图 4.16 所示。

图 4.15　整型分支选择端子　　　　　　图 4.16　分支选择端子数值进制转换

4.2.3 分支子程序框

分支子程序框可用来放置不同分支对应的程序，不同的分支子程序框内的程序和变量是相互独立的。

分支子程序框的内部可以和程序框的外部进行数据交换，内部和外部数据相连接时在条件结构框上会产生一个数据通道，并通过数据通道进行数据交换。当向条件结构框中输入数据时，每个分支可以连接或者不连接这个数据通道，但当从条件结构向外输送数据时，每个分支必须为这个通道连接数据，否则程序会提示出错。

如果某个分支没有数据要与输出通道连接，则可以在数据通道上单击鼠标右键，在弹出的快捷菜单中选择"未连线时使用默认"选项，程序运行时，会在这些分支的通道节点处输出相应数据类型的默认值。如果有一个分支没有连接这个数据通道，则在这个分支中，该通道是空心的，连接数据后会变成实心，程序才能正常执行。

下面介绍如何利用条件结构分别实现两个数的加、减、乘、除四种运算操作，并输出相应的结果，以此来熟悉条件结构的具体应用。程序设计步骤如下：

步骤一：新建 VI。打开前面板界面，添加两个数值输入控件，命名为"x"和"y"；添加一个下拉列表控件，命名为"操作"；添加一个数值显示控件，命名为"结果"。

步骤二：编辑下拉列表操作项。使用鼠标右键单击下拉列表控件，在弹出的快捷菜单中选择"编辑项"选项或选择"属性"选项，会出现"下拉列表类的属性"对话框。插入加、减、乘、除四个项，分别对应 0、1、2、3 这四个值，如图 4.17 所示，然后单击"确定"按钮。

图 4.17 "下拉列表类的属性"对话框

步骤三：编辑程序框图。在程序框图中，新建一个条件结构框，将"操作"下拉列表对象的输出端与条件分支选择器相连。并在条件选择器标签中添加四个分支，分别为0、1、2、3。

步骤四：为各分支添加分支程序。在分支0、1、2、3中分别添加加、减、乘、除操作函数，将结果输出至"结果"显示控件。子程序框图如图4.18所示。

步骤五：完善分支结构数据通道。使用鼠标右键单击数据通道，选择"未连线时使用默认"选项。

图4.18　分支子程序框图

步骤六：运行程序，显示结果。在前面板窗口中，为"x"和"y"控件添加任意数值，选择下拉列表中的任意选项，单击工具栏中的运行按钮，就可以看到各种运算结果，如图4.19所示。

图4.19　前面板运行结果

4.3　循 环 结 构

LabVIEW 2015可提供For循环和While循环两种循环结构。两种循环结构的功能基本相同，但使用上有一些差别：For循环必须指定循环总次数，达到指定循环次数后程序会自动退出循环；而While循环则不用指定循环次数，只需要指定循环退出条件，如果循环退出条件成立，则退出循环。用户在选择循环结构时，如果知道循环次数可用For循环，不知道循环次数可用While循环。

在程序框图窗口中，两种循环结构都位于"函数"选板"编程"下的"结构"子面板中。循环结构可提供重复执行一些代码的操作，这种操作与文本语言的功能类似，在程序设计中有很重要的作用。

4.3.1 For 循环

For 循环可按照设定好的循环总次数 N 执行结构内的对象。它包含循环总数(输入端口)和循环计数(输出端口)两个端子,其结构图如图 4.20 所示。

图 4.20　For 循环结构图

循环总数端口 N 用于指定框图代码的执行总次数,它是一个输入端口,除非应用了自动索引功能,否则必须输入一个整数型,当连接一个浮点数时,LabVIEW 会自动对其按"四舍五入"的原则进行强制转换。循环计数端口是一个输出端口,它记录着当前的循环次数。要注意的是,循环计数端口是从 0 开始的,框图内的子程序每执行一次,i 的值会自动加 1,直到 N−1,程序自动跳出循环。For 循环也可以添加循环条件端口,添加方法是:使用鼠标右键单击 For 循环边框,在弹出的快捷菜单中选择"条件接线端"即可,如图 4.21 所示。

图 4.21　For 循环添加循环条件端子

建立 For 循环结构需要以下几个步骤:

(1) 放置 For 循环框。在"函数"选板的"编程"下的"结构"子面板上,单击鼠标左键或右键选择"For 循环",然后在程序框图窗口空白区域单击鼠标左键,向右下方拖动鼠标使虚线框达到合适大小,再单击鼠标左键即可完成 For 循环框的放置。For 循环框创建完成后,将鼠标移至边框上,会出现方位箭头,按住鼠标拖动该箭头可改变边框的大小。

(2) 添加循环程序。在循环框中添加循环程序对象,需要注意,循环程序的所有对象都要包含在边框内,否则将不被视为循环程序。

(3) 设置循环次数。设置循环次数有直接设置和间接设置两种方法。直接设置就是直接给 N 赋值来设置循环次数,即在 N 上单击鼠标右键,从弹出的快捷菜单中选择"创建变量",在该变量控件中输入数值常量。循环次数 N 为整型量,如果所赋值不是整型量,则将按"四舍五入"的原则强制转换为最接近的整型量。间接设置则是利用循环结构的自动索引功能来控制循环次数。

4.3.2 While 循环

While 循环可重复执行循环体内的代码，直到满足某种条件为止。While 循环包含循环次数(输出端口)和循环条件(输入端口)两个端口，其结构图如图 4.22 所示。

图 4.22 While 循环结构图

While 循环的循环条件输入端口是一个布尔型的量。在默认情况下，当条件满足时循环停止，如图 4.23 中"1"所示；用户也可以将它设置成当满足条件时循环，如图 4.23 中"2"所示，单击循环条件端口即可。

图 4.23 While 循环

创建 While 循环的步骤和创建 For 循环类似，需要以下几个步骤：

(1) 放置 While 循环框。在"函数"选板"编程"下的"结构"子面板上，单击鼠标右键选择"While 循环"，然后在程序框图窗口空白区域单击鼠标左键，向右下方拖动鼠标使虚线框达到合适大小，再单击鼠标左键即可完成 While 循环框的放置。While 循环框创建完成后，将鼠标移至边框上，会出现方位箭头，按住鼠标拖动该箭头可改变边框的大小。

(2) 添加循环对象。同样，循环程序的所有对象都要包含在边框内。

(3) 设置循环条件判断方式。在循环条件端口单击鼠标右键，弹出如图 4.24 所示的快捷菜单。可以选择条件判断方式"真(T)时停止"或"真(T)时继续"，默认设置为"真(T)时停止"。选择"创建输入控件"添加一个控件以控制布尔量，此时前面板窗口会出现一个按钮用来控制判断条件。

图 4.24 While 循环条件判断方式

4.3.3　循环结构数据通道与自动索引

　　循环结构数据通道是循环结构内的数据与结构外的数据交换(输入/输出)的必经之路,位于循环结构框上,显示为小方格,如图 4.25 所示为 For 循环结构和 While 循环结构的数据通道。通道的数据类型和输入的数据类型相同,通道的颜色也和数据类型的系统颜色相同,如浮点数据通道颜色为橙色。

图 4.25　循环结构数据通道

　　以图 4.25 为例,添加循环结构的输入数据通道的操作方法是:在程序框图界面中,单击工具选板上的"进行连线"工具后,连接数值输入控件输出端口和乘法函数对象的输入端口后,系统会自动生成数据通道。如果直接连接循环结构的输出数据通道可能出错,当出现错误标识时,可以使用鼠标右键单击数据通道,在弹出的快捷菜单中选择"隧道模式"下的"最终值"即可,如图 4.26 所示。

图 4.26　数据通道隧道模式

　　在执行循环程序过程中,循环结构内的数据是独立的,即输入循环结构中的数据是在进入循环结构之前完成的,进入循环结构以后不再输入数据;而循环结构输出数据是在循环执行完毕以后进行的,循环执行过程中不会输出数据。

　　当循环结构外部和数组相连接时,在数据通道中可以选择自动索引功能。自动索引可自动计算数组的长度,并根据数组最外围的长度确定循环次数。在数据通道上单击鼠标右键,选择快捷菜单中的"启用索引",即可启用自动索引功能,如图 4.27 所示。

　　启动自动索引功能后,For 循环结构的输出数据通道发生了变化,变为两侧分别连接不同维数的数据。此时,前面板的界面运行结果如图 4.28 所示。

图 4.27　启动自动索引功能

图 4.28　前面板的界面运行结果

4.3.4　移位寄存器

在循环结构中经常用到一种数据处理方式,即把第 i 次循环执行的结果作为第 i+1 次循环的输入,LabVIEW 循环结构可通过移位寄存器实现这种功能。

在循环体的边框上单击鼠标右键,在弹出的快捷菜单中选择"添加移位寄存器"即可完成移位寄存器的创建。这时,在循环体的两个竖边框上会出现两个相对的端口,它们的颜色是黑色,只有将其连接到相应的数据端时,才会显示相应数据类型的颜色,如图 4.29 所示。其中,右侧的端口可用来存放本次循环的结果,左侧的端口则存放上次循环的结果。

图 4.29　循环结构移位寄存器

移位寄存器的左、右端口可以成对出现,也可以"一对多"存在。在"一对多"的情况下要特别注意的是,只能是右侧的"一个端口"对应左侧的"多个端口",而不能反向。添加"一对多"端口时,在移位寄存器上单击鼠标右键,在弹出的快捷菜单中选择"添加元素"选项,可为左侧端子添加一个元素;选择"删除元素"可删除一个元素;选择"删除全部"则删除整个移位寄存器。在一个循环框中,可以添加多个移位寄存器。

移位寄存器可以存储的数据类型有数值型、布尔型、数组、字符串型等,向移位寄存器赋初值并命名为"显示初始化"。LabVIEW 支持移位寄存器"非初始化",当首次执行时,程序自动给寄存器赋初值为 0,对于布尔型的数据则为 False。后一次程序执行时就会调用前一次的值,只要 VI 不退出,则寄存器会一直保存前一次的值。

4.3.5 反馈节点

除了使用移位寄存器可以实现前、后两次数据的交换之外，还可以用反馈节点来实现。反馈节点的基本功能与移位寄存器是相似的，它的优点在于可以节省空间，使程序看上去更加紧凑。

反馈节点位于"函数"选板"编程"下的"结构"子面板中，用来在循环结构之间传递数据，相当于只有一个左侧端子的移位寄存器。反馈节点没有与任何数据连接之前是黑色的，与数据连接之后就会变成与数据类型相应的颜色，如图 4.30 所示。和移位寄存器一样，反馈节点也要进行初始化，否则会造成不可预料的结果。

图 4.30   反馈节点

反馈节点与具有一个左侧端子的移位寄存器可以相互转换。在移位寄存器的右键快捷菜单中选择"替换为反馈节点"，可将移位寄存器转换为反馈节点；在反馈节点的右键快捷菜单中选择"替换为移位寄存器"，可将反馈节点转换为移位寄存器，如图 4.31 所示。

图 4.31   反馈节点与移位寄存器相互转换

4.3.6 循环结构应用实例

为了让读者更加熟悉循环结构的应用，下面通过几个实例进行具体介绍。

1. 自然数求和

第一个实例是求前 100 个自然数的和，创建程序的步骤如下：

步骤一：新建 VI。打开程序框图，添加一个 For 循环结构。

步骤二：设置循环次数。在循环体的 N 端单击鼠标右键，选择"创建"下的"常量"，显示默认值为"0"，双击"0"，改为"100"。

步骤三：添加移位寄存器。在 For 循环的结构边框上单击鼠标右键，在弹出的快捷菜单中选择"添加移位寄存器"，并给左端的移位寄存器端子赋初值"0"。

步骤四：添加"加"法函数。在循环体内添加一个"加"法函数，将其中的一个输入端连接左端移位寄存器的输出端；将循环次数 i 增加 1 后连接"加"法函数的另一个输入端子；将"加"法函数的输出端连接右端移位寄存器的输入端；通过右端移位寄存器的输出端创建一个显示控件，如图 4.32 所示。运行程序，查看前面板的显示控件结果为 5050。

图 4.32　添加"加"法函数

For 循环在输出和输入数组时都有自动索引的功能，输出数组的索引功能能够将每次循环得到的结果组合成数组输出到 For 循环外，数组内元素的索引值与产生该元素 For 循环的 i 值相同。如果关闭输出端的自动索引功能，For 循环只会将最后一次循环得到的结果传输到 For 循环外。向 For 循环输入数组时，输入端的索引功能也会自动打开，这时不需要设置 For 循环的 N 值，循环的总次数与数组的元素数量相同。

2．二维数组运算

第二个实例是利用 For 循环进行二维数组运算，该实例中的内、外两个 For 循环均不需要设置 N 值，外部 For 循环的循环次数与二维数组的行数相同，内部 For 循环的循环次数与二维数组的列数相同。在外部循环的 i 值为"0"时，二维数组的第一行子数组进入循环体再输入至内部 For 循环。内部循环按照该行的元素顺序依次将元素输入。内部 For 循环结束后，外部循环的 i 值自动加为 1 进入下一轮外部循环。程序框图如图 4.33 所示。

图 4.33　For 循环实现二维数组的循环运算程序框图

该程序框图运行结果如图 4.34 所示，根据结果可以发现，二维数组的第一列数据增加了 0，第二列数据增加了 1，第三列数据增加了 2，这个增加值就是外部循环的 i 值。

数组				数组 2		
0	1	2	3	0	1	3	5
0	4	5	6	0	4	6	8
	7	8	9		7	9	11

图 4.34　For 循环实现二维数组的循环运算效果图

3. 波形图连续显示

第三个实例主要通过使用 While 循环实现波形图的连续显示，进一步掌握 While 循环的基本功能和用法。程序设计步骤如下：

步骤一：新建 VI。在程序框图中添加 While 循环结构，并为循环条件创建一个输入控件。

步骤二：在 While 循环体内，添加"仿真信号"函数。选择"编程"→"波形"→"模拟波形"→"波形生成"→"仿真信号"函数，设置函数的属性，使函数能够生成连续正弦信号。

步骤三：在前面板添加"波形图"显示控件，将"仿真信号"函数产生的信号接入波形图控件的接线端。

步骤四：程序编辑完成后，单击前面板的运行按钮，可以看到程序一直在运行，波形图显示控件正在连续显示正弦波。

在程序运行时，打开计算机的"任务管理器"窗口，可以看到计算机 CPU 的使用率一直很高。这是因为在没有给 While 循环设定循环时间间隔的情况下，计算机会以 CPU 的极限速度运行 While 循环，在很多情况下这样做是没有必要而且极其危险的。如果 LabVIEW 程序占内存空间较大，这样有可能会导致计算机死机。因此，用户在使用 While 循环时需要设定一个循环间隔，即在 While 循环体内增加等待定时器。

LabVIEW 中的定时器位于"函数"选板"编程"下的"定时"子面板中，等待定时器主要有两种：一种是"等待(ms)"，图标为 <img />，等待指定时间；另一种是"等待下一个整数倍毫秒"，图标是 <img />，即等待到计时器的时间是输入值的整数倍为止。一般情况下，两种定时器是一样的。

步骤五：添加等待定时器。选择"等待(ms)"定时器添加到循环体内，在输入端创建一个常量，输入 100，表示每 100 毫秒运行一次该程序。程序框图如图 4.35 所示。

步骤六：运行程序，查看前面板结果，如图 4.36 所示。再查看计算机的任务管理器，可以观察到，与未添加定时器相比，计算机的 CPU 使用率有大幅度的降低。因此，使用 While 循环时一定要注意添加循环条件和定时器。

图 4.35　While 循环显示波形框图

图 4.36　While 循环显示波形效果图

4.4 公式节点

在程序设计中，如果只用图形和线条来描述计算和算法过程，有时会显得比较繁琐，公式节点工具弥补了这个不足。公式节点是一种便于在程序框图上执行数学运算的节点，在公式节点中可以使用算术表达式来实现算法过程，用户无需使用任何外部代码或应用程序，在创建方程时也无需连接任何基本算术函数。除接收文本方程表达式外，公式节点还可接收 C 语言中的 If 语句、While 循环、For 循环、Do 循环等，这些程序的组成元素与在 C 语言程序中的元素相似，但不完全相同。

公式节点特别适用于含有多个变量和较为复杂的方程，以及对已有文本代码的利用。可通过复制、粘贴的方式将已有的文本代码移植到公式节点中，无需通过图形化的编程方式再次创建相同的代码。

公式节点位于"函数"选板"编程"下的"结构"子面板中，新建的公式节点为类似于循环结构的方框。但公式节点中并非子程序框图，而是一个或多个用分号隔开的类似于 C 语言的语句。

4.4.1 公式节点变量

公式节点在程序中的作用相当于一个数值运算子程序，可以进行参数的输入和输出，参数传递可通过输入变量和输出变量实现。

需要添加输入和输出变量时，使用鼠标右键单击公式节点边框，在弹出的快捷菜单中，选择"添加输入"添加一个输入变量，选择"添加输出"添加一个输出变量。输入和输出变量位于节点框上，可以沿节点框四周移动。在变量中添加变量名，即可完成变量的定义。图 4.37 的公式节点中定义了"x"、"y"两个输入变量和一个输出变量"z"。

图 4.37　公式节点的输入和输出变量

在变量上单击鼠标右键，在弹出的快捷菜单中选择"删除"可删除该变量；选择"转换为输出"可将输入变量转换为输出变量；选择"转换为输入"可将输出变量转换为输入变量。公式节点变量操作如图 4.38 所示。

图 4.38　公式节点变量操作

下面分别用图形化编程和公式节点编程来计算表达式"z=x^2+y^2+x*y"的值，用公式节点编程和图形化编程的程序框图如图 4.39 所示。

图 4.39　公式节点和图形化程序比较

通过图 4.39 可以看出，公式节点在一定程度上简化了程序设计，在变量较多、计算过程较复杂的数值运算过程中，公式节点的优势更为明显。

应用公式节点时要注意以下几个方面：

(1) 一个公式节点中包含的变量或方程的数量不限。

(2) 两个输入或两个输出不能同时使用相同的名称，但一个输入和一个输出可以同名。

(3) 可以使用公式节点的右键快捷菜单选项添加输入变量，但不能像 C 语言中的声明变量一样在公式节点内声明输入变量。

(4) 输出变量的名称必须与在公式节点内部声明的输出变量名称相匹配。

(5) 公式节点内部可以声明并使用一个与输入变量或输出变量无关的变量。

(6) 输入端不能置空，所有的输入端必须有连接。

(7) 所有的变量不能有单位。

4.4.2　公式节点运算符和函数

公式节点中的公式描述和文本编程语言中的描述比较相似。公式节点中会使用到一些运算符，而且分别有不同的优先级。

公式节点中可以使用的运算符和函数与前面的表达式节点完全相同。数学函数有 abs、acos、acosh、asin、asinh、atan、atan2、atanh、ceil、cos、cosh、cot、csc、exp、expm1、floor、getexp、getman、int、intrz、ln、lnp1、log、log2、max、min、mod、pow、rand、rem、sec、sign、sin、sinc、sinh、sizeOfDim、sqrt、tan 和 tanh。支持的运算符有=、+=、-=、*=、/=、>>=、<<=、&=、^=、|=、%=、**=、+、-、*、/、^、!=、==、>、<、>=、<=、&&、

||、|、&、%、**、!、++、--、~。

公式节点的文本编程语言与 C 语言非常接近，但是只能实现基本的逻辑流程和运算，不能对文件或设备进行操作或通信，没有输入/输出语句。公式节点主要有以下几种语句：变量声明和赋值语句、条件语句、循环语句、Switch 语句、控制语句、注释方法为 // 或 /*……*/。

下面介绍如何用公式节点绘制任意函数曲线，本例是用公式节点实现两个函数的计算，并在同一个波形图中绘制指定点数的图形，两个函数的公式分别为"$y_1=ax^{1/2}$"和"$y_2=b\ln x$"。创建程序的步骤如下：

步骤一：新建一个 VI，在前面板上放置 3 个数值输入控件，分别命名为"a"、"b"和"点数"，放置 1 个"波形图"显示控件，拉伸图例曲线显示为两条，分别命名为"y1"和"y2"。

步骤二：编写程序框图并打开，添加一个公式节点，在程序框内输入公式"y1=a*sqrt(x)"和"y2=b*ln(x)"的表达式。

步骤三：在"公式节点"外添加一个 For 循环结构，循环次数与"点数"输入控件相连接。创建公式节点的 3 个输入端口，添加参数为"a"、"b"、"x"。其中，"a"与"a"输入控件连接作为"y1"的系数，"b"与"b"输入控件连接作为"y2"的系数，"x"与 For 循环的计数端口"i"连接，作为函数的自变量。创建公式节点的 2 个输出端口，添加参数为"y1"和"y2"。

步骤四：添加"创建数组"函数，选择"函数"→"编程"→"数组"→"创建数组"函数，将所选函数添加到 For 循环外部，将"y1"、"y2"两个输出参数连接"创建数组"函数的两个输入端，二维数组输出端与波形图连接，程序框图如图 4.40 所示。

步骤五：运行程序，前面板效果如图 4.41 所示。用户可以改变系数"a"和"b"的值与绘制图形的"点数"值，观察波形的变化。

图 4.40　公式节点实现函数绘制程序框图　　　　图 4.41　公式节点实现函数绘制效果图

4.5 事件结构

事件结构可用来响应用户界面操作，如点击鼠标、按下键盘、退出程序等操作。事件结构的工作原理和内置的条件结构相似。在 VI 程序中设置事件即可对数据流进行编程控制，在事件没有发生之前程序一直处于等待状态，如果事件触发就会响应执行相应的代码。

事件结构可包含多个分支，每个分支对应一个独立的事件处理程序。一个分支配置可处理一个或多个事件，但每次只能处理这些事件中的一个事件。事件结构执行时，将等待先前指定事件的发生，待该事件发生后即可执行事件相应的条件分支。一个事件分支处理完毕后，事件结构也就执行完毕了。事件结构并不通过循环来处理多个事件。

事件结构位于"函数"选板"编程"下的"结构"子面板中，创建事件结构的方法和创建循环结构类似，在程序框图上拖动鼠标即可创建一个事件结构的代码框，如图 4.42 所示。

事件结构主要包括事件选择器标签、事件超时接线端、事件数据节点和程序框。"事件超时接线端"连接值用于指定事件结构等待某个事件发生的时间，以毫秒为单位，默认值为"–1"，即永不超时。"事件数据节点"

图 4.42　事件结构代码框

用于识别事件发生时 LabVIEW 返回的数据，根据事先为各事件分支所分配的事件，该节点可显示事件结构每个分支中不同的数据，如配置单个分支处理多个事件，则只有被所有事件类型所支持的数据才可用。"事件选择器标签"显示当前事件分支的名称。

4.5.1　事件选择器标签

与条件结构中的分支选择器标签作用类似，事件选择器标签可用来添加、删除、编辑和选择所处理的事件。

在事件结构边框上单击鼠标右键，弹出的快捷菜单如图 4.43 所示。在快捷菜单的第 3 栏可对事件进行操作选择：选择"添加事件分支..."可添加一个新事件；选择"复制事件分支..."可添加一个新事件并复制当前事件框代码至新事件；选择"编辑本分支所处理的事件..."可编辑当前事件；如果有两个或两个以上事件分支，可以选择"删除本事件分支"，删除当前事件。

图 4.43　事件结构右键快捷菜单

选择"添加事件分支..."或"编辑本分支所处理的事件..."，会弹出如图 4.44 所示的"编辑事件"对话框。

图 4.44　"编辑事件"对话框

"编辑事件"对话框包括以下几个部分：

(1) 事件分支：列出事件结构分支的总数及名称。从下拉菜单中选择一个条件分支并为该分支编辑事件；切换到其他条件分支时，事件结构将更新，从而在程序框图上显示选中的条件分支；每个条件分支可以包含多个事件，这些事件被触发时分支都会作出响应。

(2) 事件说明符：列出事件源(应用程序、VI、动态或控件)和事件结构当前分支处理的所有事件名称。该选项分为左、右两栏，左侧栏为"事件源"，右侧栏为"事件"名称，如图 4.44 所示，"<应用程序>"为事件源，"超时"为事件。"事件源"和"事件"可高亮显示"事件说明符"部分选定的事件名。单击不同的"事件源"和"事件"，可以改变"事件说明符"部分高亮显示的项；单击"添加事件"或"删除"按钮可以添加或删除事件。

(3) 事件源：列出按类排列的事件源。在配置的事件中选择一个事件或添加一个事件后，可在此列表中选择事件源。

(4) 事件：列出事件源对应的事件列表。选择事件源后，就可以在此列表中选择其中包含的事件。

4.5.2　事件数据节点

事件数据节点可提供事件数据，默认的事件数据节点包括"类型"和"时间"两个数据端子。若要改变数据端子类型，使用鼠标左键单击数据节点中的端子，从下拉列表中选择其他类型数据端子即可。

如果需要更多的数据端子，可以在事件数据节点上添加元素。添加元素的方法有两种：

(1) 拖动数据端子边框上下的箭头，改变数据端子边框的大小，其中元素个数也会发生相应的变化，然后更改数据端子类型。

(2) 在数据端子上单击鼠标右键，在弹出的快捷菜单中选择"添加元素"选项用于添加端子。

反之，如果要删除数据端子，同样可以采用拖动上下箭头减小端子边框大小，或使用鼠标右键单击数据端子，在弹出的快捷菜单中选择"删除元素"两种方法。

4.5.3 事件结构的设置

1．事件结构的设置步骤

对于事件结构的设置，一般可分为以下几个步骤：

(1) 创建一个事件结构。

(2) 设置超时参数。

(3) 添加或删除事件分支。

(4) 编辑触发事件结构的事件源。

(5) 设置默认分支结构(系统将默认超时分支作为默认分支)。

(6) 创建一个 While 循环，将事件结构包含在 While 循环体内。

2．事件结构的使用建议

事件结构的应用非常广泛，在程序设计过程中对于事件结构的使用有以下几个建议：

(1) 避免在循环外使用事件结构。

(2) 将事件触发源控件放置在相应的事件分支中。

(3) 不要使用不同的事件数据将一个分支配置为处理多个过滤事件。

(4) 如含有事件结构的 While 循环是基于一个触发停止的布尔控件的值而终止的，应在事件结构中处理该触发停止布尔控件。

(5) 如无需通过程序监视特定的前面板对象，考虑使用"等待前面板活动"函数。

(6) 用户界面事件仅适用于直接的用户交互。

(7) 避免在一个事件分支中同时使用对话框和"鼠标按下？"过滤事件。

(8) 避免在一个循环中放置两个事件结构。

(9) 使用动态注册时，确保每个事件结构均有一个"注册事件"函数。

(10) 使用子面板控件时，含有该子面板控件的顶层 VI 将处理时间。

(11) 如需在处理当前事件的同时生成或处理其他事件，可考虑使用"事件回调注册"函数。

(12) 请谨慎选择通知或过滤事件。用于处理通知事件的事件分支，将无法影响 LabVIEW 处理用户交互的方式；如要修改 LabVIEW 是否处理用户交互，或 LabVIEW 怎样处理用户交互，可使用过滤事件。

(13) 不要将前面板关闭通知事件用于重要的关闭代码中，除非事先已采取措施确保前面板关闭时 VI 不中止。例如，用户关闭前面板之前，确保应用程序打开对该 VI 的应用，或者，可使用"前面板关闭？"过滤事件，该事件在面板关闭前发生。

3．实例应用

下面介绍用事件结构编写一个登录界面验证程序。当用户输入的用户名是"向守超"，密码是"123456"时，单击"确定"按钮后，弹出"登录成功"对话框；当用户输入用户名和密码信息是其他内容时，单击"确定"按钮后，弹出"用户名和密码错误，请重新输入"对话框；当用户点击"取消"按钮时，则清除用户名和密码文本框中的信息；当用户点击"停止"按钮时，程序结束运行。创建程序步骤如下：

步骤一：新建一个 VI。打开前面板，选择"控件"→"新式"→"字符串与路径"→"字符串输入控件"选项，将其添加到前面板上，修改标签为"用户名"。用同样的方法添加一个"密码"输入控件，并用鼠标单击控件，选择快捷菜单中的"密码显示"，这样在输入字符时显示的是"*"。选择"控件"→"新式"→"布尔"选项，将"确定按钮"、"取消按钮"和"停止按钮"添加到前面板中，前面板设置如图 4.45 所示。

步骤二：添加事件结构。打开程序框图，选择"编程"下的"结构"子面板中的"事件结构"对象，将其添加到程序框图中。设置"事件超时"端口的输入值为常量"100"。使用鼠标右键单击事件结构边框，在弹出的快捷菜单中选择"添加事件分支..."选项，则弹出"编辑事件"对话框，

图 4.45 登录界面

在对话框中的"事件源"栏选择"确定按钮"，在"事件"栏选择"值改变"，如图 4.46 所示，然后点击"确定"按钮，这样就为"确定"按钮添加了事件。用同样的方法为"取消"按钮添加取消事件。

图 4.46 添加"确定按钮"事件对话框

步骤三：添加 While 循环结构。在程序框图中添加一个 While 循环结构，把"停止"按钮输出端与循环条件端口连接，并在循环体内添加一个定时器对象，设置定时时间为"100"。

步骤四：编辑按钮事件程序。在"'确定按钮'：值改变"事件程序框中，添加两个"等于？"函数对象、一个"与"函数对象。第一个"等于？"函数对象用于验证用户名框内

的输入信息与字符串常量"向守超"是否相同，第二个"等于？"函数对象用于验证密码框的输入信息与字符串常量"123456"是否相同，"与"函数对象用于验证前面两个信息的比较结果。在事件框中添加一个条件结构，在"真"分支中添加一个"单按钮对话框"对象，并设置其"消息"输入端为字符串常量"登录成功"；在"假"分支中添加一个"单按钮对话框"对象，并设置其"消息"输入端为字符串常量"用户名和密码错误，请重新输入"。事件框图如图 4.47 所示。

图 4.47   "'确定按钮'：值改变"事件框图

步骤五：编辑取消按钮事件程序。首先在程序框图中使用鼠标右键单击"用户名"对象，在弹出的快捷菜单中选择"创建"下的"局部变量"选项，为"用户名"对象创建一个局部变量。用同样的方法为"密码"对象创建一个局部变量。在"'取消按钮'：值改变"事件框图中添加一个空字符串常量，并将输出端分别与两个局部变量的输入端连接，这样就可以清空前面板两个文本框的内容了。程序代码如图 4.48 所示。

图 4.48   "'取消按钮'：值改变"事件框图

步骤六：运行程序，查看结果。当在前面板两个文本框中输入正确的用户名和密码时，点击"确定"按钮，运行效果如图 4.49 所示。当在前面板两个文本框中输入不正确的用户名和密码时，点击"确定"按钮，运行效果如图 4.50 所示。当用户单击"取消"按钮后，两个文本框中的信息都被清空；单击"停止"按钮，程序运行停止。

图 4.49 登录界面"登录成功"界面

图 4.50 登录界面"登录失败"界面

4.5.4 在 LabVIEW 中使用事件

LabVIEW 可以产生多种不同的事件，为避免产生不需要的事件，可用事件注册来指定希望 LabVIEW 产生的事件。LabVIEW 支持静态事件注册和动态事件注册两种模式。

静态事件注册可以指定 VI 在程序框图上的事件结构的每个分支具体处理该 VI 在前面板上的事件。LabVIEW 将在 VI 运行时自动注册这些事件，如果 VI 开始运行，事件结构便开始等待事件。每个事件与该 VI 前面板上的一个控件、整个 VI 前面板窗口或某个 LabVIEW 应用程序相关联。静态事件注册的特点是在程序运行时无法改变事件结构所处理的事件，不能配置事件结构处理前面板上不同 VI 的事件。

动态事件注册通过将事件注册与 VI 服务器相结合，允许程序在运行过程中使用应用程序、VI 和控件引用来指定希望产生事件的对象。与静态事件注册相比，动态事件注册在控制 LabVIEW 产生事件的种类和时间方面更加灵活；但是动态注册比静态注册更复杂。动态注册需要 VI 服务器应用与程序框图函数一起使用，以明确地注册事件和取消注册事件，而无法通过事件结构配置信息来进行事件的自动处理注册。

1. 静态事件注册

用户界面事件可以进行用户静态事件注册，可使用"编辑事件"对话框配置事件结构来处理静态注册的事件。其操作步骤为：选择事件源，事件源可以是程序、VI 或某个控件；再选择一个事件源可产生的特定事件，如前面板大小调整、值改变等；然后根据应用程序的需求，编辑该分支来处理事件数据。

运行一个含有事件结构的 VI 时，LabVIEW 会自动进行静态事件注册。只有在 VI 处于运行状态或另一个处于运行状态的 VI 以子 VI 的形式调用该 VI 时，LabVIEW 才产生该 VI 的事件。运行一个 VI 时，LabVIEW 会将顶层 VI 及其在程序框图上所调用的子 VI 的层次结构设置成名为"保留"的执行状态。由于 VI 的父 VI 在运行时会随时将其作为子 VI 调用，所以当 VI 处于保留状态时，不能编辑 VI 或单击运行按钮。

当 LabVIEW 将一个 VI 设置为保留状态时，它将自动注册该 VI 程序框图上的所有事件结构中被静态配置的事件。当顶层 VI 结束运行时，LabVIEW 会将该 VI 及其所有子 VI 的层次结构设置为"空闲"执行状态，并自动将该事件的注册取消。

2. 动态事件注册

动态事件注册可完全控制 LabVIEW 产生事件的类型和时间。动态事件可使事件仅在应用程序的某个部分发生，也可在应用程序运行时改变产生事件的 VI 或控件。使用动态注册，可在子 VI 中处理事件而非仅在产生事件的 VI 中处理事件。

处理动态注册的事件主要包括以下四个步骤：

(1) 获取要处理的事件对象的 VI 服务器应用。

(2) 将 VI 服务器引用连接至"注册事件"函数以注册对象的事件。

(3) 将事件结构放在 While 循环中，处理对象事件直至出现终止条件为止。

(4) 通过取消注册事件函数以停止事件发生。

要动态注册对象事件，必须先获取该对象的 VI 服务器引用。可通过打开"应用程序"引用和打开"VI 引用"函数，来获取应用程序和 VI 的引用。要获取控件引用，可使用属性节点查询 VI 的控件；或使用鼠标右键单击该控件，从弹出的快捷菜单中选择"创建"下的"引用"选项，来创建控件引用常量。

使用"注册事件"函数可动态注册事件，"注册事件"函数位于"函数"选板"编程"下的"对话框与用户界面"选项中的"事件"子面板中，拖动上下箭头可调整"注册事件"函数的大小，以显示一个或多个事件源输入端。将应用程序、VI 或控件引用连接到每一个事件源输入端，使用鼠标右键单击每一个输入端，从弹出的快捷菜单的"事件"选项中选择想要注册的事件。所能选择的事件取决于连接到事件源输入端的 VI 服务器的引用类型。

"事件"快捷菜单上的事件与静态注册事件时在"编辑事件"对话框出现的事件相同。"注册事件"函数执行时，LabVIEW 将对每个事件源输入引用句柄相关联的对象上的事件进行注册。一旦注册了事件，LabVIEW 将按事件发生的顺序将其放入队列，直到事件结构处理这些事件。除非有另一个对象在函数执行之前已经注册了事件，否则将不会产生事件。

动态事件接线端类似于移位寄存器，可使用鼠标右键单击事件结构，并从弹出的快捷菜单中选择"显示动态事件接线端"来获取。左接线端接受"事件注册引用句柄"或"事件注册引用句柄"的簇；如果不连接内部的右接线端，右接线端的数据将与左接线端相同。但是，可通过"注册事件"函数将"事件注册引用句柄"或"事件注册引用句柄"的簇，连接至内部的右接线端并动态地修改事件注册。

要停止产生事件，可将事件结构右侧的动态事件接线端连接至位于"注册事件"函数左上角的"事件注册引用句柄"输入端。"取消注册事件"函数位于"函数"选板"编程"下的"对话框与用户界面"选项中的"事件"子项中，其位于含有该事件结构的 While 循环中。"取消注册事件"函数执行时，LabVIEW 将把该"事件注册引用句柄"所指定的一切事件注册取消，销毁与该事件注册引用句柄相关的事件队列，同时放弃任何尚在队列中的事件。如果用户不取消注册事件，而包含事件结构的 While 循环执行结束后，用户又执行了可产生事件的操作，那么 LabVIEW 将无限地查询事件。如果事件配置已被前面板锁定，则此时 VI 无响应。在这种情况下，LabVIEW 将在 VI 空闲时销毁事件队列。

3. 动态事件修改

如果动态地注册事件，可在运行时修改注册信息以改变 LabVIEW 产生事件的对象。若要修改与引用句柄相关的已有注册而非创建一个新注册，可连接"注册事件"函数左上角的"事件注册引用句柄"输入端。

当连接"事件注册引用句柄"输入端时，该函数会自动调整大小以显示在"注册事件"函数中指定的相同引用类型的相同事件。"注册事件"函数最初创建了"事件注册引用句柄"，当"事件注册句柄"输入端已连好线时，不能手动改变该函数的大小或重新配置该函数。

如果将一个对象引用连接到"注册事件"函数左侧的"事件源"输入端，且"事件注册句柄"输入端已连接，则该函数将替换先前通过原来"注册事件"函数的相应"事件源"输入端完成注册的所有引用。可通过将"非法引用句柄"常量连接至"事件源"输入端来取消单个事件的注册。如果不连接"事件源"输入端，LabVIEW 将不改变该事件的注册信息。若要取消与某一"事件注册引用句柄"相关的所有事件的注册，可使用"取消注册事件"函数。

4.6 使 能 结 构

使能结构是 LabVIEW 8 中新增的功能，用来控制程序是否被执行。使能结构有两种：一种是程序框图禁用结构，其功能类似于 C 语言中的/*……*/，可用于大段地注释程序；另一种是条件禁用结构，用于通过外部环境变量来控制代码是否执行，类似于 C 语言中通过宏定义来实现条件编译。这两种使能结构的使用方法与"条件结构"类似，都位于"函数"面板"编程"下的"结构"子面板中。

4.6.1 程序框图禁用结构

在 C 语言中，如果不想让一段程序运行，可以用/*……*/的方法将其注释掉。但是在 LabVIEW 8 以前的版本中只能通过"条件结构"来实现，从 LabVIEW 8 开始增加了程序框图禁用结构，能实现真正的注释功能，而且使用方法非常简单，只要把需要注释的代码放置到框图中，并使之为"禁用"状态即可；如果要恢复此段代码，则选择"启用"状态即可，程序框图如图 4.51 所示。

图 4.51 程序框图禁用结构

为了掌握程序框图禁用结构的基本应用方法，下面介绍如何用其实现加法运算的"启用"和"禁用"。创建程序的步骤如下：

步骤一：新建一个 VI。在前面板上放置两个"数值输入"控件和一个"数值显示"控件，分别命名为"x"、"y"和"x+y"。

步骤二：编写程序框图。切换到程序框图，选择一个"加"函数，将两个输入端子分别与"x"和"y"对象连接，输出端与"x+y"对象连接。

步骤三：添加程序框图禁用结构。在"函数"面板"编程"下的"结构"子面板中选择"程序框图禁用结构"，将"加"函数框入其中，在默认情况下，该操作代表了将加法运算禁用，运行程序，结果如图 4.52 所示。

图 4.52　禁用"加法"运算

步骤四：在"程序框图禁用结构"中单击鼠标右键，在弹出的快捷菜单中选择"启用本子程序框图"选项，运行程序，结果如图 4.53 所示。

图 4.53　启用"加法"运算

4.6.2　条件禁用结构

条件禁用结构的功能类似于 C 语言中的宏定义功能，即通过外部环境变量来控制代码是否执行。此外，条件禁用结构还可以通过判断当前操作系统的类型来选择执行哪段代码。

条件禁用结构的建立方法与程序框图禁用结构的建立方法类似，建立后的条件禁用结构如图 4.54 所示。

条件禁用结构包括一个或多个子程序框图，LabVIEW 在执行条件禁用结构时会根据子程序框图的条件配置只使用其中的一个子程序框图。需要根据用户定义的条件而禁用程序框图上某部分的代码时，建议使用该结构。用鼠标右键单击结构边框，

图 4.54　条件禁用结构

可添加或删除子程序框图。添加子程序框图或用鼠标右键单击结构边框，在快捷菜单中选择"编辑本子程序框图的条件"，可在配置条件对话框中配置条件。单击"选择器标签"中的递增和递减箭头可滚动浏览已有的条件分支。创建条件禁用结构后，可添加、复制、重排或删除子程序框图。

程序框图禁用结构可用于使程序框图上的某部分代码失效。用鼠标右键单击条件禁用结构的边框，从快捷菜单中选择"替换为程序框图禁用结构"，即可完成转换。

下面介绍如何用条件禁用结构控制代码的运行。本例是用条件禁用结构控制一段代码的执行，当满足条件"Global_switch=True"时，执行此分支中的代码，禁用"默认"分支中的代码；反之则执行"默认"分支中的代码，禁用"Global_switch=True"分支中的代码。创建程序的步骤如下：

步骤一：新建一个工程，保存名为"条件禁用结构"。在 LabVIEW 2015 的启动界面中，选择"文件"下的"创建项目"选项，在弹出的"创建项目"对话框中，选择"全部"下的"项目"选项，点击"完成"按钮，新建一个空白项目，并保存该项目。

步骤二：编辑环境变量。在项目名称上单击鼠标右键，在弹出的快捷菜单中选择"属性"，打开"项目类的属性"对话框，如图 4.55 所示。在对话框中的"类别"项中选择"条件禁用符号"；在"新符号"中填写"Global_switch"，在"新值"中填写"True"，然后点击"添加"按钮，编辑环境变量即可完成。最后单击"确定"按钮。

图 4.55　"项目类的属性"对话框

步骤三：新建一个 VI。在项目名称上单击鼠标右键，在弹出的快捷菜单中选择"新建"，打开一个新的 VI，保存名为"Global_switch"。

步骤四：创建"条件禁用结构"。将"条件禁用结构"添加到程序框图上，选择"函数"→"编程"→"对话框与用户界面"选项，然后选择"单按钮对话框"并放置到"条件禁用结构"的默认分支上。设置显示内容为"默认"，如图 4.56 所示。

图 4.56　默认"条件禁用结构"分支

步骤五：添加子程序框图。在"条件禁用结构"边框上单击鼠标右键，在弹出的快捷菜单中选择"在后面添加子程序框图"选项，会弹出"配置条件"对话框，如图 4.57 所示。细心的读者可能会发现图中符号下拉列表中除了前面配置的"Global_switch"选项，还有

"OS"、"CPU"、"TARGET TYPE"等选项，它们可以用来判断当前的操作系统、CPU 类型等。在"配置条件"对话框"符号"下拉列表中选择"Global_switch"选项，在"值"文本框中填写"True"，点击"确定"按钮，添加子程序框图即可。

图 4.57 "配置条件"对话框

步骤六：在新添加的分支中放置一个"单按钮对话框"，设置显示内容为"Global_switch"，如图 4.58 所示。

图 4.58 新添加"条件禁用结构"分支

步骤七：运行程序，结果如图 4.59 所示，从图中可以看出，条件不满足的分支呈灰色显示。使用鼠标右键单击新添加的"条件禁用结构"分支边框，在弹出的快捷菜单中选择"编辑本子程序框图的条件..."选项，在弹出的配置条件对话框中将"=="改为"!="。再运行程序，结果如图 4.60 所示。

图 4.59 默认"条件禁用结构"运行结果

图 4.60 改变禁用条件后的运行结果

4.7 变　　量

由于 LabVIEW 图形化编程的特点，某些情况下要在同一 VI 的不同位置或在不同的 VI 中访问同一个控件，这时控件对象之间的连线就无法实现了。此时，需要用到局部变量或全局变量，通过局部变量或全局变量可以在程序框图中的多个地方读/写同一个控件。LabVIEW 的变量可以分为三类：局部变量、全局变量和共享变量。本节只对局部变量和全局变量进行讲解。

4.7.1 局部变量

局部变量主要用于在程序内部传递数据，它既可以作为控制量向其他对象传递数据，也可以作为显示量接收其他对象传递过来的数据。

创建局部变量的方式有两种：一种是先从"函数"下"编程"窗口的"结构"子面板中直接选择"局部变量"放置到程序框图上，然后单击鼠标右键，在弹出的快捷菜单中选择"选择项"，连接对象；第二种方法是在要创建局部变量的已有对象上单击鼠标右键，在弹出的快捷菜单中选择"创建"下的"局部变量"即可。

对于第一种方式，当"局部变量"放置到程序框图上时，局部变量未与任何对象连接，此时局部变量显示为"▶♠?"，连接对象后，"？"处即变为显示对象的名称。例如，先在前面板板添加一个数值输入控件、一个布尔控件和一个字符串控件，然后在程序框图中添加一个"局部变量"函数，使用鼠标右键单击"局部变量"函数，可以在弹出的快捷菜单中选择"选择项"下的"数值/布尔/字符串"选项，建立所需要的局部变量，如图 4.61 所示。如果前面板没有输入控件或显示控件，则使用鼠标右键单击"局部变量"函数，弹出的快捷菜单中的"选择项"会变为灰色，即处于不可用状态。

图 4.61　第一种方法创建局部变量

对于第二种方式，这里仍以创建字符串的局部变量为例，在前面板添加一个字符串控件，在程序框图中使用鼠标右键单击对象，在弹出的快捷菜单中选择"创建"下的"局部变量"即可，如图 4.62 所示。

图 4.62　直接创建对象局部变量

一个对象可以创建多个局部变量，局部变量既可以作为输入控件，也可以作为显示控件，向对象赋值。创建局部变量时，默认值为输入控件，单击鼠标右键，在弹出的快捷菜单中选择"转换为读取"选项即可将其转换为显示控件，如图 4.63 所示。从图 4.63 中可以看出，局部变量作为输入控件时，连接端口位于左侧，显示为细框；转换为显示控件后，其连接端口位于右侧，细框变为粗框。

图 4.63　局部变量转换

　　下面介绍利用局部变量制作一个计时器的实例。本例的计时器可以暂停，暂停后还可继续计时。用"已用时间"对象获取计时时间，单位为秒，然后通过获取的时间计算其时、分、秒的数据。暂停后的计时值、"已用时间"对象的重置控制、显示控件初始化可通过局部变量实现。创建程序步骤如下：

　　步骤一：新建一个 VI。在前面板上添加四个"数值显示"控件，分别命名为"时"、"分"、"秒"、"毫秒"，将数据显示类型更改为"I32"(具体方法为用鼠标右键单击控件，在"表示法"中选择"I32")。打开"时"、"分"和"秒"的属性对话框，在"显示格式"选项卡中，设置相关参数，如图 4.64 所示。"毫秒"只是将"使用最小域宽"设置为"3"，其余设置均相同。

图 4.64　"秒"控件的属性设置

　　步骤二：在前面板中添加两个数值显示控件，分别命名为"计时数"和"暂停前计数值";在"控件"下"经典"选项中的"经典布尔"子面板中选择"带标签方形按键"控件,将其放置到前面板上,命名为"开始/暂停",并打开其属性对话框的"外观选项卡",设置"开时文本"为"开始","关时文本"为"暂停"。添加一个"停止"按钮和一个布尔型的"方形指示灯"控件,将"方形指示灯"控件命名为"重置"。前面板设计如图 4.65 所示。

图 4.65　计时器前面板设计

步骤三:切换到程序框图,添加一个条件结构,并将"开始/暂停"对象的输出端连接分支选择器。在整个条件结构外添加一个 While 循环结构,设置时间间隔为 10 ms,并将停止按钮连接循环条件端子。

步骤四:在条件结构的"真"分支中添加一个平铺式顺序结构,并将顺序结构、前后各添加一帧。从"函数"下"编程"选项中的"定时"子面板中选择"已用时间"对象,将其添加到顺序结构的中间帧内,"重置"对象放置在第一帧中,并与"已用时间"对象的重置端口连接;创建一个"重置"对象的局部变量,放置在第三帧中,并在输入端连接一个布尔"假"常量。这样做的目的是实现暂停计时并在重新计时后,将"已用时间"对象在暂停时的计时数清零,因为只要程序不停,"已用时间"对象就会一直计数。

步骤五:用鼠标右键单击"计时数"对象,在快捷菜单中选择"创建"下的"局部变量"选项,创建一个计时数对象的局部变量并添加到"假"分支中,将其转换为读取状态。同时,创建该局部变量的显示控件,命名为"暂停前计数值",这一步的作用是保存暂停时的计时数并与"重置"对象一起完成暂停后累加计时的功能。同样创建"重置"对象的局部变量,放置到"假"分支中,并向其输入端连接布尔型的"真"常量。程序框图如图 4.66 所示。

图 4.66　条件结构"假"分支框图

步骤六：在 While 循环的外侧创建一个平铺式顺序结构，在其前方添加一帧，把"时"、"分"、"秒"、"毫秒"等对象以及"计时数"和"暂停前计数值"局部变量放置到第一帧中，并初始化为"0"。

步骤七：创建"时"、"分"、"秒"、"毫秒"和"暂停前计数值"等对象的局部变量，添加"加"、"乘"、"商与余数"对象，并将它们放置到"真"分支中顺序结构的中间帧，按图 4.67 进行连接，即可完成计时器功能的主要程序设计。

步骤八：运行程序，查看结果，如图 4.68 所示。

图 4.67　计时程序主要框图

图 4.68　计时器运行图

4.7.2　全局变量

前面介绍了局部变量的建立和使用方法，局部变量通常用于程序内部的数据传递，对于程序间的数据传递就无能为力了，而全局变量则可以解决这个问题。LabVIEW 中的全局变量是以独立的 VI 文件形式存在的，这个 VI 文件只有前面板，没有程序框图，不能进行编程。通过全局变量可以在不同的 VI 之间进行数据交换，一个全局变量的 VI 文件中可以包含多个不同数据类型的全局变量。

全局变量的创建方式也有两种。第一种方法是在 LabVIEW 2015 的启动界面中，选择"文件"下的"新建"选项，即可弹出"新建"对话框，在"新建"对话框中选择"全局变量"，如图 4.69 所示。单击"确定"按钮后，打开全局变量的设计窗口，如图 4.70 所示，这是一个没有程序框图的 LabVIEW 程序，即它仅是一个盛放前面板控件的容器，没有任何代码，在其中加入控件，保存成一个 VI 后便创建了一个全局变量。

图 4.69　"新建"全局变量窗口

第二种方法是在 LabVIEW 程序框图中，选择"函数"→"编程"→"结构"→"全局变量"选项，将其添加到程序框图中，生成全局变量图标"⬛"。双击全局变量图标即可打开全局变量编辑窗口，如图 4.70 所示。

图 4.70　全局变量编辑框

下面通过一个用全局变量在不同 VI 之间传递数据的实例，来说明全局变量的使用方法。首先创建两个 VI 和一个全局变量，其中一个 VI 产生正弦波形，通过全局变量传递后，在另一个 VI 中显示。创建程序的步骤如下：

步骤一：创建一个全局变量。打开全局变量编辑框后，在其中放置一个"波形图"显示控件，命名为"波形全局变量"，如图 4.71 所示。保存该 VI，命名为"波形全局变量.vi"。

图 4.71　创建"波形全局变量"

步骤二：创建信号产生 VI。创建一个 VI，保存 VI 名为"信号产生"。在前面板上放置一个"波形图"控件，命名为"信号产生波形显示"。切换到程序框图，选择"编程"→"波形"→"模拟波形"→"波形生成"选项，在"波形生成"子面板中选择"仿真信号"并放置到程序框图上，使用默认设置，用于产生一个正弦信号，输出端与"信号产生波形显示"连接。在"函数"面板上单击"选择 VI"，在打开的对话框中选择第一步中创建的"波形全局变量"，将其与"仿真信号"的输出端相连。在"仿真信号"的频率输入端口创建一个"输入控件"。创建一个 While 循环将所有程序框图上的对象框到其中，设置时间间隔为 100 ms，程序框图如图 4.72 所示。

步骤三：创建信号显示 VI。创建一个 VI，命名为"信号显示"。在前面板中放置一个"波形图"控件，命名为"变量传递后波形显示"。切换到程序框图，从"编程"下的"波形"子面板中选择"创建波形"并添加到框图上，拉伸后，使用鼠标右键单击各个端口，在弹出的快捷菜单中的"选择项"分别选择"Y"、"t0"、"dt"。在"函数"面板上单击"选择 VI"，在打开的对话框中选择第一步中创建的"波形全局变量"，单击鼠标右键选择"转换为读取"，与"创建波形"对象的"Y"相连。在"t0"端口创建一个时间常量，在"dt"端口创建一个常量"0.001"。创建一个 While 循环将所有程序框图上的对象框到其中，设置时间间隔为 100 ms，程序框图如图 4.73 所示。

图 4.72　信号产生程序框图

图 4.73　信号显示程序框图

步骤四：运行"信号产生"和"信号显示"两个 VI，结果如图 4.74 所示，改变不同的信号频率，比较显示结果是完全一致的。

图 4.74　全局变量运行结果

4.8　定时结构

定时结构的用法相对要复杂一些。"定时结构"位于
"函数"选板"编程"下"结构"选项中的"定时结构"
子面板中，如图 4.75 所示。定时结构主要有定时循环和定
时顺序两种。

图 4.75　"定时结构"子面板

4.8.1　定时循环

定时循环可根据指定的循环周期顺序执行一个或多
个子程序框图或帧。在以下情况中可以使用定时循环结
构：开发支持多种定时功能的 VI、精确定时、循环执行时
返回计算值、动态改变定时功能或者多种执行优先级。用
鼠标右键单击结构边框可添加、删除、插入及合并帧。选择"编程"→"结构"→"定时
结构"，在"定时结构"子面板中选择"定时循环"对象，在程序框图上拖动鼠标即可建立
定时循环，如图 4.76 所示。

图 4.76　定时循环框图

定时循环的结构主要包含五部分内容，分别为输入节点、左数据节点、右数据节点、
输出节点和循环体。下面对这五部分功能进行具体介绍。

(1) 输入节点：用于设置定时循环的初始化参数。确定定时循环的循环时序，循环优先级和循环名称等参数。

(2) 左数据节点：用于返回配置信息以及运行状态信息等，提供上一次循环的时间和状态信息，例如上一次循环是否延迟执行、上一次循环的实际执行时间等。

(3) 右数据节点：用于配置下一轮及以后循环的时间参数，从而实现循环参数的动态改变。

(4) 输出节点：返回时间状态信息以及错误信息，参数含义与左端数据节点的同名参数一致。

(5) 循环体：和 While 循环类似，定时循环的循环体包括循环计数端口和循环条件输入端口，前者用于指示当前的循环次数，后者连接一个布尔型变量，用于指示循环退出或者继续的条件。

定时循环结构是在 While 循环的基础上发展起来的，其循环体的使用规则和 While 循环一样，包括"自动索引"功能和移位寄存器。不同之处在于：对于循环时间和状态进行设定和输出的 4 个节点，While 循环中的循环时间间隔在这 4 个节点处不再适用。下面对定时循环中循环时间和状态的设定进行重点介绍。

在定时循环结构的输入节点上双击，或者单击鼠标右键，在弹出的快捷菜单中选择"配置输入节点"选项，即可打开如图 4.77 所示的"配置定时循环"对话框。

图 4.77 "配置定时循环"对话框

对输入节点参数的设定可以在"配置定时循环"对话框中完成，也可以直接在框图输入端完成，默认情况下框图只显示部分参数，用户可以通过拉伸输入节点显示更多的参数，表 4.1 列出了输入节点框图中的图标和"配置定时循环"对话框中对应参数的含义。

表 4.1　定时循环输入节点图标和对应参数的含义

图标	参数	含义
	源名称	指定用于控制结构的定时源的名称。定时源必须通过创建定时源 VI 在程序框图上创建，或从配置定时循环对话框中选择
	期限	指定定时源的周期、单位与源名称指定的定时源一致
	结构名称	指定定时循环的名称
t0	偏移量	指定定时循环开始执行前的等待时间。偏移量的值对应于定时循环的开始时间，单位由定时源指定
dt	周期	定时循环的时间
	优先级	指定定时循环的执行优先级。定时结构的优先级用于指定定时结构相对于程序框图上其他对象的执行开始时间。优先级的输入值必须为 1 到 65535 之间的正整数
	模式	指定定时循环处理执行延迟的方式。共有五种模式：无改变，根据初始状态处理错过的周期，忽略初始状态处理错过的周期，放弃错过的周期维持初始状态，忽略初始状态放弃错过的周期
	处理器	指定用于执行任务的处理器。默认值为 –2，即 LabVIEW 自动分配处理器。如需手动分配处理器，可以输入介于 0 到 255 之间的任意值，0 代表第一个处理器。如果输入的数量超过可用处理器的数量，将导致运行时错误且定时结构停止执行
	超时	指定定时循环开始执行前的最长等待时间。默认值为 –1，表示未给下一帧指定超时时间。超时的值对应于定时循环的开始时间和上一次循环的结束时间，单位由帧定时源指定
	错误	在结构中传递错误。接收到错误状态时，定时循环将停止执行

对于其他节点更详细的说明请读者参考 LabVIEW 相应的说明和帮助文档。

下面介绍一个简单的定时循实例，该实例设置定时循环的初始周期为 0 ms，每循环一次周期时间增加 100 ms，共循环 5 次结束，因此整个循环结束共耗时 0 + 100 + 200 + 300 + 400 = 1000 ms。程序的程序框图和运行效果图如图 4.78 所示。

图 4.78　定时循环实例

4.8.2　定时顺序

定时顺序结构由一个或多个子程序框图(也称帧)组成，在内部或外部定时源控制下按顺序执行。与定时循环不同，定时顺序结构的每个帧只执行一次，不重复执行。定时顺序结构适于开发只执行一次的精确定时、执行反馈、定时特征等动态改变或有多层执行优先级的 VI。用鼠标右键单击定时顺序结构的边框可添加、删除、插入及合并帧。定时顺序框图如图 4.79 所示。

图 4.79 定时顺序框图

定时顺序结构包括输入节点、左数据节点、右数据节点、输出节点，它们的作用和定时循环中的节点一样，设定方法和功能也与其类似。

While 循环结构、顺序结构、定时结构、条件结构之间可以互相转换，具体方法是在结构体的代码框上单击鼠标右键，从菜单中选择相应的结构进行替换，替换后要注意更改各个结构运行的参数。

4.8.3 定时 VI

对于一般的程序，通过以上节点的设置完全能够实现一个程序中的多种运行速度，但对于一些高级编程，可能还需要提供自定义的定时时钟标准，有些还需要同步多个定时循环，这些功能需要一些辅助的 VI 来实现，下面对它们的基本功能做一个简单说明，见表 4.2。

表 4.2 定时 VI 的基本功能

名　　称	图标和端口	基本功能
创建定时源	名称（输入）　　　　　　名称（输出） 错误输入（无错误）　　　错误输出	创建用于控制定时结构执行的 1 kHz、1 MHz 或软件触发定时源
清除定时源	名称　　　　　　父 错误输入（无错误）　　错误输出	停止或删除为其他源所创建或指定的定时源
创建定时源层次结构	替换(F) 层次结构名称 父 定时源名称 错误输入（无错误）　　错误输出	根据定时源名称中输入的内容，创建一个层次结构的定时源
发射软件触发定时源	触发ID　　　　　触发ID输出 计时数量 错误输入（无错误）　　错误输出	使用创建定时源 VI 创建软件触发定时源
定时结构停止	优先级 名称 错误输入（无错误）　　错误输出	停止名称中输入的定时循环或定时顺序
同步定时结构开始	清除(F) 替换(T) 同步组名称 超时毫秒(10000)　　定时结构名称输出 定时结构名称　　　错误输出 错误输入（无错误）	将定时结构名称中输入的定时循环或定时顺序结构名称添加到同步组名称所指定的同步组，从而使上述循环或顺序开始同步

图形显示

第5章

图形化显示具有直观明了的优点，能够增强数据的表达能力，许多仪器和示波器都具有丰富的图形显示功能。在虚拟仪器程序设计的过程中，也秉承了这一优点，LabVIEW 对图形化显示提供了强大的支持。

LabVIEW 提供了两个基本的图形显示工具：图和图表。图采集所有需要显示的数据，并可以对数据进行处理后一次性显示结果；图表将采集的数据逐点地显示为图形，可以反映数据的变化趋势，类似于传统的模拟示波器、波形记录仪。图显示的类型包括波形图、XY 图、强度图和 3D 图；图表显示的类型包括波形图表和强度图表。"图形"显示控件位于前面板"控件"选板中"新式"下的"图形"子面板中，如图 5.1 所示。本章的主要内容包括波形图和波形图表、XY 图、强度图和强度图表、三维曲面图和三维参数图及三维曲线图。

图 5.1 "图形"控件子面板

5.1 波 形 显 示

波形显示分为波形图和波形图表两种，波形图和波形图表是在数据显示中用得最多的两个控件。波形图表是趋势图的一种，它将新的数据添加到旧数据尾端后再显示出来，可以反映数据的实时变化。它和波形图的主要区别在于，波形图是将原数据清空后重新画一张图，而趋势图则保留了旧数据，保留数据的缓冲区长度可以通过在"控件"处单击鼠标右键，并选择"图表历史长度"来设定。

5.1.1 波形图

波形图用于显示测量值为均匀采集的一条或多条曲线。波形图仅绘制单值函数，在波形图接收所有需要显示的数据后可一次性在前面板窗口中显示，其显示的图形是稳定的波形。在下一次接收数据时，波形图不保存上一次的历史数据，数据全部更新，在前面板窗口中只显示当前接收的数据。

波形图位于前面板"控件"面板"新式"下的"图形"子面板中。波形图窗口默认显示的内容包括图形区、标签、图例和刻度(X 刻度和 Y 刻度)。还有一些元素没有显示在前面板窗口中，使用鼠标右键单击波形图，在弹出的快捷菜单中选择"显示项"，会弹出如图5.2 所示的菜单，可以显示图中的元素，完全显示结果如图 5.3 所示。或者在弹出的快捷菜单中选择"属性"选项，会弹出"图形属性"对话框，在"外观"选项卡里选择要显示的项目，如图 5.4 所示。

图 5.2 波形图右键快捷菜单　　　　　　　　　图 5.3 波形图完整显示项

图 5.4 "图形属性"对话框

1. 图例

图例位于波形图的右上角，用来定义图中曲线的颜色和样式。在默认情况下，图例只显示一条曲线，若想要显示多条曲线的图例，直接将图例向下拉即可。使用鼠标右键单击图例，弹出如图 5.5 所示的快捷菜单，在弹出的菜单中可以对曲线的颜色、线型和显示风格等进行设置，双击图例文字可以改变曲线名称。下面对图例的快捷菜单选项内容进行详细说明。

(1) 常用曲线。"常用曲线"子菜单可用来设置曲线的显示方式，如图 5.6 所示。其中，上排显示方式依次为平滑曲线、数据点方格、曲线同时数据点方格；下排显示方式依次为填充曲线和坐标轴包围的区域、直线图、直方图。

(2) 颜色。"颜色"子菜单可用来设置线条的颜色。设置时可以从系统颜色选择器中选择颜色作为线条颜色，如图 5.7 所示。

(3) 线条样式和线条宽度。"线条样式"子菜单可用来设置曲线的线条样式，有连续直线、断线直线、虚线、点画线等；"线条宽度"子菜单可用来设置曲线的线条粗细。

(4) 平滑。"平滑"选项选择是否启用防锯齿功能，启用该功能可使线条变得更光滑。

(5) 直方图。"直方图"子菜单可用来设置直方图的绘制方式，分为直线式、填充式、柱状式等。

(6) 填充基线。"填充基线"子菜单可用来设置曲线的填充参考线，填充参考线可分为零、负无穷大和无穷大。

(7) 插值。"插值"子菜单可用来设置曲线中绘图点的插值方式。

(8) 点样式。"点样式"子菜单可用来设置图中绘图点的样式，包括圆点、方块、叉、星号等。

图 5.5　图例快捷菜单　　　图 5.6　常用曲线菜单　　　　　　图 5.7　颜色菜单

2. 标尺图例

标尺图例可用来定义标尺标签和配置标尺属性。标尺图例的第一行对应水平坐标参数，第二行对应垂直坐标参数。

图标🔒为锁定开关，可用来锁定刻度，单击该图标可在刻度锁定和解锁状态之间切换。

图标 可用来标识刻度锁定状态，绿灯亮表示为刻度锁定状态。

图标 为下拉菜单，可用来设置坐标刻度数据的属性，包括格式、精度、映射模式、网格颜色和显示标尺选项。

3. 图形工具选板

通过图形工具选板可进行游标移动、缩放、平移显示图像等操作。图形工具选板还包括信号信息的各种属性，如游标移动工具 、缩放工具 、平移工具 。

游标移动工具 可用来移动所显示图形上的游标。

缩放工具 可用来放大或缩小图形，单击出现下拉列表，包括6种缩放方式，如图5.8所示。上排从左到右依次为放大选择的矩形框、放大选择的水平范围、放大选择的垂直范围；下排从左到右依次为取消上一次缩放操作、按光标所在的位置放大、按光标所在的位置缩小。

图5.8 图形缩放方式

平移工具 可用来在显示区域内选中并移动曲线。

4. 游标图例

游标图例可用来显示图形中的游标，在图形上用游标可读取绘图区域上某个点的确切值，游标值会显示在游标图例中。

使用鼠标右键单击游标图例，在弹出的快捷菜单中选择"创建游标"，可在图形中添加游标。创建游标时，游标模式定义了游标位置，共有三种模式：自由、单曲线和多曲线，如图5.9所示。在同一个图形中可创建多个游标。

图5.9 创建游标

自由模式不考虑曲线的位置，游标可以在整个图形区域自由移动。

单曲线模式表示仅将游标置于与其关联的曲线上，游标可在曲线上移动。右键单击单曲线游标图例，从弹出的快捷菜单中选择"关联至"，可将游标与一个或所有曲线实现关联。

多曲线模式可将游标置于绘图区域内的特定数据点上。多曲线游标可显示与游标相关的所有曲线在指定 X 值处的值。游标可置于绘图区域内的任意曲线上。使用鼠标右键单击多曲线游标图例，从弹出的快捷菜单中选择"关联至"，可将游标与一个或所有曲线实现关联。该模式只对混合信号图有效。

5. X 滚动条

X 滚动条可用来滚动显示图形或图表中的数据，使用滚动条可查看图形或图表当前未显示的数据。

6. 属性对话框

图形属性对话框包括八个选项卡，即外观、显示格式、曲线、标尺、游标、说明信息、数据绑定和快捷键。

(1) 外观选项卡：主要用来设置图标签、标题、图形工具选板、游标图例、标尺图例、水平滚动条等对象是否可见，主要包括以下几个选项。

① 标签：显示对象的自带标签并启用标签文本框对标签进行编辑。标签用于识别前面板和程序框图上的对象。

② 标题：显示对象的标题，启用标题的文本框后，用户即可编辑标题。使用标题可对前面板控件做详细的说明，该选项对常量不可用。

③ 启用状态：设置用户可否对对象进行操作。选择"启用"，表示用户可操作该对象。选择"禁用"，表示在前面板窗口中显示该对象，但用户无法对该对象进行操作。选择禁用并变灰，表示在前面板窗口中显示该对象并将对象变灰，用户无法对该对象进行操作。

④ 大小：设置对象的大小，以像素为单位。高度是对象的整个显示高度，以像素为单位。不能设置数值对象的高度。宽度是对象界面的宽度，以像素为单位。

⑤ 显示图像工具选板：表示是否在前面板显示图形工具选板。打钩表示显示。

⑥ 显示图例：表示是否显示曲线图例。该图例可用来定义各种曲线，包括曲线样式、线条样式、宽度、点样式等。

⑦ 根据曲线名自动调节大小：表示根据图例中可见的最长曲线名称的宽度自动调节图例大小。

⑧ 曲线显示：可用于设置在图例中显示的曲线数。

⑨ 显示水平滚动条：表示显示水平滚动条。

⑩ 显示标尺图例：表示显示标尺图例。

⑪ 显示游标图例：表示显示游标图例，使用图标可自定义各游标，包括游标样式、线条样式、宽度、端点样式等。

(2) 显示格式选项卡：用于显示数值对象的显示格式，主要包括以下几个选项。

① 坐标轴设置：通过下拉列表可以选择坐标。

② 类型：对显示的数据可以用不同的格式。大体上可以分为数值、进制、时间三类。

③ 位数：可用于表示数据的个数，如精度类型为精度位数，该字段表示小数点后显示的数字位数。如果精度类型为有效数字，该栏表示显示的有效数字位数。如格式为十六进制、八进制或二进制，则该选项有效。对于单精度浮点数，如精度类型为有效位数，建议该字段使用 1～6 范围内的值。对于双精度浮点数和扩展精度浮点数，如精度类型为有效位

数，建议该字段使用 1～13 范围内的值。

④ 精度类型：可用于设置显示精度位数或者有效数字。如需要位数栏显示小数点后的位数，可选择精度位数。如需要位数栏显示小数点后的有效位数，可选择有效数字。如格式为十六进制、八进制或二进制，则不用该选项。

⑤ 隐藏无效零：可用于删除数据末尾的无效 0。如果数值无小数部分，该选项会将有效数字精度之外的数值强制为 0。

⑥ 使用最小域宽：表示数据实际位数小于用户指定的最小域宽。在数据左端或者右端将用空格或者 0 来填补多余的空间。

(3) 曲线选项卡：可用于配置图形或图标上的曲线外观，主要包括以下几个选项。

① 曲线：可设置要配置的曲线。

② 名称：表示曲线名称，可使用"曲线名"属性，通过编程命名曲线。

③ 线条样式：表示曲线线条的样式，该选项对数字波形图不可用。可用"线条样式"属性通过编程设置线条样式。

④ 线条宽度：表示曲线线条的宽度，该选项对数字波形图不可用。可用"线条宽度"属性通过编程设置线条宽度。

⑤ 点样式：表示曲线的点样式，该选项对数字波形图不可用。可用"点样式"属性通过编程设置点样式。

⑥ 曲线插值：表示曲线的插值，该选项对数字波形图不可用。可用"曲线插值"属性通过编程指定插值。

⑦ 线条颜色：表示曲线线条的颜色，可用"曲线颜色"属性通过编程设置颜色。

⑧ 点填充颜色：表示点和填充的颜色，数字波形图不可使用该选项。可使用"点填充颜色"属性通过编程设置颜色。

⑨ 填充至：表示设置填充的基线，数字波形图不可使用该选项。可使用"填充至"属性通过编程来设置基线。

⑩ Y 标尺：表示设置与曲线相关联的 Y 标尺。数字波形图不可使用该选项。

⑪ X 标尺：表示设置与曲线相关联的 X 标尺。

(4) 标尺选项卡：用于格式化图形或图表的标尺或网格。标尺选项卡主要包括标尺名称、是否显示标尺和标尺标签、调整标尺的最大值和最小值、缩放量和缩放系数、刻度样式与颜色、网格样式与颜色等几个选项。

① 显示标尺标签：可显示图形或图表上的标尺标签。

② 自动调整标尺：用于表示连接到图形或图表的数据。

③ 显示标尺：用于显示图形或图表上的标尺。

④ 对数：勾选该选项，表示使用对数坐标；如取消该复选框的选择，则表示取线性标尺。

⑤ 反转：可交换标尺上最小值和最大值的位置。

(5) 游标选项卡：用于为图形添加游标并配置游标的外观，主要包括以下几个选项。

① 游标：可设置要配置的游标。可使用"游标"属性，通过编程设置要配置的游标。

② 名称：表示游标的名称。可使用"游标名"属性，通过编程来命名游标。

③ 线条样式：表示游标的线条表现样式。可使用"线条样式"属性，通过编程来设置

游标的线条样式。

④ 线条宽度：表示游标的线条宽度。可使用"线条宽度"属性，通过编程来设置游标的线条宽度。

⑤ 点样式：表示游标的点样式。可使用"游标点样式"属性，通过编程命名游标。

⑥ 游标样式：用于设置游标样式。可使用"游标样式"属性，通过编程设置游标样式。

⑦ 游标颜色：可使用"游标颜色"属性，通过编程设置游标颜色。

⑧ 显示名称：可在图形上显示游标名。可使用"游标名称可见"属性，通过编程在图形上显示游标名称。

⑨ 允许拖曳：允许用户在图形上拖曳游标。

⑩ 游标锁定：可设置游标的锁定形式。可使用"游标模式"属性，通过编程设置游标的锁定方式。

⑪ 游标关联曲线：表示与游标相关联的曲线。可使用"游标关联曲线"属性，通过编程关联游标和曲线。

⑫ 添加：用于添加一个新游标。

⑬ 删除：用于删除所选游标。

⑭ 显示游标：在图形上显示游标，也可使用可见属性，通过编程在图形上显示游标。

其他的属性较为简单，也会经常用到，与一般"控件"属性对话框中的内容和功能一致，不再详细说明。关于这些属性的应用相当广泛，前面有些章节已使用过，此处不再赘述。

5.1.2 波形图显示实例

波形图可以接收和显示多种类型和格式的数据，数据类型包括数组、簇、波形数据等，数据格式包括一维数组、多维数组、簇数组等。

1. 实例一

第一个实例是根据输入的数组和簇绘制波形图曲线，程序框图如图 5.10 所示。

图 5.10 波形图显示实例

程序首先利用 For 循环，分别产生在 0～2π 之间均匀分布的 100 个正弦曲线数据点和 100 个余弦曲线数据点，将其作为波形图的基本数据点；然后将这些数据点转换成不同的数据格式分别作为波形图的输入。

(1) 一维数组绘制一条曲线。将 100 个正弦函数数据点组成一个一维数组，直接输入波形图中，运行效果如图 5.11 所示。

图 5.11　一维数组绘制一条曲线

(2) 二维数组绘制两条曲线。将 100 个正弦函数数据点数组和 100 个余弦函数数据点数组结合构成一个二维数组，将其作为新的波形图输入，运行效果如图 5.12 所示。

图 5.12　二维数组绘制两条曲线

(3) 簇绘制一条曲线。将 x0、dx 和 100 个正弦函数数据点数组结合构成一个簇，并输入新的波形图中，对应效果图(x0=10，dx=2，Y)如图 5.13 所示。

图 5.13　簇绘制一条曲线

(4) 簇绘制两条曲线。将 100 个正弦函数数据点数组和 100 个余弦函数数据点数组结合构成一个二维数组，将 x0、dx 和这个二维数组结合构成一个簇，并输入新的波形图中，对应效果图(x0=10，dx=2，Y)如图 5.14 所示。

图 5.14 簇绘制两条曲线

(5) 簇数组绘制曲线。将 x0、dx 和 100 个正弦函数数据点数组结合构成一个簇，将 x0、dx 和 100 个余弦函数数据点数组结合构成另一个簇，将两个簇构成一个二维数组，并作为新的波形图输入，运行效果如图 5.15 所示。

图 5.15 簇数组绘制曲线

2. 实例二

本节的第二个实例是根据输入的波形数据显示波形图。

首先，用波形数据绘制一条曲线，在前面板上添加一个波形图控件，命名为"正弦图"；在程序框图的"函数"选板中选择"信号处理"→"波形生成"→"正弦波形"函数，将函数的"信号输出"端和正弦图接线端连接起来。运行程序，将正弦图的横坐标最大值更改为 0.2(直接双击数字更改即可)，程序框图和运行效果如图 5.16 所示。

图 5.16 波形数据绘制一条曲线

然后，用波形数据绘制两条曲线，在用波形数据绘制一条曲线程序的基础上，在前面板中添加波形图控件，命名为"混合图"。在程序框图的"函数"选板中选择"信号处理"→"波形生成"→"锯齿波形"函数，再选择"编程"→"数组"→"创建数组"，将正弦波和锯齿波的"信号输出"端组合形成数组，并将数组输出和"混合图"接线端连接起来。运行程序，将图中的横坐标最大值设为 0.2，程序框图和运行效果如图 5.17 所示。

图 5.17　波形数据绘制两条曲线

5.1.3　波形图表

波形图表是显示一条或多条曲线的特殊波形显示控件，一般用来显示以恒定采样率采集得到的数据。波形图表位于前面板"控件"选板"新式"下的"图形"子面板中，如图 5.18 所示。"波形图表"窗口和属性对话框，与"波形图"窗口和属性对话框有很多相似之处，有些具体的设置可以参阅波形图中的介绍。

图 5.18　"波形图表"完整显示项

与波形图不同的是，波形图表并不一次性接收所有需要显示的数据，而是可以逐点地接收数据，并逐点地在前面板窗口中显示，在保留上一次接收数据的同时，可显示当前接收的数据。这是因为波形图表有一个缓冲区可以保存一定数量的历史数据，当数据超过缓冲区的大小时，最早的数据将被舍弃，相当于一个先进先出的队列。

1. 设置坐标轴显示

(1) 自动调整坐标轴。如果用户想让 Y 坐标轴的显示范围随输入数据变化，可以使用鼠标右键单击波形图表控件，在弹出的快捷菜单中选择"Y 标尺"下的"自动调整 Y 标尺"选项即可。如果取消"自动调整"选项，用户可任意指定 Y 轴的显示范围，对于 X 轴的操作与之类似。这个操作也可在属性对话框中的"标尺"选项卡中完成，如图 5.19 所示，可选择是否勾选"自动调整标尺"复选框或直接指定最大值和最小值。

(2) 坐标轴缩放。在图 5.19 的"缩放因子"区域内，可以进行坐标轴的缩放设置。坐标轴的缩放一般是对 X 轴进行操作，主要是使坐标轴按一定的物理意义进行显示。例如，对用采集卡采集到的数据进行显示时，默认情况下 X 轴是按采样点数显示的；如果要使 X 轴按时间显示，则要使 X 轴按采样率进行缩放。

(3) 设置坐标轴刻度样式。在右键快捷菜单中选择"X 标尺"下的"样式"，然后进行样式选择；也可以在图 5.19 的"刻度样式与颜色"区域中进行设置，同时可对刻度的颜色进行设置。

(4) 多坐标轴显示。默认情况下的坐标轴显示如图 5.18 所示，使用鼠标右键单击坐标轴，在弹出的菜单中选择"复制标尺"选项，此时的坐标轴标尺与原标尺同侧；再使用鼠标右键单击标尺，在弹出的菜单中选择"两侧交换"，这样，坐标轴标尺就可以对称显示在图表的两侧了。对于波形图表的 X 轴，不能进行多坐标轴显示；而对于波形图来说，可以按上述步骤实现 X 轴的多坐标显示。如果要删除多坐标显示，可使用鼠标右键单击坐标轴，然后在弹出的快捷菜单中选择"删除标尺"。

图 5.19 "图表属性"对话框"标尺"选项卡

2. 更改缓冲区长度

在显示波形图表时，数据首先存放在一个缓冲区中，这个缓冲区的大小默认为 1024 个数据，这个数值大小是可以调整的，具体方法为：在波形图表上单击右键，在弹出的快捷菜单中选择"图表历史长度..."选项，在弹出的"图表历史长度"对话框中更改缓冲区的大小，如图 5.20 所示。

图 5.20　"图表历史长度"对话框

3. 刷新模式

数据刷新模式设置是波形图表所特有的，波形图没有这个功能。在波形图表上单击鼠标右键，在弹出的快捷菜单中选择"高级"下的"刷新模式"即可完成对数据刷新模式的设置，如图 5.21 所示。

图 5.21　设置波形图表刷新模式

波形图表的刷新模式有三种。

(1) 带状图表：类似于纸带式图表记录仪。波形曲线从左到右连线绘制，当新的数据点到达右部边界时，先前的数据点逐次左移，而最新的数据会添加到最右边。

(2) 示波器图表：类似于示波器，波形曲线从左到右连线绘制，当新的数据点到达右部边界时，程序会清屏刷新，然后从左边开始新的绘制。

(3) 扫描图表：与示波器模式类似，不同之处在于当新的数据点到达右部边界时，程序不清屏，而是在最左边出现一条垂直扫描线，以其为分界线，将原有曲线逐点右推，同时在左边画出新的数据点。

示波器图表模式及扫描图表模式比带状图表模式运行速度快，因为它无需像带状图表那样处理屏幕数据滚动而另外消耗时间。

4．实例应用

下面介绍用三种不同的刷新模式显示波形曲线，程序设计步骤如下：

步骤一：新建一个 VI。打开前面板，选择"控件"→"新式"→"图形"→"波形图表"对象，在前面板中添加三个"波形图表"，分别修改标签名称为"带状图表"、"示波器图表"和"扫描图表"。

步骤二：设置刷新模式。在"带状图表"控件上单击鼠标右键，选择"高级"→"刷新模式"→"带状图表"选项，将其设置成带状图表模式的显示形式。按相同方法分别设置其他两个控件的显示方式为"示波器图表"模式和"扫描图表"模式。

步骤三：编辑程序框图。打开程序框图，选择"函数"→"信号处理"→"信号生成"，在"信号生成"子面板中选择"正弦信号"对象，将其放置到程序框图中，用它来产生正弦信号。将"正弦信号"输出端分别与"带状图表"、"示波器图表"和"扫描图表"对象的接线端相连。添加一个 While 循环，将程序框图上的对象都置于循环程序框内，设置程序运行时间间隔为 100 ms。

步骤四：运行程序，分别用"带状图表"模式、"扫描图表"模式、"示波器图表"模式来显示正弦波，效果和程序框图如图 5.22 所示。

图 5.22　三种不同刷新模式显示正弦信号波形

5.1.4　波形图表实例

下面用两个实例来学习波形图表的实际应用。

第一个实例是利用波形图表显示正弦和余弦两条曲线。程序的设计是利用 For 循环，分别产生位于 $0\sim2\pi$ 之间均匀分布的 100 个正弦曲线数据点和 100 个余弦曲线数据点；在循环结构框中，添加位于"函数"选板"编程"下的"簇、类与变体"选项中的"捆绑"对象；将正弦和余弦两组数据捆绑作为波形图表的输入。程序框图和程序运行过程中随时间变化的结果如图 5.23 所示。

图 5.23　波形图表显示正弦和余弦曲线

　　从上面的例子可以看出，波形图和波形图表存在一些不同之处。显示正弦曲线时，波形图在接收 100 个点组成的一维数组后可显示一条曲线；波形图表每次接收一个数据，循环 100 次以后可显示完整波形。显示正弦和余弦两条曲线时，波形图表每次接收由一个正弦点和一个余弦点组成的簇，循环 100 次以后可显示完整波形。

　　第二个实例是分格显示曲线，每条曲线用不同样式表示。分格显示曲线是波形图表特有的功能，使用右键单击波形图表控件，在弹出的快捷菜单中选择"分格显示曲线"选项即可实现此功能；当然也可以在属性对话框的"外观"选项卡中进行设置。程序设计步骤如下：

　　步骤一：新建一个 VI。打开前面板，添加一个波形图表控件，修改标签名称为"分格显示"。

　　步骤二：切换到程序框图，添加一个 While 循环结构，设置程序运行时间间隔为 100 ms。

　　步骤三：在"函数"面板中，选择"数学"→"初等与特殊函数"→"三角函数"，在"三角函数"子面板中选择"正弦"对象，将其添加到 While 循环体内，将输入端与循环次数端子 I 相连。

　　步骤四：在"函数"面板中，选择"编程"下的"簇、类与变体"选项，在"簇、类与变体"子面板中选择"捆绑"对象，将其添加到 While 循环体内，拉伸成三个端口，分别与"正弦"对象的输出端相连，形成簇数组，与"分格显示"波形图表控件相连。

　　步骤五：切换到前面板，在波形图表上单击鼠标右键，在弹出的快捷菜单中选择"分格显示曲线"选项；拉伸波形图表的图例，显示三条曲线图例，单击每一个图例，在弹出的快捷菜单中选择"常用曲线"选项，设置曲线的不同样式。

　　步骤六：运行程序，显示效果和程序框图如图 5.24 所示。

图 5.24　波形图表分格显示曲线实例

5.2　XY 图与 Express XY 图

由于波形图表与波形图的横坐标都是均匀分布的，因而不能描绘出非均匀采样得到的数据曲线，而用坐标图则可以轻松实现该功能。LabVIEW 中的 XY 图和 Express XY 图是用来绘制坐标图的有效控件。XY 图和 Express XY 图的输入数据需要两个一维数组，分别表示数据点的横坐标和纵坐标的数值。在 XY 图中需要将两个数组合成一个簇，而在 Express XY 图中则只需要将两个一维数组分别和该 VI 的"X 输入端口"和"Y 输入端口"相连。

5.2.1　XY 图

XY 图是反映水平坐标和垂直坐标关系的图，是通用的笛卡尔绘图对象，可用于绘制多值函数，如圆形或具有可变时基的波形。XY 图可以显示任何均匀采样或非均匀采样点的集合。

"XY 图"位于前面板"新式"下的"图形"子面板中。"XY 图"窗口及属性对话框与"波形图"窗口及属性对话框相同，具体设置可以参照波形图中的介绍。"XY 图"窗口完整显示项如图 5.25 所示。XY 图接收的数据不要求水平坐标等间隔分布，而且数据格式和波形图也有一些区别。

图 5.25　"XY 图"完整窗口

5.2.2 利萨如图的绘制

在 XY 图中绘制利萨如(Lissajious)图是学习 XY 图的一个经典实例。当幅值和频率相同时，利萨如图根据输入 X 和 Y 按正弦规律发生变化。当 X 和 Y 的相位差为 0 或 180 的整数倍数时，利萨如图是斜率为±1 的直线；当 X 和 Y 的相位差为其他数值时，利萨如图为各种不同形式的椭圆。程序设计具体步骤如下：

步骤一：新建一个 VI。打开前面板，添加一个 XY 图控件，修改标签名为"利萨如图"。

步骤二：生成输入 X 的数据。在程序框图窗口的"函数"选板中，选择"信号处理"→"波形生成"→"正弦波形"，将"正弦波形"对象添加到程序框图中，用来产生一个正弦波形(相位默认为 0)；然后选择"编程"→"波形"→"获取波形成分"，将对象添加到程序框图中，连接正弦波形的信号输出端和"获取波形成分"对象的输入端，提取波形值。使用鼠标右键单击"获取波形成分"，在弹出的快捷菜单中选择"选择项"里面的"t0"、"dt"和"Y"值。

步骤三：生成输入 Y 的数据，与输入 X 相差一定的相位。生成输入 Y 的数据与生成输入 X 的数据相同，只是要在"正弦波形"对象的"相位"输入端创建一个输入控件，命名为"Y 的相位"。

步骤四：添加一个"捆绑"函数，将"捆绑"函数拉伸到两个接线端，输入端口分别连接 X 数据和 Y 数据的"获取波形成分"对象的"Y"输出端，构成一个簇。"捆绑"函数的输出端与"利萨如图"对象的输入端相连。程序框图如图 5.26 所示。

图 5.26　利萨如图程序框图

步骤五：设置"Y 的相位"控件的不同数值，运行程序，结果如图 5.27 所示。

图 5.27　利萨如图效果图

5.2.3 XY 图实例

XY 图的输入数据类型相对比较简单，一种是直接将 X 数组和 Y 数组绑定为簇作为输入；另一种是把每个点的坐标都绑定为簇，然后作为簇数组输入。这两种方式都可以通过将多个输入合并为一个一维数组输入，可实现在一幅图中显示多条曲线的功能。

本实例利用 For 循环，分别产生 100 个位于 0～2π 之间均匀分布的正弦和余弦函数数据点，并产生不等间距的水平坐标刻度(0，1，3，6，10…)，作为 XY 图的基本数据。程序设计步骤如下：

步骤一：For 循环产生数据点。新建一个 VI，保存文件名为"XY 图显示实例.vi"。打开程序框图，添加一个 For 循环结构，在循环总数端子创建一个常量，赋值为 100；在 For 循环结构上添加一个移位寄存器，赋初始值为 0；在"函数"选板中，选择"数学"→"初等与特殊函数"→"三角函数"，选择"三角函数"子面板中的"正弦"和"余弦"函数，将其添加到 For 循环体内。数据连线如图 5.28 所示。

图 5.28　For 循环产生数据点

步骤二：一维簇数组绘制单个 XY 曲线。在步骤一的程序框图基础上，在 For 循环的循环体内添加一个"捆绑"函数，将函数拉伸到两个输入端口，一个输入端连接正弦函数的输出端，一个输入端连接加法运算结果，这样将正弦函数数据点和不等间距的 X 坐标组合形成簇，再经过循环结构就形成了一个簇数组，作为 XY 图的输入。打开前面板，在前面板中添加一个 XY 图，修改标签名为"一维数组绘制单个 XY 曲线"。运行程序，其程序框图和运行效果如图 5.29 所示。

图 5.29　一维簇数组绘制单个 XY 曲线

步骤三：二维簇数组绘制两个 XY 曲线。与步骤二类似，在 For 循环体内再添加一个"捆绑"函数，将函数拉伸到两个输入端口，一个输入端连接余弦函数的输出端，另一个输入端连接加法运算结果，这样将余弦函数数据点和不等间距的 X 坐标打包形成簇，再经过循环结构就形成了一个簇数组。在 For 循环体外添加两个"捆绑"函数，分别对正弦数据点数组和余弦数据点数据组合成簇，添加一个"创建数组"函数，将两个簇新建成一个二维数组，作为 XY 图的输入。打开前面板，在前面板中添加一个 XY 图，修改标签名为"二维数组绘制两个 XY 曲线"。运行程序，其程序框图和运行效果如图 5.30 所示。

图 5.30　二维簇数组绘制两个 XY 曲线

步骤四：数组簇绘制单个 XY 曲线。在步骤一程序框图的基础上，在 For 循环体外添加一个"捆绑"函数，将函数拉伸形成两个输入端口，一个输入端连接正弦函数(或余弦函数)的输出端，另一个输入端连接加法运算结果，将 For 循环结果输出的两个数组结合成簇，作为 XY 图的输入。打开前面板，在前面板中添加一个 XY 图，修改标签名为"数组簇绘制单个 XY 曲线"。运行程序，其程序框图和运行效果如图 5.31 所示。

图 5.31　数组簇绘制单个 XY 曲线

步骤五：簇数组绘制两个 XY 曲线。在步骤四程序框图的基础上，在 For 循环体外继续添加一个"捆绑"函数，将函数拉伸形成两个输入端口，一个输入端连接余弦函数(或正弦函数)的输出端，一个输入端连接加法运算结果，将 For 循环结果输出的两个数组结合成簇。继续添加一个"创建数组"函数，将两个簇新建成一个二维数组，作为 XY 图的输入。打开前面板，在前面板中添加一个 XY 图，修改标签名为"簇数组绘制两个 XY 曲线"。运行程序，其程序框图和运行效果如图 5.32 所示。

图 5.32　簇数组绘制两个 XY 曲线

5.2.4 Express XY 图

Express XY 图采用 LabVIEW 的 Express 技术，将 Express XY 图放置于前面板上的同时，程序框图会自动添加一个 VI，它的 XY 轴数据为动态数据类型。因此只需要将 XY 数组数据与之相连，它就会自动添加一个转换函数将其转换为动态数据类型。双击该函数可以选择是否在绘制新图时先清空画面，因此使用起来非常方便。

Express XY 图和 XY 图一样，位于前面板"新式"下的"图形"子面板中。Express XY 图窗口及属性对话框与 XY 图窗口及属性对话框完全相同。只是两者的程序框图不一样，如图 5.33 所示。

图 5.33　Express XY 图的程序框图

下面介绍用 Express XY 图和 XY 图绘制同心圆的实例，来比较和学习 Express XY 图和 XY 图的应用。设定两个圆的半径分别为 1 和 2，如前所述，用 XY 图显示时对数据要进行簇捆绑；用 Express XY 图显示时，如果显示的只是一条曲线，则只要将两个一维数组分别输入到 Express XY 的 X 输入端和 Y 输入端即可。本例需显示两个同心圆，所以在将数据接入到 Express XY 的输入端时，要先用"创建数组"函数将数据连接成一个二维数组，程序设计步骤如下：

步骤一：新建一个 VI。打开前面板，分别添加一个 XY 图和一个 Express XY 图。保存文件名为"XY 图绘制同心圆.vi"。

步骤二：打开程序框图，在"函数"面板中选择"数学"→"初等与特殊函数"→"三角函数"，在"三角函数"子面板中选择"正弦与余弦"函数，将其添加到程序框图中。

步骤三：添加一个 For 循环结构，用 For 循环产生 360 个数据点，正弦值作为 X 轴，余弦值作为 Y 轴，这样绘制出来的曲线就是一个圆。选择"函数"→"编程"→"簇、类与变体"，在"簇、类与变体"子面板中选择"捆绑"函数，将"正弦与余弦"函数的输出值组成簇数据。

步骤四：在 For 循环体外添加一个"创建簇数组"函数，将其拉伸形成两个输入端，将"捆绑"函数输出数据的一条直接与"创建簇数组"函数的一个输入端相连，另一路乘以 2 以后再与"创建簇数组"函数的另一个输入端相连，组成二维数组后与 XY 图相连。

步骤五：在 For 循环体外添加两个"创建数组"函数，将其都拉伸形成两个输入端，将"正弦与余弦"的 sin 输出端口连接到"创建数组"函数的一个输入端，将 sin 输出端口乘以 2 连接到"创建数组"函数的另一个输入端。使用鼠标右键点击"创建数组"函数，选择"连接输入"，把组成的数组连接到 Express XY 图的 X 输入端。用同样的方法组成一个二维数组，并连接到 Express XY 图的 Y 输入端。程序框图如图 5.34 所示。

图 5.34　Express XY 图和 XY 图绘制同心圆框图

步骤六：运行程序，前面板运行结果如图 5.35 所示。

图 5.35　Express XY 图和 XY 图绘制同心圆前面板

5.3　强度图形

强度图形包括强度图和强度图表。强度图和强度图表可通过在笛卡尔平面上放置颜色块的方式在二维图上显示三维数据。例如，强度图和强度图表可显示温度图和地形图(以量值代表高度)。

5.3.1　强度图

强度图位于前面板"控件"选板中"新式"下"图形"子面板中。"强度图"窗口及属性对话框与波形图相同，如图 5.36 所示，具体设置可以参照波形图的介绍。强度图用 X 轴和 Y 轴表示坐标，用屏幕色彩的亮度表示点的值，其输入为一个二维数组。默认情况下数组的行坐标作为 X 轴坐标，数组的列坐标作为 Y 坐标，也可以通过鼠标右键单击并选择"转置数组"，将数组的列作为 X 轴，行作为 Y 轴。

图 5.36　"强度图"完整窗口图

和波形图相比，强度图多了一个用颜色表示大小的 Z 轴。默认 Z 轴刻度的右键快捷菜单如图 5.37 所示。快捷菜单中第一栏可用来设置刻度和颜色，相关知识简单介绍如下：

(1) 刻度间隔：用来选择刻度间隔的方式，包括"均匀"和"随机"分布。

(2) 添加刻度：如果"刻度间隔"选择"随机"，可以在任意位置添加刻度；如果"刻度间隔"选择"均匀"，则此项不可用，为灰色。

(3) 删除刻度：如果"刻度间隔"选择"随机"，可以删除任意位置已经存在的刻度；同样，如果"刻度间隔"选择"均匀"，则此项不可用。

(4) 刻度颜色：表示该刻度大小的颜色，点击打开系统颜色选择器可选择颜色。在图形中选择的颜色就代表该刻度大小的数值。

(5) 插值颜色：勾选该项表示颜色之间有插值，存在过渡颜色；如果并未勾选该项，表示没有过渡颜色的变化。

图 5.37　强度图 Z 轴刻度的右键快捷菜单

5.3.2 强度图表

强度图表位于前面板控件选板中"新式"下的"图形"子面板,"强度图表"窗口及属性对话框与波形图表类似,如图5.38所示。强度图表中Z轴的功能和设置与强度图相同。

图 5.38 "强度图表"窗口

强度图表和强度图之间的差别与波形图相似:强度图一次性接收所有需要显示的数据,全部显示在图形窗口中,且不能保存历史数据;强度图表可以逐点地显示数据点,反映数据的变化趋势,可以保存历史数据。

在强度图表上绘制一个数据块以后,笛卡尔平面的原点将移动到最后一个数据块的右侧。图表处理新数据时,新数据会出现在旧数据的右侧;如果图表显示已满,则旧数据会从图表的左边界移出,这一点类似于带状图表。

下面创建一个二维数组,同时输入到强度图和强度图表,循环多次对比其结果。程序设计步骤如下:

步骤一:新建一个 VI。在前面板中添加一个强度图和一个强度图表控件。

步骤二:打开程序框图,用 For 循环创建一个"4×5"的二维数组,数组中的元素在 0~50 之间随机产生,然后将二维数组输入至强度图和强度图表,如图 5.39 所示。

图 5.39 强度图和强度图表实例程序框图

步骤三：为了区别强度图和强度图表，可多次运行程序，观察动态变化过程，如图 5.40 所示。在前面板窗口中，更改 Z 轴刻度的最大值，运行并观察结果。

图 5.40　强度图表和强度图显示比较

从图 5.40 中可以看出，强度图每次接收新数据以后，可一次性刷新历史数据，在图中仅显示新接收的数据；而强度图表接收数据以后，在不超过历史数据缓冲区的情况下，会将数据保存在缓冲区中，可显示保存的所有数据。

5.4　数字波形图

在数字电路设计中经常要分析时序图，LabVIEW 提供了数字波形图可用于显示数字时序。数字波形图位于前面板"控件"选板中"新式"下的"图形"子面板。"数字波形图"窗口及属性对话框与波形图相同，如图 5.41 所示，具体设置可以参照波形图中的介绍。

图 5.41　"数字波形图"完整窗口

在学习数字波形图之前，先介绍一下"数字数据"控件，该控件位于"控件"下"新式"选项中的"I/O"子面板。将其放置于前面板上类似于一张真值表，如图 5.42 所示。用户可以随意地增加和删除数据(数据只能是 0 或者 1)，插入行或者删除行可以通过使用鼠标右键单击控件，并选择"在前面插入行/删除行"即可，对于列的操作则需要用户使用鼠标右键单击控件，并选择"在前面插入列/删除列"即可。

图 5.42　"数字数据"控件

1. 用数字数据作为输入直接显示

用数字数据作为输入直接显示时，横轴代表数据序号，纵轴由上到下表示数字数据从最低位到最高位的电平变化，如图 5.43 所示。

图 5.43　数字数据输入直接显示

2. 组合成数字波形后进行输出

用"创建波形"函数将数字数据与时间或者其他信息组合成数字波形，用数字波形图进行显示，如图 5.44 所示。

图 5.44　数字波形输出

3. 簇捆绑输出

对于数组输入，可以用"捆绑"函数对数字信号进行组合，数据捆绑的顺序为：X0、

Delta x、输入数据、Number of Ports。这里的 Number of Ports 反映了二进制的位数或字长，等于 1 时为 8 bit，等于 2 时为 16 bit，依次类推。显示结果和程序框图如图 5.45 所示。

图 5.45　簇捆绑输出

4. 混合信号输出

混合信号图可以将任何波形图、XY 图或数字图接收的数据类型连线到混合图上。不同的数据类型用"捆绑"函数连接，混合信号图可在不同的绘图区域绘制模拟和数字数据，如图 5.46 所示。

图 5.46　混合信号输出

5.5　三维图形

在实际应用中，大量数据都需要在三维空间中进行可视化显示，例如某个表面的温度分布、联合时频分析、飞机的运动等。三维图形可使三维数据可视化，修改三维图形属性可改变数据的显示方式。为此，LabVIEW 也提供了一些三维图形工具，包括三维曲面图、三维参数图和三维曲线图。

三维图形是一种最直观的数据显示方式，它可以很清楚地描绘出空间轨迹，给出 X、Y、Z 三个方向的相互关系。三维图形位于"控件"面板"新式"下"图形"选项中的"三维图形"子面板中，如图 5.47 所示。

图 5.47　"三维图形"控件

5.5.1　三维曲面图

三维曲面图可用来描绘一些简单的曲面，LabVIEW 2015 提供的曲面图形控件可以分为曲面和三维曲面图形两种类型。曲面和三维曲面图形控件的 X、Y 轴输入的是一维数组，Z 轴输入的是矩阵，其数据接口如图 5.48 所示。

图 5.48　曲面和三维曲面图形接线端

其中，"三维曲线 lv 类数组输入"和"曲线输入"端是存储三维曲线数据的类的引用；"x 向量"端输入一维数组，表示 XY 平面上 x 的位置，默认为整型数组[0,1,2…]；"y 向量"端输入一维数组，表示 XY 平面上 y 的位置，默认为整型数组[0,1,2…]；"z 矩阵"端是指定要绘制图形的 z 坐标的二维数组，如未连线该输入，LabVIEW 可依据 z 矩阵中的行数绘制 X 轴的元素数，依据 z 矩阵中的列数绘制 Y 轴的元素数；"颜色矩阵"可使 z 矩阵的各个数据点与颜色梯度的索引映射，在默认条件下，z 矩阵的值被用作索引；"曲线 ID"端可指定要绘制的曲线的 ID，通过选择图形右侧颜色谱下的下拉菜单可查看每条曲线。

下面介绍用曲面和三维曲面图形控件绘制正弦曲面的方法。这两种控件在显示方式上没有太大的差别，都可以将鼠标放置到图像显示区，将图像在 X、Y、Z 方向上任意旋转。两者最大的区别在于，曲面控件可以方便地显示三维图形在某个平面上的投影，只要单击控件右下方"投影选板"的相关选项即可。程序设计步骤如下：

步骤一：新建一个 VI。打开前面板，选择"新式"→"图形"→"三维图形"，在"三维图形"子面板中选择"曲面"控件和"三维曲面图形"控件,添加到前面板上。

步骤二:打开程序框图,添加一个 For 循环结构,设置循环总次数为 50 次。在循环体内,在"函数"面板中选择"信号处理"→"信号生成"→"正弦信号",将所选函数添加到循环体内。将"正弦信号"输出端与"曲面"对象和"三维曲面图形"对象的 z 矩阵接线端相连。程序框图如图 5.49 所示。

图 5.49   三维曲面图程序框图

步骤三:运行程序,前面板效果如图 5.50 所示。

图 5.50   "三维曲面"图效果图

5.5.2   三维参数图

如果说三维曲面图只是相当于 Z 方向的曲面图,那么三维参数图则是三个方向的曲面图。三维参数图与曲面图的不同之处在于程序框图中的控件和子 VI,如图 5.51 所示。

图 5.51   三维参数图接线端

图 5.51 中："x 矩阵"端是指定曲线数据点的 x 坐标的二维数组，表示投影到 YZ 平面的曲面数据；"y 矩阵"端是指定曲线数据点的 y 坐标的二维数组，表示投影到 XZ 平面的曲面数据；"z 矩阵"端是指定曲线数据点的 z 坐标的二维数组，表示投影到 XY 平面的曲面数据。由于三维参数图是三个方向的曲面图，所以代表曲面三个方向的二维数组数据都是不可减少的。

下面介绍利用三维参数图模拟水面波纹制作的实例。水面波纹的算法是通过"z=sin(sqrt(x^2+y^2))/sqrt(x^2+y^2)"实现的，用户可以改变不同的参数来观察波纹的变化。创建程序的步骤如下：

步骤一：新建一个 VI。打开前面板，添加一个三维参数图形控件，保存文件。

步骤二：打开程序框图，用两个 For 循环嵌套，生成一个二维数组，在循环次数输入端点击鼠标右键，选择"创建输入控件"。

步骤三：选择"函数"→"编程"→"数值"，在"数组"子面板中选择"乘"运算符放置在内层 For 循环中，一个输入端与 For 循环的"i"相连，另一端创建一个输入控件"x"；再选择一个"减"运算符，"被减数"端与"乘"输出端相连，在另一端创建一个输入控件"y"。

步骤四：将 For 循环生成的二维数组连接到"三维参数图形"对象的 x 矩阵输入端。选择"函数"→"编程"→"数组"，在"数组"子面板中选择"二维数组转置"函数，将生成的二维数组转置后，连接到"三维参数图形"对象的 y 矩阵输入端。

步骤五：创建两个嵌套 For 循环，选择两个"平方"运算符放置到内层 For 循环体内，将其输入端分别与原数组和转置后的数组相连，然后将这两个数相加再开方，得到"$(x^2+y^2)^{1/2}$"。选择"函数"→"数学"→"初等与特殊函数"→"三角函数"，在"三角函数"子面板中选择"Sinc"函数，输入端与"开方"输出端相连，输出端连接到"三维参数图形"对象的 z 矩阵输入端。

步骤六：从"函数"下"编程"选项中的"结构"子面板中选择"While 循环"结构，将程序框图的所有对象放置到循环体内，设置每次循环的间隔时间为 100 ms。程序框图如图 5.52 所示。

图 5.52　三维参数图模拟水面波纹框图

步骤七：运行程序，在前面板中不断修改 x、y 和数值输入控件的值，观察三维参数图形生成的模拟水面波纹结果，如图 5.53 所示。

图 5.53　三维参数图模拟水面波纹效果图

5.5.3　三维曲线图

三维曲线图在三维空间显示曲线而非曲面，其数据接线端如图 5.54 所示。其中，"x 向量"接线端输入一维数组，表示曲线在 X 轴上的位置；"y向量"接线端输入一维数组，表示曲线在 Y 轴上的位置；"z 向量"接线端输入一维数组，表示曲线在 Z 轴上的位置。

三维曲线图中三个一维数组长度相等,分别代表 X、Y、Z 三个方向上的向量，是不可缺少的输入参数，由 [x(i),y(i),z(i)]构成第 i 点的空间坐标。

图 5.54　三维曲线图接线端

下面介绍用三维曲线控件绘制螺旋曲线的方法，创建程序的步骤如下：

步骤一：新建一个 VI。打开前面板，在前面板上添加一个三维曲线图控件，选择"控件"→"新式"→"数值"→"旋钮"，将所选控件添加到前面板，修改标签为"数据点数"，更改最大值为 10000。

步骤二：打开程序框图，添加一个 For 循环结构，循环次数输入端与"数据点数"对象输出端相连。

步骤三：选择"函数"→"编程"→"数值"，在"数组"子面板中选择"乘"运算符放置在内层 For 循环体中，一个输入端与 For 循环的"i"相连，另一端连接常量 π，再选择一个"除"运算符，"被除数端"与"乘"输出端相连，在另一端创建一个常量"180"。在"函数"面板中选择"数学"→"初等与特殊函数"→"三角函数"，在"三角函数"子面板中选择"正弦"和"余弦"函数，添加到循环体中。

步骤四：连接"正弦"函数的输出端和三维曲线图的"x 向量"输入端；连接"余弦"函数的输出端和三维曲线图的"y 向量"输入端；直接连接"除"运算符的输出端和三维曲线图的"z 向量"输入端。

步骤五：选择"函数"→"编程"→"结构"，在"结构"子面板中选择"While 循环"结构，将程序框图的所有对象放置到循环体内，设置每次循环的间隔时间为 100 ms。程序框图如图 5.55 所示。

图 5.55　三维曲线绘制螺旋框图

步骤六：运行程序，在前面板中不断调整"数据点数"控件的值，观察三维曲线图形生成的螺旋曲线结果，如图 5.56 所示。

三维图形子面板中还提供了诸如"散点图"、"饼图"、"等高线图"等其他控件，这些控件的使用方法与实例中所讲的控件类似，此处不再赘述。

图 5.56　三维曲线绘制螺旋效果图

5.6　图 形 控 件

除了基本的图表图形控件，LabVIEW 还提供了图形控件，通过图形控件，用户可以随心所欲地描绘自己需要的图形。同时，基于该图形控件，LabVIEW 还提供了丰富的预定义图形控件用于实现各种曲线图形，比如极坐标图、雷达图、Smith 图等。这些控件位于"控件"面板"新式"下"图形"选项中的"控件"子面板中，如图 5.57 所示。

图 5.57　图形控件子面板

5.6.1 极坐标图

极坐标图位于"控件"面板"新式"下"图形"选项中的"控件"子面板中，极坐标图控件的输入/输出接口如图 5.58 所示。用户常用的接口主要是"数据数组"和"尺寸"两个接口。"数据数组"是由点组成的数组，每个点是由幅度和以"度"为单位的相位组成的簇，用于指定标尺的格式和精度；"尺寸"由宽度和高度两个要素组成，宽度指定右侧增加的水平坐标，高度指定底部增加的垂直坐标。

下面通过一个实例学习极坐标图的使用，程序设计步骤如下：

图 5.58　极坐标图输入/输出接口

步骤一：新建一个 VI。打开前面板，添加一个极坐标图控件，再添加三个数值输入控件，分别修改标签名为"样点数"、"初值"和"增加量"。

步骤二：切换到程序框图，添加一个 For 循环结构。循环次数输入端连接"样点数"对象。创建移位寄存器，初始值连接"初值"对象。选择"加"符号运算符，一端与移位寄存器左端连接，另一端连接"增加量"对象，输出端与移位寄存器的右端连接。

步骤三：在"函数"面板中选择"数学"→"初等与特殊函数"→"三角函数"，在"三角函数"子面板中选择"正弦"函数，添加到循环体中，将移位寄存器左端数值除以 6 后连接到"正弦"函数输入端。

步骤四：添加"捆绑"函数，拉伸成两个输入端口，一个端口与正弦值加 2 后的数值相连，另一端连接移位寄存器的左端数值，捆绑形成的簇数组连接到极坐标图的数据数组输入端。

步骤五：在极坐标图的尺寸及属性端口上单击鼠标右键，选择"创建"下的"输入控件"，这样就自动生成了极坐标参数调整的簇。

步骤六：选择"函数"→"编程"→"结构"，在"结构"子面板中选择"While 循环"结构，将程序框图的所有对象放置到循环体内，设置每次循环的间隔时间为 100 ms。程序框图如图 5.59 所示。

图 5.59　极坐标图实例框图

步骤七：运行程序，不断改变输入参数并观察波形的变化，程序前面板如图5.60所示。

图 5.60 "极坐标图"前面板

5.6.2 最小-最大曲线显示控件

最小-最大曲线显示控件位于"控件"面板"新式"下"图形"选项中的"控件"子面板中，最小-最大曲线显示控件的输入/输出接口如图5.61所示。其中，最主要的是"数据"输入端口，该点数组中的每个元素是由 X 和 Y 的像素坐标组成的簇。

图 5.61 最小-最大曲线显示控件接线端

下面介绍用最小-最大曲线显示控件显示一条螺旋曲线的方式，创建程序的步骤如下：

步骤一：新建一个 VI。打开前面板，添加一个最小-最大曲线显示控件，保存文件。

步骤二：打开程序框图，创建一个 For 循环，循环次数设置为"输入控件"，更改标签名为"点数"。

步骤三：在函数面板中，选择"数学"→"初等与特殊函数"→"三角函数"，在"三角函数"子面板中选择"正弦与余弦"函数，将其添加到循环体。将 For 循环的"i"转换成弧度后，连接到"正弦与余弦"函数的输入端。

步骤四：添加"捆绑"函数，拉伸成两个输入端口，将"正弦与余弦"函数的两个输出端除以加 1 后的弧度值(加 1 的目的是避开起始的 0 值)，然后连接"捆绑"函数的输入端。将捆绑形成的簇数组连接到最小-最大曲线显示控件的"数据"输入端。

步骤五：在最小-最大曲线显示控件的"尺寸"、"属性"、"网格"、"曲线"等端口，使用鼠标右键单击选择"创建"下的"输入控件"。

步骤六：选择"函数"→"编程"→"结构"→"While 循环"，将程序框图的所有对象放置到循环体内，设置每次循环的间隔时间为 100 ms。程序框图如图 5.62 所示。

图 5.62　最小-最大曲线显示控件显示 XY 图框图

步骤七：运行程序，不断修改"点数"控件输入值，观察最小-最大曲线显示控件的显示效果，如图 5.63 所示。

图 5.63　最小-最大曲线显示控件显示 XY 图

子 VI 与属性节点

第6章

在 LabVIEW 图形化编程环境中，图形连线会占据较大的屏幕空间，用户不可能把所有程序都在同一个 VI 的程序框图中实现，因此很多情况下，我们需要把程序分割为一些小的模块来实现，这就是子 VI。在面向对象的编程中，一般将类中定义的数据称为属性，而将函数称为方法。实际上，LabVIEW 中的控件、VI、甚至应用程序都有自己的属性和方法。例如一个数值控件，它的属性包括其文字颜色、背景颜色、标题和名称等；它的方法包括设为默认值、与数据源绑定、获取其图像等。通过属性节点和方法节点可以实现软件的很多高级功能，而某些控件必须通过属性节点和方法节点才能使用，例如列表框和树形控件等。

6.1   子 VI

LabVIEW 中的子 VI 类似于文本编程语言中的函数。如果在 LabVIEW 中不使用子 VI，就好比在文本编程语言中不使用函数一样，根本不可能构建大的程序。在前面的章节中介绍了很多 LabVIEW 函数面板中的函数，其实这些都是 LabVIEW 自带的标准子 VI，本节将学习如何创建自定义 VI，并定义其相关属性。

6.1.1   创建子 VI

任意一个 VI 可以作为子 VI 被其他 VI 调用，只是需要在普通 VI 的基础上多进行两步简单的操作而已，即定义连接端子和图标。

下面先以一个简单的子 VI 创建为例，来学习如何一步一步地创建子 VI。本实例是建立一个子 VI，计算圆的面积和周长，要求只需输入圆的半径，即可得到圆的面积和周长。程序设计步骤如下。

步骤一：新建一个 VI，在前面板上添加一个数值输入控件，命名为"半径"，添加两个数值显示控件，分别命名为"面积"和"周长"。切换到程序框图，在"函数"面板选择三个"乘"函数、一个常量 π、一个"平方"函数，连接相关接线端子如图 6.1 所示，能够正确实现圆的面积和周长的运算。

图 6.1   圆的面积和周长子 VI

步骤二：编辑子 VI 图标。使用鼠标右键单击前面板或程序框图右上角的图标 ![icon]，在弹出的快捷菜单中选择"编辑图标..."选项或直接双击图标 ![icon]，则会弹出如图 6.2 所示的"图标编辑器"对话框，在对话框中可以对图标进行编辑。编辑子 VI 图标是为了方便在主 VI 的程序框图中辨别子 VI 的功能，因此编辑子 VI 图标的原则是尽量通过该图标表明该子 VI 的用途。此处所介绍的图标编辑非常简单，只需选择菜单栏"编辑"下的"清空所有"选项，对默认的本 VI 图标进行全部清空，也可以选择对话框中工具栏的橡皮擦工具对部分或全部图标清除。然后在"图标文本"选项卡中的"第一行文本"框中填写"圆"，"第二行文本"框中填写"面积"，"第三行文本"框中填写"周长"，单击"确定"按钮即可。用户也可以选择"符号"、"图层"选项卡对图标进行更美观的设计，这里就不再赘述了。

图 6.2　"图标编辑器"对话框

步骤三：建立连接端子。连接端子就好比函数参数，用于子 VI 的数据输入与输出。使用鼠标右键单击 VI 前面板右上角的图标 ![icon]，在弹出的快捷菜单中选择"模式"选项，即可弹出系统默认的各种接线端子形式图集，如图 6.3 所示。在初始情况下，连接端子并未与任何控件连接，即所有的端子都是由空白的小方格组成的，每一个小方格代表一个端子。在连接端子图集中选择四端子模式图标 ![icon]，使用鼠标右键或左键单击该图标，这样前面板

图 6.3　连接端子图集

右上角的图标就可修改为用户选择图标了。单击图标左上角的小方格，光标变为线轴形状
，此时单击输入控件"半径"，即可实现该端子与控件"半径"的连接，这时候该小方格
就会自动更新为该控件所代表的数据类型的颜色。用同样的方法，将右边的两个空格分别
连接"面积"和"周长"显示控件。

　　LabVIEW 会自动根据控件类型判断其是输入端子还是输出端子，输入控件对应输入端
子，显示控件对应输出端子。一般来说，在连接端子时尽量将输入端子放在图标左边，输
出端子放在图标右边。如果端子不够或者过多，可以使用鼠标右键单击端子，并选择"添
加接线端"或"删除接线端"选项来改变接线端子个数，最多可以选择 28 个端子。

　　步骤四：保存该 VI，命名为"圆的面积和周长子 VI.vi"。保存好 VI 后，就可以在其
他 VI 中调用该子 VI 了。

　　还可以通过现有的程序框图自动创建子 VI。只需要在主 VI 程序框图中选择希望被创
建为子 VI 的代码，然后选择"编辑"下的"创建子 VI(S)"选项，这时 LabVIEW 会自动
将这段代码创建为一个新的子 VI，并根据所选程序框图中的控件自动建立连接端子。

　　子 VI 的调用比较简单，跟"函数"面板的其他函数调用方法一样。创建一个 VI，在
前面板上添加三个输入和显示控件，分别为"r"、"s"和"l"。切换到程序框图，在"函数"
面板中选择"选择 VI..."选项，即可在"文件选
择"对话框中选择刚保存的"圆的面积和周长子
VI.vi"添加到程序框图中，连接相关的接线端子，
如图 6.4 所示，即可实现对该子 VI 的调用。

图 6.4　调用子 VI

6.1.2　定义子 VI 属性

　　在默认情况下，如果有两个程序框图都调用了同一个子 VI，那么这两个程序框图不能
并行运行。即如果当该子 VI 正在被调用执行时，其他调用就必须等待，直到当前调用执行
完毕。而在很多情况下，用户希望不同的调用操作应该是相互独立的，这时就需要把子 VI
设为可重入子 VI。在子 VI 的主菜单栏中选择"文件"下的"VI 属性"选项，在"VI 属性"
对话框"类别"中选择"执行"选项，即进入"执行"页面，如图 6.5 所示。选中"共享
副本重入执行"单选框后，该子 VI 即为可重入子 VI。

图 6.5　设置 VI 的可重入属性

当使用 VI 的可重入属性后，每一处对该子 VI 的调用都会在内存中产生该子 VI 的一个副本。副本之间相互独立，这样不仅可以保证调用的并行性，还可以让每一处调用都保持自己的状态(在子 VI 中可以通过移位寄存器来保存上次被调用时的状态)。

下面通过一个实例来理解非重入子 VI 与重入子 VI 之间的区别。程序设计步骤如下：

步骤一：新建一个 VI。将该 VI 作为子 VI，命名为"延时子 VI"。在子 VI 的前面板中添加一个布尔开关控件，在程序框图中添加一个条件结构，在条件结构的"真"页面设置等待时间为 1000 ms，在"假"页面设置等待时间为 5000 ms。

步骤二：新建一个 VI，作为主 VI，命名为"可重入子 VI 实例.vi"。在前面板添加两个布尔开关控件，命名为"真"和"假"；添加一个数值显示控件，命名为"消耗时间"。

步骤三：打开主 VI 的程序框图，添加一个平铺顺序结构，在前、后各添加一帧。在中间帧调用"延时子 VI"函数，分别用两个布尔开关控件赋值；在第一帧中添加一个时间计数器控件，并将创建"真"、"假"、"消耗时间"三个控件的局部变量添加到第一帧中；在第三帧中添加一个时间计数器控件和"减"函数，用第三帧的时间计数器值减去第一帧的时间计数器值作为消耗时间值。

步骤四：分别设置子 VI 的可重入性为"非重入执行"和"共享副本重入执行"，运行程序，其程序框图和主 VI 的前面板结果如图 6.6 所示。当设置为"共享副本重入执行"时，消耗时间为 5000 ms，表明两处调用是并行执行的；当设置为"非重入执行"时，消耗时间为 6000 ms，表明两处调用是按先后顺序执行的。

图 6.6　可重入 VI 举例

有些时候可能需要在调用子 VI 时打开子 VI 前面板，例如利用一个子 VI 来实现登录对话框。其实实现这个功能非常简单，只需要在主 VI 中用鼠标右键单击子 VI 图标，选择"设置子 VI 节点..."选项，就会弹出如图 6.7 所示的"子 VI 节点设置"对话框。

其中，"加载时打开前面板"选项表示在主 VI 打开的同时打开子 VI 的前面板，这个选项并不常用；"调用时显示前面板"表示在调用子 VI 时打开子 VI 的前面板，而"如之前未打开则在运动后关闭"表示在调用完毕后是否自动关闭子

图 6.7　"子 VI 节点设置"对话框

VI 的前面板，选中这两项都可以实现前面所说的对话框功能；最后"调用时挂起"表示当子 VI 被调用时将弹出子 VI 前面板，而此时子 VI 处于"挂起"状态，直到用户点击"返回至调用方"按钮 ⬆ 后才会返回到主 VI，这个选项在调试的时候可以用到。

下面介绍利用显示子 VI 前面板来实现登录对话框的实例，程序设计步骤如下：

步骤一：新建一个 VI。命名为"登录对话框.vi"，作为子 VI。其前面板设计和程序框图如图 6.8 所示。其中，前面板的"密码"文本框设置为"密码显示"，程序框图主要由 While 循环结构、事件结构和条件结构组成。设置子 VI 的 VI 属性，然后选择"窗口外观"页面，选择"自定义"单选按钮并单击"自定义..."按钮，在弹出的"自定义窗口外观"对话框中就可以对 VI 前面板的显示内容进行设置了，如图 6.9 所示。

图 6.8　登录对话框 VI 程序框图

图 6.9　"自定义窗口外观"对话框

步骤二：新建一个 VI，命名为"登录主 VI.vi"，作为主 VI。其前面板设计和程序框图如图 6.10 所示。

步骤三：运行程序，其效果如图 6.11 所示。输入正确的用户名和密码，验证成功，程序运行结束；输入错误的用户名或密码，验证失败，程序继续等待用户输入。用户可以改变其中的程序代码，查看不同的运行效果。

图 6.10　登录界面主 VI 程序图

图 6.11　登录界面效果图

6.2　属　性　节　点

属性节点可通过编程设置或用于获取控件的属性，譬如在程序运行过程中，可以通过编程设置数值控件的背景颜色等属性。创建属性节点有两种方法：一种是在程序框图中直接用鼠标右键单击控件图标，在弹出的快捷菜单中选择"创建"下的"属性节点"选项，在弹出的下一级菜单中就可以看到该控件相关的所有属性，选择想设置或获取的属性，即可在绘制程序框图中创建该属性节点，如图 6.12 所示。另一种方法是在"函数"面板中选择"编程"→"应用程序控制"→"属性节点"选项，添加到程序框图中，然后使用鼠标右键单击该属性节点，选择"链接至"选项就能与当前 VI 中的任何一个控件关联，关联后就可以选择该控件的任何属性了。拉长属性节点可以同时显示或设置多个属性，使用鼠标右键单击每个属性，在弹出的快捷菜单中选择"选择属性"选项就可以选择需要设置或读取的某一个具体属性值了，在默认情况下是读取该控件的属性，使用鼠标右键单击"属性节点"，在弹出的快捷菜单中选择"全部转换为写入"选项，即可设置该控件的各种属性，如图 6.13 所示。

图 6.12　第一种方法创建数值控件属性节点

图 6.13　第二种方法创建数值控件属性节点

下面介绍用圆形指示灯的可见属性来控制圆形指示灯是否可见，程序设计步骤如下：

步骤一：新建一个 VI，在前面板上添加一个"开关按钮"控件和"圆形指示灯"控件，分别命名为"可见"和"指示灯"。

步骤二：创建指示灯的可见属性节点。切换到程序框图，使用鼠标右键单击"指示灯"图标，在弹出的快捷菜单中选择"创建"→"属性节点"→"可见"选项，添加到程序框图中，再使用鼠标右键单击该属性节点，在弹出的快捷菜单中选择"全部转换为写入"选项，把属性节点设置为写入状态，将"可见"图标的输出端子与指示灯可见属性节点的输入端子连接。

步骤三：选择"函数"→"编程"→"结构"，在"结构"子面板中选择"While 循环"结构，将程序框图的所有对象放置到循环体内，设置每次循环的间隔时间为 100 ms。

步骤四：运行程序，在前面板中点击"可见"控件，可以看到指示灯会根据用户需要可见或不可见。程序框图和效果图如图 6.14 所示。

图 6.14　通过可见属性控制指示灯是否可见

通过控件的引用同样可以获得并设置控件的相关属性。将应用程序控制面板上的"属性节点"放到程序框图中后，可以看到它有一个引用输入端，如图 6.15 所示。在程序框图中使用鼠标右键单击控件图标，在弹出的快捷菜单中选择"创建"下的"引用"选项，即可获得该控件的引用。控件的引用就好比是该控件的句柄，输入该控件的句柄就可以获得该控件的属性，上一个例题的程序框图可以修改为如图 6.16 所示，通过控件引用可控制指示灯是否可见。

图 6.15　属性节点接线端

图 6.16　通过控件引用控制指示灯是否可见

在事件结构中，若某个控件的相关事件发生，在事件结构中就会有该控件的引用输出。下面的实例是当鼠标移动到任何一个控件上时，就会在文本框中显示该控件的名称，程序设计步骤如下：

步骤一：新建一个 VI，在前面板上添加一个"开关按钮"控件和"确定"按钮，分别修改标签为"可见"和"确定"，添加一个字符串显示控件，命名为"标签_文本"。

步骤二：切换到程序框图，添加一个事件结构，使用鼠标右键单击事件结构边框，在弹出的快捷菜单中选择"添加事件分支…"选项，即可弹出"编辑事件"对话框。在对话框的事件源中选择每个控件，在事件栏里选择"鼠标"下的"鼠标进入"，如图 6.17 所示。

图 6.17　"编辑事件"对话框

步骤三：在"鼠标进入"事件分支中，选择"编程"→"应用程序控制"→"属性节点"，将选项添加到事件分支中，将"引用"输入端与"控件引用"输出端连接，使用鼠标右键单击属性节点，在弹出的快捷菜单中选择"选择属性"→"标签"→"文本"选项，将该属性节点的输出端与"标签_文本"图标的输入端连接。

步骤四：选择"函数"→"编程"→"结构"→"While 循环"结构，将程序框图中的所有对象放置到循环体内，设置每次循环的间隔时间为 100 ms。

步骤五：运行程序，在前面板中，当鼠标移动到某个控件时，可以看到该控件的标签名称显示在文本框中。程序框图和效果图如图 6.18 所示。

图 6.18 在事件结构中使用属性节点

6.3 调用节点和引用句柄

调用节点又称方法节点，其功能和属性节点非常类似，调用节点就好比控件的一个函数，它会执行一定的动作，有时还需要输入参数和返回数据。

调用节点的创建方法和属性节点一样，也有两种方法：一种是在程序框图中使用鼠标右键单击控件图标，在弹出的快捷菜单中选择"创建"下的"调用节点"选项，如图 6.19 所示；另一种方法是在函数面板中选择"编程"→"应用程序控制"→"调用节点"选项，添加到程序框图中，其接线端如图 6.20 所示。

图 6.19 创建调用节点

图 6.20 调用节点的接线端

同属性节点一样，可以通过调用节点和控件引用连线的方法获得控件的调用节点。

一般情况下，将控件作为子 VI 的输入端时只能传递控件的值，而不能传递控件的属性，类似于 C 语言中的"传值调用"。那么如何才能在子 VI 中调用上层 VI 中控件的属性和方法呢？这就需要使用"引用句柄"控件作为子 VI 的输入端子，在调用时将控件的引用与引用句柄端子连线即可。此时传递的是控件的引用，因此可以在子 VI 中调用输入控件的属性和方法节点。

创建引用句柄参考可在"控件"面板中选择"新式"→"引用句柄"→"控件引用句柄"函数，将其放置在前面板上即可。此时该参考只代表一般控件，因此它的属性节点只包含控件的一般属性。若需要控制某种控件的特有属性，与数组的创建类似，需要将该参考与这种控件相关联，将关联控件类型放置到引用句柄控件中，引用句柄控件就可自动变成关联控件的特定参考了，如图 6.21 所示。

图 6.21　创建布尔引用句柄

创建好控件的参考后，在程序框图中将其与属性节点或调用节点连接，就能获得该控件的各种属性和方法。下面介绍用引用句柄的方式来实现指示灯控件的可见性，程序设计步骤如下：

步骤一：新建一个 VI，作为引用句柄的子 VI。在前面板添加两个"开关"控件和一个"控件引用句柄"控件参考，然后把其中一个"开关"控件关联到引用句柄控件中。切换到程序框图，添加一个属性节点，将引用输入端连接到 Bool 引用句柄，转换到全部写入状态，选择属性为"可见"，连接开关输出端和可见属性输入端。然后添加接线端子和修改子 VI 图标。其程序框图和前面板如图 6.22 所示。

图 6.22　引用句柄子 VI 图

步骤二：新建一个 VI，在前面板添加一个"开关"控件和"指示灯"控件。在程序框图中，创建一个"指示灯"控件的引用。将自定义的"引用句柄子 VI"对象添加到框图中，"Bool 引用端子"接线端连接指示灯的引用对象，"开关"端子连接开关控件输出端。

步骤三：选择"函数"→"编程"→"结构"→"While 循环"结构，将程序框图中的所有对象放置到循环体内，设置每次循环的间隔时间为 100 ms。

步骤四：运行程序，在前面板中点击"开关"控件，可以看到指示灯根据用户需要可见或不可见。程序框图和效果图如图 6.23 所示。

图 6.23 引用句柄控制指示灯可见性

6.4 属性节点应用实例

6.4.1 进度条

进度条是用来表示程序执行进度的控件，包括垂直进度条和水平进度条两种样式，两种功能完全一样。进度条位于控件面板的"新式"下的"数值"子面板中。

下面通过实例介绍利用属性节点来控制进度条最大刻度值，程序设计步骤如下：

步骤一：新建一个 VI，在前面板上添加"水平进度条"和"水平刻度条"两个控件，分别命名为"进度"和"倒计时进度"；添加一个数值输入控件，修改标签为"总刻度"，作为进度条最大刻度值的输入控件。

步骤二：切换到程序框图，添加一个 For 循环结构。设置时间间隔为 500 ms；在 For 循环上添加移位寄存器，分别对"进度"和"倒计时进度"赋值。

步骤三：使用鼠标右键单击"进度"和"倒计时进度"图标，在弹出的快捷菜单中选择"创建"→"属性节点"→"标尺"→"范围"→"最大值"，将属性节点添加到程序框图中，转换为全部写入状态，连接输入端子与总刻度图标的输出端子。

步骤四：运行程序，当改变总刻度的输入值时，会发现两个进度条的总刻度会随之变化。程序框图和运行效果如图 6.24 所示。

图 6.24 进度条实例

6.4.2 单选按钮

单选按钮是一种选择控件，主要是对一些项目的选择。其功能比较强大，可以添加多个选项。单选按钮位于前面板"控件"面板"新式"下的"布尔"子面板中。

下面通过不同字体和颜色属性节点来学习单选按钮的使用。程序设计步骤如下：

步骤一：新建一个 VI，在前面板上添加一个单选按钮控件，该控件添加到前面板时会默认为两个选项，选择其中一个选项，进行复制粘贴即可生成多个选项。本例会生成四个选项，使用鼠标右键单击每一个单选按钮，在弹出的快捷菜单中选择"属性"选项，即可进入"布尔类的属性"对话框，如图 6.25 所示。在"外观"选项卡中更改标签分别为"字体变蓝"、"字体变黑"、"字体变大"、"字体变小"，并选择"多字符串显示"复选框，设置开时文本为"开"，关时文本为"关"。

图 6.25 "布尔类的属性"对话框

步骤二：在前面板选择控件面板"数值"下的"带边框颜色盒"控件，个数为两个，分别修改标签为"字体大小变化时颜色"和"字体背景色"。添加一个字符串显示控件，修改标签为"显示框"。

步骤三：创建显示框的属性节点。切换到程序框图，使用鼠标右键单击显示框图标，在快捷菜单中选择"创建"→"属性节点"→"文本"→"字体"→"字号"，将属性节点转换为全部写入状态，下拉属性节点为三个接线端；使用鼠标右键单击第二个属性节点，选择"选择属性"→"文本"→"字体"→"颜色"；使用鼠标右键单击第三个节点，选择"选择属性"→"文本"→"文本颜色"→"背景色"。

步骤四：创建单选按钮条件结构。在程序框图中添加一个条件结构，将单选按钮图标的输出端连接其分支选择器，添加到四个分支，分别命名为"字体变蓝"、"字体变黑"、"字体变大"和"字体变小"。在每一个分支里添加一个数值常量，作为字体大小设置值；在"字体变蓝"和"字体变黑"两个分支中，继续添加一个数值常量，作为字体颜色设置值，并设置显示格式为"十六进制"，使用鼠标右键单击该数值常量，在弹出的快捷菜单中选择"显示项"下的"基数"选项。其分支结构的编程图如图 6.26 所示。

图 6.26　单选按钮分支结构

步骤五：选择"函数"→"编程"→"结构"→"While 循环"，将程序框图的所有对象放置到循环体内，设置每次循环的间隔时间为 100 ms。

步骤六：运行程序，查看前面板，选择"单选按钮"组的不同选项，设置两个颜色盒的不同颜色，在显示框控件中就会显示不同的效果，程序框图和效果如图 6.27 所示。

图 6.27　"单选按钮"设置字体大小颜色

第 7 章 人机界面设计

人机界面是人与机器进行交互的界面，虽然程序的内部逻辑是程序运行的关键所在，但是人机界面的美观性和人性化更是不可忽视的重点。人性化的人机界面可以让用户享受使用过程，减少用户的操作时间，甚至在某些情况下能避免灾难的发生。因此，一个好的程序应该在人机界面的设计上花费足够的时间和精力。

7.1　下拉列表控件和枚举控件

下拉列表控件(Ring)和枚举控件(Enum)是最常用的人机界面设计控件，一般用于从多个选项中选择需要的内容，例如出生日期的选择、居住城市的选择等。在控件面板的每种风格样式面板中都有这两个控件，位于各种风格面板的"下拉列表与枚举"面板下，这里以新式风格为例，如图 7.1 所示。

图 7.1　"下拉列表与枚举"控件面板

一般情况下，控件的赋值可以通过两种方式：一是在前面板设计控件时，直接为控件赋值，这种一般用于设计比较固定的界面；二是通过代码运行，动态产生控件的项目内容，这种一般用于动态生成界面。

下面通过具体的案例操作来实现控件赋值功能，直接通过前面板为下拉列表控件和枚举控件赋值的步骤如下：

步骤一：打开 LabVIEW 2015 工具，新建一个 VI，在前面板添加一个下拉列表控件或枚举控件，如图 7.2 所示。

图 7.2　下拉列表与枚举控件

步骤二：使用鼠标右键单击控件，在弹出的快捷菜单中选择"编辑项"，会弹出如图 7.3 所示的编辑属性的对话框，选择"插入"按键，依次向其中添加信息。我们会发现这里的信息都是以"项值对"的形式存在，在下拉列表属性中项的内容可以重复，而枚举属性中项的内容不能重复，而它们的值都是唯一的。编辑完成以后，运行程序，即可在控件中看到编辑的项内容了。如果用系统风格的这两种控件，效果会更好。

图 7.3　下拉列表属性编辑框

接下来进一步通过程序设计为下拉列表控件设置项内容，其步骤相应复杂一些，但在项目开发中却是很适用的。这种方法不能为枚举控件设置项内容。

步骤一：首先在前面板创建一个下拉列表控件。

步骤二：打开程序框图，使用鼠标右键单击控件图标，选择"创建"→"属性节点"→"字符串与值[]"选项，创建一个下拉列表控件的"字符串与值[]"属性节点，并转换为写入模式。

步骤三：创建一个数组常量，向数组常量中添加一个簇常量，然后向簇常量中添加一个字符串常量作为控件显示项内容，添加一个数值常量作为控件值内容，数值常量不得重复。依次向数组其他元素中添加类似信息，如图 7.4 所示。运行程序，下拉列表控件内容设置完成。

图 7.4　通过属性节点设置下拉列表控件选项

下面讨论怎样获取下拉列表控件和枚举控件当前选定项目的项内容和值内容，当然这些功能的实现必须通过相关属性节点来完成。由于这两种控件用户一次只能选择其中一个项目，控件输出值都是数字，这个数字就是该选项的值内容，可以通过数值显示控件直接读取。获取控件项内容可以使用鼠标右键单击控件，选择"创建"→"属性节点"→"下拉列表文本"→"文本"选项，将属性节点转换为读取模式，通过字符串输出控件就可以获取项内容。如果要获取控件的总项数，可以使用鼠标右键单击控件，选择"创建"→"属性节点"→"项数"选项，将属性节点转换为读取模式，也可通过数值显示控件直接读取出来。其他属性节点的设置里就不一一赘述了，基本程序如图 7.5 所示。运行程序，即可实现所需功能。

图 7.5　获取枚举控件相关内容

7.2　列表框控件

相对于前面的下拉列表控件和枚举控件而言，用户可以在列表框控件选择一个或多个选项，也可以不选择选项(选择多个选项时，用户需要按住 Ctrl 键或者 Shift 键，按键可根据用户的计算机而定)。列表框分为单列列表框和多列列表框，一般常用单列列表框，它们位于控件各风格面板的"列表、表格和树"面板下，如图 7.6 所示。

图 7.6　列表框控件面板

7.2.1　单列列表框

通常情况下，我们所说的列表框就是单列列表框的简称。列表框中的内容可以直接在前面板的编辑状态下进行修改，这里就不详细介绍了。在编辑过程中，如果需要添加项符号，其添加方式有两种，首先使用鼠标右键单击列表框。第一种方法是选择"显示项"下的"符号"。第二种方法是选择"属性"下的"外观"对话框，勾选"显示符号"复选框，如果还想显示列表框中的水平线，勾选"显示水平线"复选框即可，如图 7.7 所示，点击"确定"按钮。然后在需要设置项符号的选项上单击鼠标右键，选择"项符号"，则会弹出如图 7.8 所示的系统提供的四十多种图标作为用户选择界面，默认为空，用户可以根据需要选择图标，也可以使用自定义图标，这些内容将在下文进行讲解。

图 7.7 项符号设置选项　　　　　　　　　　图 7.8 项符号选择界面

下面介绍如何通过程序设计来实现列表框内容的编辑。

步骤一：首先在前面板创建一个列表框控件。

步骤二：设定 SymsVis 属性为"真"。这样就可在列表框中看到项符号了。方法为使用鼠标右键单击列表框控件，选择"创建"→"属性节点"→"显示项"→"显示符号"，然后设置布尔常量为"真"即可。

步骤三：设定列表框的选择模式。使用鼠标右键单击列表框控件，选择"创建"→"属性节点"→"选择模式"选项，设置选择模式为"2"。LabVIEW 中，用户可选定项的选择模式有效值包括 0(0 或 1 项)、1(1 项)、2(0 或多项)、3(1 或多项)四种。

步骤四：设定列表框的项符号。首先使用鼠标右键单击列表框控件，选择"创建"→"属性节点"→"项符号"选项；接着创建一个数组常量，选择"编程"→"对话框与用户界面"→"表框符号"，将所选控件添加到数组常量中，用鼠标左键单击每个列表框符号，会弹出项符号选择界面，根据需要设置相应的符号即可。

步骤五：设定列表框的项名。首先使用鼠标右键单击列表框控件，按顺序选择"创建"→"属性节点"→"项名"选项；接着创建一个数组常量，向数组常量添加字符串常量，输入相应的字符串信息即可。

步骤六：运行程序，即可看到相应的列表框内容。整个操作效果如图 7.9 所示。

图 7.9 通过编程编辑列表框内容

列表框的直接输出为当前选中选项索引的整数数组，但在实际项目开发中，需要获取当前选中选项的字符串名称，这就需要通过循环结构来获取相应的内容。下面介绍如何通过程序获取列表框中用户所选择的选项内容。

步骤一：直接读取列表框的局部变量，就可以显示用户所选择的选项的值内容，该值为一个整型数组。

步骤二：通过一个 For 循环，循环次数由列表框用户所选择的选项个数决定。在循环体中创建一个列表框的列名属性节点，通过索引数组函数，以用户选择的选项值内容作为索引，获取列表框中被选择选项的字符串的项内容，循环结束，输出一个新的字符串数组。最后把输出的字符串数组通过一个 For 循环遍历，通过连接字符串函数构成一个新的字符串信息输出。程序框图如图 7.10 所示。

图 7.10　获取列表框选中项目名称程序框图

步骤三：运行程序，即可看到所选择的信息会以字符串的形式输出到字符串输出控件中。运行效果如图 7.11 所示。

图 7.11　获取列表框选中项目名称效果图

7.2.2　多列列表框

多列列表框在项目开发中的应用也比较广泛。一般用于显示数据库中查询出的数据信息，其内容既可以在前面板直接编辑，也可以通过程序运行动态生成。多列列表框的操作过程与单列列表框基本相同，现就其中的动态生成项名和项符号的内容加以叙述。

步骤一：在前面板创建多列列表框，设定显示的相关属性。首先在程序框图中，用鼠标右键单击多列列表框控件图标，选择"创建"→"属性节点"→"项名"，设置为"写入模式"。然后创建一个字符串二维数组常量，向数组中编辑相应的信息，把数组写入到属性节点即可。程序框图如图 7.12 所示。

步骤二：设定多列列表框的项符号。使用鼠标右键单击多列列表框控件图标，选择"创建"→"属性节点"→"项符号"，设置为"写入模式"。然后创建一个整型一维数组常量，在数值常量中输入项符号的下标数字即可，这个项符号数组就是由单列列表框设置项符号的系统提供的四十多种项符号组成的。程序框图如图7.12所示。

图 7.12　编辑多列列表框项目和项符号

步骤三：运行程序，即可看到所需信息已写入多列列表框中，运行效果图如图 7.13 所示。

图 7.13　多列列表框运行效果图

前面已经讲过，在设置列表框的项符号时，除了使用系统提供的四十多种符号外，还可以使用自己定义的图标作为符号。下面对如何将自定义图标作为项符号进行详细的讲解。

步骤一：调用自定义符号节点。用鼠标右键单击列表框控件图标，选择"创建"→"调用节点"→"自定义项符号"→"设置为自定义符号"，如图7.14所示。

图 7.14　设置自定义符号节点图

步骤二：设置索引和图像。自定义符号节点有索引和图像两个属性。索引号和前面多列列表框选择的项符号数组下标一样，由于系统已经具有四十多个项符号，此处的索引号可以设置得稍微大一些；图像就是需要设置为项符号的图标。设置图像时，首先选择"编程"→"图形与声音"→"图形格式"→"读取 PNG 文件"，这里的"读取 PNG 文件"函数可根据图片的后缀名确定。在"PNG 文件路径"端子创建一个常量，然后把需要设定的图标拖到这个常量中即可。程序框图如图 7.15 所示。

步骤三：运行程序，即可看到自定义的图标已经显示在列表框上了。

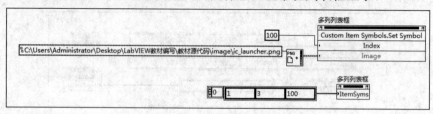

图 7.15　设置自定义项符号

7.3　表格与树形控件

表格和树形控件位于"控件"面板的"列表、表格和树"面板下，与前面的列表框在同一个面板中，这里就不再赘述了。

7.3.1　表格

表格实际上就是一个字符串组成的二维数组，在前面板添加表格控件后，可以直接用鼠标右键单击该控件，编辑其各种属性。一种方式是用鼠标右键单击控件，设置"显示项"菜单里的各种属性；另一种方式是选择"属性"下的"外观"对话框，设置相应的可选项，与列表框相同。表格的编辑也非常简单，用鼠标单击对应的空格就能直接编辑内容了。用鼠标右键单击该控件，选择"数据操作"菜单，可以对表格进行插入或删除行列操作，如图 7.16 所示。表格数组的大小由输入内容所占的范围决定。

图 7.16　表格控件插入或删除行列操作

此外，树形控件旁边还有一个"Express 表格"。在前面板放置该控件时，LabVIEW 程序框图会自动生成相应的程序代码，可用于将数据快捷转换为表格。下面通过生成一个

5×5 的 100 以内随机整数放入 Express 表格的例子，来大致了解该控件的应用。

步骤一：在创建的 VI 前面板中添加 "Express 表格" 控件。

步骤二：打开程序框图，编写一个双重 For 循环结构，循环总次数设为 5，循环体中添加一个生成 100 以内随机整数的程序代码。

步骤三：连接创建表格的信号端子，代码会自动添加一个 "转换至动态数据" 函数，程序编写完成。程序框图如图 7.17 所示。

图 7.17　Express 表格使用程序框图

步骤四：运行该程序，即可看到在表格中添加了 5×5 的 25 个 100 以内的整数，运行效果图如图 7.18 所示。

表格					
17.000000	16.000000	96.0000	53.0000	83.0000	
24.000000	80.000000	63.0000	20.0000	20.0000	
75.000000	51.000000	24.0000	66.0000	43.0000	
85.000000	11.000000	62.0000	84.0000	69.0000	
77.000000	17.000000	70.0000	18.0000	36.0000	

图 7.18　Express 表格使用效果图

7.3.2　树形控件

树形控件以树的形式显示多层内容，Windows 的资源管理器就是用树形控件来显示文件目录的。默认在前面板上放置该控件时该控件有多列输入，一般来说只有第一列有用，后面的列只是起到文字说明的作用。树形控件如图 7.19 所示。

在前面板编辑树形控件，直接在需要输入内容的地方单击鼠标即可输入数据，其他相关操作只需用鼠标右键单击该控件，选择相应的快捷菜单就能实现。其中，控件快捷菜单中的 "选择模式" 表示树形控件的选择模式，使用方法与前面的列表框一样，这里不再赘述。

下面通过一个具体例子来演示树形控件前面板的操作过程。

步骤一：打开 LabVIEW 软件工具，创建一个 VI，在前面板添加一个树形控件。

步骤二：用鼠标右键单击该控件，通过 "显示项" 菜单或 "属性" 菜单设置相关属性，如水平线显示、垂直线显示、滚动条显示等。

步骤三：使用鼠标点击编辑内容的位置，从上到下把内容依次全部添加进去。

步骤四：设定项符号。用鼠标右键单击需要显示项符号的项内容，在弹出的快捷菜单中选择 "项符号" 菜单，然后在系统提供的符号库中选择需要的项符号。

图 7.19 前面板编辑树形控件实例

步骤五：编辑缩进层次。用鼠标右键单击需要缩进的项内容，在弹出的快捷菜单中选择"缩进项"即可。

步骤六：获取选定内容。在前面板添加一个字符串输出控件，打开程序框图，将树形控件图标和字符串控件图标连接即可。

步骤七：运行程序，即可看到编辑成功的树形控件，并可获取其中的选定内容。

接下来介绍如何通过编程来设置树形控件的选项。树形控件的编辑必须通过属性节点和方法节点才能实现。

步骤一：在程序框图中创建一个树形控件图标，使用鼠标右键单击该图标，首先选择"创建"→"调用节点"→"编辑树形控件项"→"删除项"，将树形控件全部清空，接着通过"添加项"方法来添加项目内容。具体操作如图 7.20 所示。其中，"添加项"方法的各输入参数含义如表 7.1 所示。

图 7.20 树形控件添加项选项位置图

表 7.1 树形控件"添加项"方法各参数含义表

名　称	含　义
Parent Tag	新添加的项目将作为 Parent Tag 的下一级项目。默认为空字符串，此时将新项目添加到第一级
Child Position	设置新添加的项目相对于 Parent Tag 的位置。默认为 0，此时将该项目直接添加到 Parent Tag 的下面；若为 1，则添加到该 Parent Tag 的第一个 Child Item 下；若为 2，则添加到第二个 Child Item 下；以此类推，若为 −1，可添加到最后一个 Child Item 下
Left Cell String	该项目的名称
Child Text	在该项目右侧其他列中显示的说明性文字内容
Child Tag	该项目的 Tag，默认情况下与 Left Cell String 相同
Child Only	如果为真，该项目下将不能再有 Child Item
Output	该项目的 Tag

步骤二：添加内容。在"添加项"方法中，按层次依次添加不同的数据信息，程序框图如图 7.21 所示。

步骤三：设置项符号。首先，通过树形控件图标创建一个"All Tags"属性节点，可按顺序选择"创建"→"属性节点"→"所有标识符[]"。其次，创建一个数组常量，向数组中添加列表框符号，并根据层次结构向数组选择相应的项符号。最后，创建一个 For 循环结构，在结构体中添加三个树形控件的属性节点，分别是"ActiveItemTag"、"Symbol"和"SymsVis"，即"活动项"里面的"标识符"、"符号索引"与"显示项"里面的"显示符号"。程序框图如图 7.21 所示。

图 7.21　编辑树形控件程序框图

步骤四：运行程序，编辑树形控件效果图如图 7.22 所示。

图 7.22　编辑树形控件运行效果图

　　从前面编辑树形控件的程序可以看出，如果逐个地添加项目内容会使程序非常繁琐，极度不利于程序维护和检查。下面介绍通过 For 循环自动添加项目的方法，这样只需给定项目数组即可自动生成包含所有项目内容的树形控件，但要求每一个项目必须有完整的路径，路径层次用"\"符号作为分隔符。读者可根据图 7.23 和图 7.24 自行理解如何生成树形控件，此处不再赘述，程序框图如图 7.23 所示，运行效果图如图 7.24 所示。

图 7.23　For 循环生成树形控件内容程序图

图 7.24　For 循环生成树形控件内容效果图

7.4　VI 属性设置

　　程序编译完成后，用户可以通过"VI 属性"窗口来设置并查看 VI 的属性或者对属性进行自定义。在前面板或程序框图上选择"文件"下的"VI 属性"，或通过快捷键 Ctrl+I

打开"VI 属性"窗口，如图 7.25 所示。在"VI 属性"窗口中有 11 种属性类别可以选择，其中默认为"常规"。下面分别对这 11 种属性类别的使用进行简要说明。

图 7.25　VI 属性窗口

1. 常规

第一个选项为"常规"属性页，主要包括以下几个部分内容：

(1) 编辑图标按钮：单击后可显示"图标编辑器"对话框，在编辑器中可以对图标进行修改，完成后单击"确定"按钮，修改结果生效。

(2) 当前修订版：显示 VI 的修订号。

(3) 位置：显示 VI 的保存路径。

(4) 列出未保存的改动：单击该选项可弹出"解释改动"对话框，其中列出了 VI 中每个未保存的改动和这些改动的详细信息。详细信息包括改动的内容、改动对程序结构和程序执行带来的影响。

(5) 修订历史：单击该选项可弹出对话框，显示当前程序的所有注释和历史。

2. 内存使用

第二个选项为"内存使用"属性页，用于显示 VI 使用的磁盘和系统内存。编辑和运行 VI 时，内存的使用情况各不相同。内存数据仅显示了 VI 使用的内存，而不反映子 VI 使用的内存。每个 VI 占用的内存根据程序的大小和复杂程度各不相同。值得注意的是，程序框图通常占用大多数内存，因此用户在不进行编辑程序框图时，应尽量关闭程序框图，为其他 VI 释放空间。保存并关闭子 VI 前面板同样可释放内存。

3. 说明信息

第三个选项为"说明信息"属性页。该页用于创建 VI 说明，以及将 VI 链接到 HTML 文件或已编译的帮助文件。"说明信息"属性页包括以下几个部分内容：

(1) VI 说明：在"VI 说明"窗口输入 VI 的描述信息，完成后当鼠标移至 VI 图标后描述信息会显示在"即时帮助"窗口中。

(2) 帮助标识符：包括可链接至已编译帮助文件（".cnm"或".hlp"）、HTML 文件或索引关键字。

(3) 帮助路径：包含从"即时帮助"窗口链接到 HTML 文件、已编译帮助文件的路径或符号路径。如该栏为空，"即时帮助"窗口中将不会显示蓝色的详细帮助信息链接，同时详细帮助信息按钮也会显示为灰色。

(4) 浏览：打开"选择帮助文件"对话框，从中选择相应的帮助文件。

在 VI 中无法编辑子 VI 的帮助说明信息，如果要为子 VI 添加描述信息，可以打开子 VI，在子 VI 的"说明信息"属性页进行编辑。

4. 修订历史

第四个选项为"修订历史"属性页。该页用于设置当前 VI 的修订历史选项，包含以下两个内容：

(1) 使用选项对话框中的默认历史设置。用户可以使用系统默认的设置查看当前 VI 修订历史，如需自定义历史设置，可以取消此选项框，选择其他的选项框。操作内容包括四点：一是每次保存 VI 时添加注释，这样改动 VI 后保存该 VI，在历史窗口会自动产生一条注释。二是关闭 VI 时提示输入注释，如 VI 打开后已被修改，即使已保存这些改动，LabVIEW 也将提示"在历史窗口中添加注释"；如未修改 VI，LabVIEW 将不会提示"在历史窗口中添加注释"。三是保存 VI 时提示输入注释，如在最近一次保存后对 VI 进行任何改动，LabVIEW 也将提示"在历史窗口中添加注释"；如未修改 VI，LabVIEW 将不会提示"在历史窗口中添加注释"。四是记录有 LabVIEW 生成的注释，如果在保存前此 VI 已被编辑修改过，则保存 VI 时在历史窗口中会自动生成注释信息。

(2) 查看当前修订历史。显示与该 VI 同时保存的注释历史。

5. 编辑器选项

第五个选项为"编辑器选项"属性页。该页用于设置当前 VI 对齐网格的大小和创建控件时控件的默认风格。对齐网格大小可指定当前 VI 的对齐网格单位的大小（像素），包括前面板网格大小和程序框图网格大小。创建输入控件/显示控件的控件样式提供了新式、经典、系统和银色四种风格供用户选择。

6. 保护

第六个选项为"保护"属性页。该页用于设置受密码保护的 VI 选项，通常在完成一个项目以后，程序人员需要对 VI 的使用权限进行保护设置，以避免程序被恶意修改或源代码泄密的情况发生。LabVIEW 在"保护"属性页中提供了 3 种不同的保护级别，以供用户选择使用。

(1) 未锁定(无密码)：允许任何用户查看并编辑 VI 的前面板和程序框图。

(2) 已锁定(无密码)：锁定 VI，用户必须通过"保护属性页"对话框解锁后，才能编辑前面板和程序框图。

(3) 密码保护：设置 VI 保护密码，选择"密码保护"选项后，会弹出输入密码对话框提示输入新密码，以对 VI 进行保护，如图 7.26 所示。设定密码后保存并关闭 LabVIEW，当再次打开刚才保存的 VI 时，用户只能运行此 VI，无法编辑和查看程序框图，只有用户通过"认证"对话框，才可以对此 VI 进行编辑。

图 7.26　输入密码对话框

7．窗口外观

第七个选项为"窗口外观"属性页。这是最常用到的一个属性栏，如图 7.27 所示。该页用于对 VI 的窗口外观进行自定义，通过对窗口外观进行设置，可以隐藏前面板菜单栏和工具栏，改变窗口的动作、外观及用户与其他 LabVIEW 窗口的交互方式，"窗口外观"属性页的设置只在程序运行时生效。

图 7.27　"窗口外观"属性页

"窗口外观"属性界面的窗口标题可显示程序运行时窗口的标题，可以与 VI 相同，也可以自定义设置。其窗口样式包括三种 LabVIEW 中设计好的窗口样式和一种自定义的窗口样式。

（1）顶层应用程序窗口：只显示程序窗口的标题栏和菜单栏，不显示滚动条和工具栏，不能调整窗口大小，只能关闭和最小化窗口，没有连续运行按钮和停止按钮。

（2）对话框：和顶层应用程序窗口样式相比，对话框样式没有菜单栏，只允许关闭窗口，不能对其进行最小化设置，运行时用户不能打开或访问其他 VI 窗口。

（3）默认：显示 LabVIEW 默认的窗口样式，此样式和编辑调试 VI 时的窗口样式相同。

（4）自定义：显示用户自定义的窗口样式，选中自定义选项并单击下方的自定义按钮，系统会弹出"自定义窗口外观"对话框，如图 7.28 所示。

图 7.28 "自定义窗口外观"对话框

通过对窗口具体动作选项的勾选可以自定义符合用户需求的窗口风格。其中"窗口动作"选项有"默认"、"浮动"和"模态"三种动作可供选择,"浮动"选项可以使前面板在其他非浮动的程序窗口前显示,"模态"选项可以使前面板在所有程序窗口前显示。"自定义窗口外观"对话框中还有一个"运行时透明显示窗口"选项,用户可以通过对该选项的设置改变窗口运行时的透明度。透明度范围在 0%到 100%间可任意改变,透明度最低为 0%,最高为 100%,当透明度最高时窗口完全透明看不见。

8. 窗口大小

第八个选项为"窗口大小"属性页。该页用于对 VI 窗口的大小进行自定义设置,"窗口大小"属性页包括以下几部分内容:

(1) 前面板最小尺寸:可用于设置前面板的最小尺寸,窗口的长和宽均不能小于 1 像素。如窗口设置得过小,使滚动条超过内容区域的最小尺寸的界限,则 LabVIEW 将隐藏滚动条;如增大窗口,则滚动条又会出现;如允许用户在"窗口外观"页调整窗口尺寸,用户不能将前面板的长宽值调整得比该页面上设置的长宽值更小。

(2) 使用不同分辨率显示器时保持窗口比例:在显示器分辨率不同的计算机上选择该选项,VI 能自动调整窗口比例,占用的屏幕空间基本一致。使用该选项的同时,也可缩放一个或多个前面板对象作为调整。

(3) 调整窗口大小时缩放前面板上的所有对象:选择该选项后,前面板所有对象的大小会随窗口尺寸的变化而自动调整。但文本和字符串除外,因为字体的大小是不变的,程序框图的对象不会随窗口大小的变化而变化。允许用户调整前面板窗口对象大小时,也可以使用该选项。

9. 窗口运行时位置

第九个选项为"窗口运行时位置"属性页。该页用于自定义运行时前面板窗口的位置和大小,如图 7.29 所示。该属性页包括以下几部分内容:

(1) 位置:设置前面板运行时所在的位置,有不改变、居中、最大化、最小化和自定义五种类型可供用户选择。

(2) 显示器：有时一台主机可控制多台显示器，通过在"显示器"对话框进行设置可以指定显示前面板的具体显示器。该选项仅当"位置"设为最大化、最小化或居中时才有效。

(3) 窗口位置：可用于设置前面板窗口中全局屏幕坐标中的位置。全局屏幕坐标指计算机显示屏幕的坐标，而非某个打开的窗口坐标。"上"设置栏表示程序窗口上边框在计算机屏幕上的位置，"左"设置栏表示程序窗口左边框在计算机屏幕上的位置。

(4) 前面板大小：可用于设置前面板的大小，不包括滚动条、标题栏、菜单栏和工具栏。"宽度"表示程序窗口的宽度像素，"高度"表示程序窗口的高度像素。前面板的大小必须大于或等于"窗口大小"属性页中设置的前面板最小尺寸。

图 7.29　"窗口运行时位置"属性页

10．执行

第十个选项为"执行"属性页。该页可用于在 LabVIEW 中设置 VI 的优先级别并为多系统结构的 VI 选择首选执行系统，如图 7.30 所示。该属性页包括以下几个部分内容：

(1) 优先级：VI 优先级可设定 VI 在执行系统中的优先顺序，它和线程优先级无关。在下拉列表中有六种优先级可供选择，在程序设计时可以把重要 VI 的优先级设置得高一些，但通常情况下只有特殊的 VI 才使用非标准优先级。

(2) 允许调试：勾选该选项即允许对 VI 进行设置断点、启用高亮显示等调试。

(3) 重入：如果一个 VI 要被两个或多个程序同时调用，需要把 VI 设置为"重入执行"模式。重入执行中有两种副本使用形式，使用"共享副本重入执行"的方式可以减少内存使用。

(4) 首选执行系统：LabVIEW 支持程序的系统同时运行，在一个执行系统中运行的 VI能够在另一个执行系统的 VI 处于运行中途时开始运行。LabVIEW 包括用户界面子系统、标准子系统、仪器 I/O 子系统、数据采集子系统、其他 1 子系统和其他 2 子系统。大多数情况下，用户不需要根据 VI 功能硬性分配子系统。

(5) 启用自动错误处理：勾选该选项后，若程序运行错误会停止运行并弹出错误列表。

(6) 打开时运行：设置该选项后，当打开 VI 时程序自动运行，不需按运行按钮。

(7) 调用时挂起：当主程序调用子程序 VI 时，被设置为"调用时挂起"的子 VI 在被调用时会弹出前面板，等待用户进行下一步操作。

(8) 调用时清除显示控件：可清除本 VI 及下属子 VI 在每次程序运行时显示控件的内容。

(9) 运行时自动处理菜单：该选项可在程序运行时自动操作菜单，也可使用"获取所选菜单项"函数进行菜单选择。

图 7.30 "执行"属性页

11．打印选项

最后一个选项为"打印选项"属性页。该页用于对打印的页面属性进行设置，打印选项属性包括以下几个部分内容：

(1) 打印页眉：包括日期、页码和 VI 名称。

(2) 使用边框包围前面板：该选项的打印效果是在前面板周围加上边框。

(3) 缩放要打印的前面板以匹配页面：可依据打印纸张的大小自动调整前面板的大小。

(4) 缩放要打印的程序框图以匹配页面：可依据打印纸张的大小自动调整程序框图的大小。

(5) 使用自定义页边距：该选项可自定义前面板打印的页边距，其设置的单位为英寸或厘米，可根据习惯选择。

(6) 每次 VI 执行结束时自动打印前面板：选择该选项，程序运行结束后会自动打印前面板。

7.5 对 话 框

在程序设计中，对话框是人机交互界面的一个重要控件。LabVIEW 有两种方法可以实现对话框的设计：一种是直接使用 LabVIEW 函数面板中几种系统提供的简单对话框；另一种是通过子 VI 实现用户自定义功能较为复杂的对话框设计。

7.5.1　普通对话框

"对话框 VI"函数位于"函数"面板"编程"下的"对话框与用户界面"面板中。按类型可分为两类对话框：一种是"信息显示"对话框，另一种是"提示用户输入"对话框。

其中，"信息显示"对话框有四种，即：

(1) 单按钮对话框。它有三个连接端子，其中"按钮名称"是对话框按钮的名称，默认值为"确定"；"消息"是对话框中显示的文本，消息文本越长，显示的对话框会相应变大，函数会根据对话框的大小自动为消息文本换行；"真"是单击按钮返回 TRUE。

(2) 双按钮对话框。比单按钮对话框多一个"F 按钮名称"连接端子，默认值为"取消"，如单击"F 按钮名称"对话框，可返回 FALSE。

(3) 三按钮对话框，如图 7.31 所示。三按钮对话框较前面两个对话框多了一个"窗口标题"端子，该端子输入的字符串信息显示为对话框标题，如图 7.32 所示。如果将空字符串连接至按钮文本输入，该 VI 可隐藏该按钮，并将三按钮对话框转换为单按钮或双按钮对话框；如果将空字符串连接至对话框的每个按钮，则该 VI 可显示默认的确认按钮。

图 7.31　三按钮对话框

图 7.32　三按钮对话框示例

(4) "配置显示对话框信息"对话框。用于创建含有警告或用户消息的标准对话框，可以配置对话框内容和按钮个数，其配置界面和运行效果如图 7.33 所示。

图 7.33　"配置显示对话框信息"对话框示例

"配置提示用户输入"对话框可以输入简单的字符串、数字和布尔值，其配置界面和运行效果如图 7.34 所示。

图 7.34　"配置提示用户输入"对话框示例

7.5.2　自定义对话框

　　除了前文介绍的 LabVIEW 系统提供的 4 种简单对话框以外，用户还能通过子 VI 的方式实现对话框的自定义设置。在默认情况下调用子 VI 时不弹出子 VI 的运行界面，如果在调用子 VI 的程序框图中使用鼠标右键单击子 VI 图标，选择"子 VI 节点设置"选项，会弹出如图 7.35 所示的对话框来设置子 VI 的调用方式。选择"调用时显示前面板"即表示调用子 VI 时会弹出子 VI 的前面板，在编辑子 VI 时需要对子 VI 前面板进行相应设置，例如 VI "属性窗口外观"设置为对话框形式或者设置不显示菜单栏、工具栏、滚动条、总之最前面等，即可作为系统载入对话框。运行程序如图 7.36 所示。

图 7.35　"子 VI 节点设置"图

图 7.36　自定义对话框运行效果图

7.6 菜　　单

对一个良好的人机界面而言，菜单项是必不可少的组成部分，在 Windows 程序中菜单可以说是无处不在的。它的好处是将所有的操作都隐藏起来，只有需要用到的时候才会被激活，因此，相对于把所有的操作都作为按钮放在面板上，菜单操作节省了大量的控件。菜单有两种，一种是运行主菜单，另一种是右键快捷菜单。LabVIEW 提供了两种创造菜单的方法：一种是在菜单编辑器中完成设计，另一种是使用"菜单"函数选板进行菜单设计。

7.6.1　菜单函数

通过 LabVIEW 中的"菜单"函数选板可以对自定义的前面板菜单赋予指定操作，实现前面板菜单的功能。同时，用户使用"菜单"选板上的节点功能也能对前面板菜单进行定义，实现自定义菜单的设计。"菜单"函数选板位于"函数"面板"对话框与用户界面"下的"菜单"面板中。常用的菜单函数如图 7.37 所示。

图 7.37　"菜单"函数选板

(1) 当前 VI 菜单栏。"当前 VI 菜单栏"的接线端子可返回当前 VI 的菜单引用句柄，用于连接其他菜单操作节点。LabVIEW 中使用菜单引用作为某个对象的唯一标识符，它是指向某一对象的临时指针，因此仅在对象被打开时生效，一旦对象被关闭，LabVIEW 就会自动断开连接。

(2) 获取所选菜单项。"获取所选菜单项"函数的接线端子如图 7.38 所示。它通常用于设置等待时间，并获取菜单项标识用于对菜单功能进行编辑。其中，"菜单引用"端子连接当前 VI 菜单栏或其他菜单函数节点的菜单引用输出端子，用于传递同一个菜单的操作函数；"菜单引用输出"端子连接的是下一个函数的菜单引用输入；"项标识符"为字符串类型，通常连接条件结构的分支选择器端子，处理被选中菜单项的动作；"项路径"描述了所选菜单项在菜单中的层次位置，形式为用冒号(:)分隔的菜单标识符列表，如选择文件菜单中的打开菜单项，项的路径为"File:Open"。

图 7.38   "获取所选菜单项"接线端子

(3) 插入菜单项。"插入菜单项"通常用于在指定菜单或子菜单中插入新的菜单项。"菜单项标识符"输入的是插入位置的上一级菜单名称字符串，如果不指定菜单标识符，则插入菜单项为顶层菜单项。"项名称"用于确定要插入菜单的项，是在菜单上显示的字符串，可与项名称或项标识符连接，名称和标识符必须相同，如只需插入项，可将字符串连接至项名称。"项之后"端子可以直接输入要插入菜单项的项标识符字符串，也可以输入要插入菜单项的位置索引，位置索引默认从 0 开始。"项标识符输出"端子用于返回和输出插入项的项标识，如果"插入菜单项"函数没有找到项标识符或项之后，则返回错误信息。

(4) 删除菜单项。"删除菜单项"函数通常用于删除指定的菜单项，可以输入菜单标识符，也可以输入删除项的字符串或位置。如果没有指定菜单项标识符，则删除所有的菜单项。"项输入"端子可以是项标识字符串或字符串数组，也可以是位置索引，只有使用位置索引的方法可以删除分隔符。

(5) 启用菜单追踪。"启用菜单追踪"函数通常和"获取所选菜单项"配合使用。"启用端子"输入的是布尔型数据，当"启用端子"输入为"真"时，则打开追踪，否则关闭追踪，默认为"打开追踪"。

(6) 获取菜单项信息。"获取菜单项信息"函数通常用于返回和项标识符一致的菜单项属性。其中常用的返回属性是快捷方式，其他各端子的含义和"设置菜单项信息"函数相同。

(7) 设置菜单项信息。"设置菜单项信息"函数通常用于改变菜单属性的设置，未重新设置的属性不会改变。"项标识符"指定用户想要设置属性的菜单项或菜单数组。"快捷方式"用于设置菜单项的快捷方式，输入的为簇类型的数据，每个菜单在簇中有两个布尔类型和一个字符串。第一个布尔类型定义快捷键中是否包含 Shift 键；第二个布尔类型定义快捷键中是否包含 Ctrl 键；字符串中设置菜单快捷键，以配合 Shift 键或 Ctrl 键使用。"已启用端子"输入布尔型参数，默认为"启用"状态。

(8) 获取快捷菜单信息。"获取快捷菜单信息"函数通常用于返回与所输入的快捷方式相同的菜单项标识符和项路径。

7.6.2   运行主菜单

运行主菜单是指前面板在运行时菜单栏所显示的主菜单。运行主菜单有三种类型可供选择，包括：默认，即 LabVIEW 的默认菜单；最小化，即只显示最常用的一些菜单选项；自定义，用户可以在此编辑自己喜欢和需要的菜单。本节所讲的运行主菜单主要是自定义运行主菜单。

1. 自定义运行主菜单的编辑

自定义运行主菜单在前面板编辑中比较简单，下面通过一个自定义运行主菜单实现登录系统的案例，来详细解读前面板编辑运行主菜单的过程。

步骤一：打开 LabVIEW 工具，创建一个新 VI，选择"编辑"下的"运行时菜单…"选项，即可弹出"菜单编辑器"对话框，如图 7.39 所示。

图 7.39　"菜单编辑器"对话框

步骤二：选择图 7.39 中下拉列表的"自定义"选项，可弹出如图 7.40 所示的"自定义"菜单编辑对话框，即可开始编写菜单内容。"菜单项类型"选择用户项，通过"菜单项"名称文本框输入菜单内容，选择左上角的加号，添加新的菜单内容；左上角的上、下、左、右键可调整菜单项内容的位置，进行等级缩进和上下移动。"菜单项类型"选择分隔符，可以添加水平线等。编写完成后效果如图 7.41 所示。然后选择"文件"下的"保存"选项，将其内容保存为扩展名为".rtm"的菜单文件，最好将它与 VI 存放在同一个路径下。

图 7.40　"自定义"菜单编辑对话框

图 7.41　"自定义"菜单编写内容

步骤三：通过前面板设计一个登录系统的子 VI，编写好程序框图，定义好连接端子，设置"窗口外观"为"对话框"。具体方法此处就不赘述了。

步骤四：通过菜单编辑器编辑的菜单，除了系统项提供的系统功能之外，用户项菜单并不具备任何功能，如图 7.42 所示。用户还需要通过编程才能实现菜单对应的逻辑功能。

步骤五：在程序框图中，打开"菜单"函数面板。首先选择"当前 VI 菜单栏"函数获得当前前面板的主菜单，然后在 While 循环中通过"获得所选菜单项"函数获得用户单击的菜单项选项，再通过条件结构对相应的

图 7.42　"自定义运行菜单"界面

菜单项进行编程，如图 7.43 所示。在程序框图中添加了四个条件分支，其中一个是空字符串分支，这是一个避免死循环的空分支；"登录"分支可调用登录对话框子 VI，并把登录界面的输入信息传给当前界面；"注销"分支可对两个文本框的内容进行清空；"退出系统"分支用于关闭当前系统。

图 7.43　自定义菜单响应程序框图

2. 通过事件结构实现菜单响应

自定义运行主菜单的响应程序还可以通过事件结构实现，该方式比采用菜单项函数要更简洁明了，在项目开发中，一般推荐使用事件结构。下面采用前文的登录界面子 VI 和菜单文件，通过事件结构实现菜单响应功能。

步骤一：加载菜单文件。新建 VI，选择"编辑"下的"运行时菜单"，进入"菜单编辑器"对话框，如图 7.39 所示。选择"自定义"，进入如图 7.40 所示的对话框。选择"文件"下的"打开"选项，选择前面编辑好的菜单文件，点击右上角关闭按钮，出现如图 7.44 所示的对话框，选择"是"按钮。

图 7.44　加载自定义菜单文件示例

步骤二：添加菜单选择(用户)事件。在 While 循环中添加一个事件结构，选择"添加事件分支"选项，在弹出的"编辑事件"对话框中选择"事件源"的"<本 VI>"和"事件"的"菜单选择(用户)"，如图 7.45 所示。

图 7.45　添加菜单选择(用户)事件

步骤三：编写程序框图。在菜单选择事件中，添加条件结构，编写代码如图 7.46 所示，其中的内容与图 7.43 的内容相同，这样程序编辑就完成了。运行程序，就可以实现整个菜单的响应功能了。

图 7.46　事件结构实现菜单文件对话框

3. 动态创建菜单

除了可以通过"菜单编辑器"来编辑运行主菜单之外，还可以利用"菜单"面板上的"VI 函数"，通过编程来动态创建菜单。用"菜单编辑器"编辑菜单的好处是所见即所得，即在程序运行之前菜单项就已经确定了；而若通过编程来动态创建菜单，菜单项可以根据程序运行情况进行改变。

下面介绍如何动态生成一个可以中英文操作界面互换的主菜单，在程序运行时，用户可以通过选择不同语言实现同一个主菜单操作。具体的操作步骤如下：

步骤一：在前面板添加一个布尔型的"水平摇杆开关"控件，作为选择菜单语言的选择器，语言有中文和英文。

步骤二：先在程序框图为摇杆控件添加事件结构，然后给摇杆控件的不同布尔值添加条件结构，当为"真"时，表示选择英文，否则为中文。

步骤三：编写菜单模式程序。首先选择"当前 VI"菜单项，创建一个菜单引用句柄；然后添加一个"删除"菜单项函数，将现有菜单清空；接下来多次添加"插入"菜单项函数，为不同层次的菜单添加具体内容。

步骤四：添加快捷键。通过"创建数组"函数，将需要创建快捷菜单的项标识符构成一个新数组。需要注意的是，此处直接使用"创建数组"函数会构成一个二维数组，使用鼠标右键单击"创建数组"函数，在弹出的快捷菜单中选择"连接输入"即可。最后用一个 For 循环结构和一个数组常量为部分菜单项添加快捷键。具体代码可参考如图 7.47 所示的内容。用同样的方法为英文版菜单编写程序，这里不再赘述。

图 7.47 动态创建菜单程序图

步骤五：添加"菜单选择(用户)"事件。选择"添加事件分支"选项，在弹出的"编辑事件"对话框中，选择"事件源"的"<本 VI>"和事件的"菜单选择(用户)"。编写代码可以参考如图 7.46 所示的内容。

步骤六：运行程序，即可看到用程序编辑的自定义运行主菜单不同的语言模式，如图 7.48 所示。

图 7.48　"动态创建菜单"运行效果图

7.6.3　右键快捷菜单

　　右键快捷菜单是为某一个具体控件设置的菜单,只有当用户使用鼠标右键单击该控件时,才会弹出菜单。它更具有针对性,使用鼠标右键单击不同的控件可以弹出不同的菜单,因此能够满足用户更多的交互需求。

　　右键快捷菜单的创建方式也有两种,一种是通过菜单编辑器创建菜单,另一种是通过编程动态创建菜单。

1.　通过菜单编辑器创建菜单

　　下面先介绍采用"菜单编辑器"创建右键快捷菜单的方式,为一个温度计创建一个右键快捷菜单,通过该菜单,用户可以选择温度计显示方式为摄氏度或为华氏度。具体的操作步骤如下:

　　步骤一:创建一个 VI,在前面板添加一个温度计控件和一个布尔型指示灯控件。

　　步骤二:编辑菜单项。使用鼠标右键点击温度计控件,选择"高级"→"运行时快捷菜单"→"编辑"选项,会弹出如图 7.49 所示的"快捷菜单编辑器"对话框,选择"自定义"类型,在"菜单项目名称"中添加内容为"华氏"和"摄氏",保存控件。

图 7.49　"快捷菜单编辑器"对话框

　　步骤三:事件选择。菜单项编辑完成以后,即可编辑程序框图代码,与运行时主菜单不同的是,右键快捷菜单只能通过事件结构来实现菜单响应。在程序框图中添加事件结构,选择"添加事件分支"选项,在弹出的"编辑事件"对话框中,选择"事件源"的"温度计"和"事件"选项中"快捷菜单"下的"快捷菜单选择(用户)"选项,如图 7.50 所示。

图 7.50 右键快捷菜单"编辑事件"对话框

步骤四：程序编写。在事件结构内添加条件结构，通过项标识符选择条件，在"摄氏"菜单项中设置温度计标题为"温度计(摄氏)"，最大值为"100"，指示灯亮，指示灯标题为"摄氏温度"；在"华氏"菜单项中，设置温度计标题为"温度计(华氏)"，最大值为"200"，指示灯灭，指示灯标题为"华氏温度"。程序框图代码如图 7.51 所示。

图 7.51 右键快捷菜单编辑程序框图

步骤五：运行程序，通过"菜单编辑器"创建的右键快捷菜单效果图如图 7.52 所示。

图 7.52 右键快捷菜单运行效果图

2．通过编程动态创建菜单

接下来介绍通过编程动态创建右键快捷菜单的方式，同样实现上面的温度计效果。

步骤一：创建一个 VI，在前面板添加一个温度计控件和一个布尔型指示灯控件。

步骤二：在程序框图中添加事件结构，选择"添加事件分支"选项，在弹出的"编辑事件"对话框中，选择"事件"源的"温度计"和"事件"选项中"快捷菜单"下的"快捷菜单激活？"选项。在事件结构中添加一个"删除"菜单项函数，将现有菜单清空；然后添加"插入"菜单项函数，"项标识符"接线端子添加菜单内容，如图 7.53 所示。

图 7.53　动态创建右键快捷菜单程序图

后面的步骤与前面通过"菜单编辑器"创建右键快捷菜单的步骤三、四和五相同，这里就不再赘述了。

7.7　选　项　卡

选项卡控件可提供多个页面，每个页面都是一个容器，页面中可以摆放各种控件来完成不同的功能。用户可以通过点击页面上部的"选项卡标签"来切换不同页面的显示。选项卡控件位于"控件"面板的"新式"下的"容器"子面板内。将选项卡控件添加到前面板后，默认有两个选项卡标签，双击选项卡标签可以修改标签内容，使用鼠标右键单击选项卡边框，在弹出的快捷菜单中可以选择相关选项对其进行添加、删除、复制、交换和创建属性节点等操作，如图 7.54 所示。

选项卡功能的设置既可以通过条件结构来完成，也可以通过事件结构来完成，在实际的项目开发过程中，一般常用事件结构。下面介绍如何用条件结构和事件结构完成一

图 7.54　选项卡及其快捷菜单

个选项卡控件不同的四则运算，程序设计步骤如下：

步骤一：新建一个 VI，在前面板上添加一个选项卡控件，修改第一个选项卡标签为"相加运算"，修改第二个选项卡标签为"相乘运算"，分别在两个选项卡中添加两个数值输入控件、一个数值显示控件和一个确定按钮，分别修改标签名如图 7.55 所示。

图 7.55　选项卡前面板

步骤二：切换到程序框图，添加一个条件结构，选项卡控件的输出端连接其分支选择器，条件结构会自动生成"相加运算"分支和"相乘运算"分支。在每个分支中再添加一个条件结构，其分支选择器分别连接"相加"和"相乘"两个确定按钮，在其"假"分支结构中不编写程序代码，只在"真"分支中添加相关的运算程序，如图 7.56 所示，即可完成条件结构实现选项卡控件功能的程序代码。

图 7.56　条件结构实现选项卡控件功能

步骤三：编写事件结构代码。首先在程序框图中添加一个事件结构，然后添加"'相加'：值改变"和"'相乘'：值改变"两个事件分支，在两个事件分支中添加程序代码，如图 7.57所示，即可完成事件结构实现选项卡控件功能的程序代码。

图 7.57　事件结构实现选项卡控件功能

步骤四：运行程序，在数值输入控件中改变不同的数据，即可实现相应的四则运算。

7.8 多 面 板

在设计稍具规模的系统时，往往一个前面板很难显示出所有的内容，即使勉强显示得下，也会使界面臃肿难看。在有些情况下，用户可以通过选项卡控件进行分页显示，但是前面板控件过多，程序框图必然会更加繁乱。

其实，类似于常见的 Windows 程序，用户可以通过按钮或菜单弹出更多的界面。这样，无论多么复杂的系统都可以用简洁的多面板人机界面实现。

1. 多面板的程序设计

多面板程序设计可分为两种情况：一种是在弹出子面板时，主程序处于等待状态，直到子面板运行完成；另一种是在弹出子面板后，子面板与主程序相互独立运行。

对于第一种情况，可以简单地通过子 VI 实现。在子 VI 中，选择"文件"→"VI 属性"→"窗口外观"→"自定义"→"调用时显示前面板"选项，当主 VI 调用该子 VI 时，该子 VI 的前面板便会自动弹出。子 VI 可静态调用，也可动态调用。

对于第二种情况，则需要通过 VI 引用的方法节点来实现。下面通过一个实例来进行说明，该程序的前面板如图 7.58 所示，程序框图如图 7.59 所示。前面板的"子面

图 7.58 多面板程序前面板

板 1"、"子面板 2"、"子面板 3"和"关于"这四个按钮分别对应 4 个 VI 面板。每当用户单击其中一个按钮时，就会弹出相应的程序面板。运行过程中，用户可以看到各个面板之间是互相独立的，即其中一个面板的运行不影响另一个面板的操作。

图 7.59 多面板程序事件结构框图

2. 多面板的程序框图

程序框图中最主要的构成是事件结构，该事件结构的触发条件来源于用户单击界面上4个按钮中的任何一个按钮。譬如，当用户单击子"面板1"按钮时，可以通过"控件引用"的属性节点"Label.Text(标签.文本)"属性获得按钮的标签名称，通过字符串连接和"创建路径"函数可以得到该按钮对应 VI 的绝对路径。通过"打开 VI 引用"函数获得 VI 引用后，由 VI 的"Execution.State(执行.状态)"属性节点获得 VI 的运行状态。如果 VI 处于 Idle 状态(即不运行状态)，则通过"Run VI(运行 VI)"方法运行该 VI，设置"Wait Until Done(结束前等待)"参数为"False"，表明该动态加载的 VI 与主 VI 相互独立运行。最后，通过设置"Front Panel Window.Open(前面板窗口.打开)"属性为"True"，打开"动态加载 VI"的前面板。

3. 子面板

子面板程序如图 7.60 所示。为了使用户单击"退出"按钮可以实现面板的关闭，这里用到了 VI 的"Front Panel.Close"方法。

子面板具有不同的行为模式，譬如子面板始终在界面最前方，或者以对话框方式存在，即子面板打开时用户不能操作其他面板。在子面板程序中选择"文件"→"VI 属性"→"窗口外观"→"自定义"，在"自定义"对话框中设置子面板的功能。对应于窗口动作栏，它有 3 种模式。

图 7.60　子面板程序实例

(1) 默认：普通模式，即如同普通面板一样没有特殊行为。

(2) 浮动：面板总是浮在窗口最前面，用户此时仍然可以操作其他面板。

(3) 模态：对话框模式，即如图对话框一样，当该面板运行时，用户不可以操作其他面板。

除了通过按钮实现多面板的调用，也可以通过菜单实现该功能，如图 7.61 所示，通过选择菜单栏的菜单项来实现菜单项与相应面板 VI 的对应。

图 7.61　通过菜单实现多面板程序

7.9 光　　标

光标是指示用户输入位置的图标，可以是指示鼠标当前位置的图标，也可以是使用键盘输入时指示将要输入文字位置的动态图标。程序运行过程中，光标图像的变化可以形象地告诉用户程序的运行状态。例如，当程序正在采集或分析数据而不接受用户输入时，可以将光标的外观变为沙漏或钟表状态表示程序正在运行，而当 VI 完成采集或分析数据可重新接受用户输入时，再将光标恢复为默认图标。

Windows 平台上的光标通常分为两类，一种是动画光标，保存为"*.ani"文件；另一种是静态光标，保存为"*.cur"文件。光标大小有 16×16、32×32，以及自定义大小等多种形式。在进行程序开发时，不仅可以使用系统自带的光标，还可以从网络上下载各种光标，甚至使用图标设计软件自己创建个性光标文件供应用程序使用。

LabVIEW 为光标操作提供了一套函数集，光标函数集位于"函数"面板"编程"下的"对话框与用户界面"选项的"光标"子面板中，如图 7.62 所示。

如果要为程序设置系统自带的光标，可以使用"设置光标"函数，该函数是一个多态性质的 VI，可以根据不同的连接参数实现不同的功能。当输入参数是光标引用时，可以将引用所指向的光标文件设置为当前光标；如果输入参数为数值，则可以向 VI 设置系统光标或 LabVIEW 光标。可以使用数字 0～32 作为"设置光标"函数的参数，为 VI 设置 LabVIEW 自带的各种光标。各数字所代表的图标如图 7.63 所示。在为 VI 设置这些光标时，直接把光标对应的数字连接到"设置光标"函数的"图标"输入端即可。

编号	图标	编号	图标	编号	图标	编号	图标	编号	图标
0	默认光标	7		14		21		27	
1		8		15		22		28	
2		9		16		23		29	
3		10		17		24		30	
4		11		18		25		31	
5		12		19		26		32	
6		13		20					

图 7.62　LabVIEW "光标" 面板　　　　　图 7.63　LabVIEW 自带光标图

将 VI 前面板中的光标更改为系统繁忙时的光标也比较常用，可以用"设置为忙碌状态"和"取消设置忙碌状态"两个函数来实现。如图 7.64 所示，程序首先调用了"设置为忙碌状态"VI，然后等待进度条运行，在等待过程中，用户可以看到鼠标的光标被更改为忙碌状态，进度条运行结束以后，点击"取消设置忙碌状态"，则 VI 恢复光标至默认状态。

图 7.64 设置光标忙碌状态实例

7.10 自定义控件和数据类型

7.10.1 自定义控件

LabVIEW 提供了强大的前面板控件选板，但通常只是一些简单的控件图标和功能。如果这些 LabVIEW 中自带的控件不符合用户的需求，用户可以通过使用这些原有的前面板控件自定义新控件的样式，也可以通过属性节点的设置为系统前面板控件创建新的功能。

LabVIEW 专门提供了自定义控件编辑窗口来编辑自定义控件。使用鼠标右键单击前面板的任何控件，在弹出的快捷菜单中选择"高级"下的"自定义..."选项，即可打开自定义控件编辑窗口，如图 7.65 所示。刚进入该窗口时，该窗口处于编辑模式，此时对控件还只能作一些普通的操作。单击工具栏扳手形状按钮 🔧，扳手形状按钮会变为 🖊，该窗口即可进入自定义模式。在该模式下就可以对控件外观进行随意的修改了，用户可以看到控件的各个部件，并可以对各个部件进行操作，譬如改变大小、颜色、形状、导入图片等，使用鼠标右键单击部件，可以选择从剪切板或者从文件向部件导入图片。编辑完控件后，可以选择是否将其保存为 CTL 文件，若选择保存，那么以后就可以直接在其他 VI 前面板中导入该控件(导入方法是在控件选板中选择"选择控件..."选项，在打开的文件对话框中选择该 CTL 文件即可)。

图 7.65 自定义控件编辑窗口

下面介绍如何制作自定义电气元件控件，本实例的目的在于掌握 LabVIEW 中自定义电气元件控件的功能。操作步骤如下：

步骤一：在 Windows 画图板上绘制一个表示电阻的图标，并将该图片保存到文件夹中备用。

步骤二：根据电阻控件要实现的功能，在前面板上选择放置"确定按钮"控件。用鼠标右键单击该按钮，在快捷菜单中的"显示项"选项中取消布尔文本和标签。通过使用鼠标右键单击控件，在弹出的快捷菜单中选择"高级"下的"自定义..."选项，进入控件编辑窗口。

步骤三：单击切换至自定义模式图标，切换后进入自定义控件模式，用户可以对控件编辑窗口内的控件进行编辑。调整控件编辑窗口内控件的大小，在控件上单击鼠标右键，从弹出的快捷菜单中选择"以相同大小从文件导入"选项，选择步骤一中创建的图标并按控件大小覆盖控件原图标。完成后图标控件如图 7.66 所示，此时自定义的是布尔值为"假"时的控件图标。要自定义控件为"真"值时的控件图标，需要单击图标 ✐，把界面切换回编辑模式，然后在控件上单击鼠标右键，选择"数据操作"下的"将值更改为真"选项。此时控件切换为"真"值时的图标，再次对控件进行操作，把图片导入"真"值时的控件。本例中电阻控件的作用是实现单击后显示或隐藏电阻上电压的值，要实现此功能，就要改变"确认按钮"的默认机械动作，使其从"释放时触发"的机械状态改变为"单击时转换"的机械状态，机械动作的类型可以从前面板控件的快捷菜单中的"机械动作"选项中选择。

图 7.66　控件图标自定义窗口

步骤四：完成后选择合适路径保存此控件，这样就完成了一个电阻控件图标的制作。

7.10.2　自定义数据类型

通过自定义数据类型，可以将所有已应用的自定义控件与保存的自定义控件文件相关联。即一旦自定义控件文件改变，相应的所有 VI 中该控件的应用实体都会跟着改变，该功能与 C 语言中的 typedef 功能类似。譬如可以预定义一个簇用来代表汽车的控制面板，如图 7.67 所示，在系统中可能会有多个 VI 都会用到该控制面板。当用户需要给控制面板添加新的控制功能时，只需要更新自定义控件文件即可更新所有使用该控件的 VI。

图 7.67　汽车控制面板

自定义数据类型控件的编辑和自定义控件的编辑基本一样，唯一的不同就是自定义控件编辑窗口需在工具栏的下拉菜单中选择自定义类型。

若不希望某个 VI 中的自定义数据类型控件自动更新，则可以右键单击该控件取消"从自定义类型自动更新"的选择，需要更新时可以用鼠标右键单击控件并选择"从自定义类型更新"进行手动更新。

7.10.3　自定义控件选板和函数选板

如果用户在编程中经常用到自己编写的某些特定的自定义控件或子 VI 时，可以把它们放到"控件"选板和"函数"选板中以便于编程时快速调用。

最简单的办法是直接将自己编写的自定义控件或子 VI 复制到"…\LabView\user.lib"文件夹中，重启 LabVIEW 就可以在"控件"选板和"函数"选板中看到自己的控件和子VI 了。

最好的办法是选择菜单栏"工具"下"高级"选项中的"编辑选板"选项，打开"编辑控件和函数选板"对话框，如图 7.68 所示，同时系统会打开"控件"选板和"函数"选板。使用鼠标右键单击"控件"选板和"函数"选板，会弹出编辑菜单，如图 7.69 所示，在这里可以对"控件"选板和"函数"选板进行自由编辑，譬如创建子选板、添加控件或VI、改变控件或 VI 在菜单中的位置等。

图 7.68　"编辑控件和函数选板"对话框

图 7.69　"控件"选板编辑菜单

下面介绍如何将前面创建的自定义数据类型"汽车控件面板"添加到控件选板中，步骤如下：

步骤一：为了容易识别自定义的控件或 VI，最好为控件和 VI 先编辑好形象生动的图标。

步骤二：打开"编辑控件和函数选板"对话框，进入"控件"选板的"用户控件"或直接使用鼠标右键单击"控件"选板，在弹出的快捷菜单中选择"插入"下的"自定义控件…"选项，在打开的"文件选择"对话框中选择保存的自定义"汽车控制面板"数据类型，就可以在"控件"选板中看到汽车控制面板的图标了，如图 7.70 所示。使用鼠标右键单击该图标，选择"编辑短名称…"选项可以改变该图标的快捷名称。

步骤三：单击"保存改动"按钮，在弹出的提示对话框中选择"继续"，即可完成所有操作。

图 7.70　自定义的控件选板

7.11　用户界面设计

虽然程序的内部逻辑是程序的关键所在，但是也不能忽略用户界面的重要性。好的用户界面可以让用户享受使用过程，减少用户的操作时间，在某些情况下甚至能避免灾难的发生。因此优秀的程序员应该在用户界面的设计上花费足够时间和精力。

7.11.1　修饰静态界面

静态界面的修饰主要可以通过以下几个途径来实现。

(1) 调节控件的颜色、大小和位置。除了系统风格的控件，LabVIEW 大多数控件的颜色都是可以随意调节的。通过菜单栏"查看"下的"工具选项"选项中的"设置颜色"工具，可以轻松地改变控件或者文字的颜色。譬如可以将关键操作的按钮涂为红色；将报警文字设为黄色；正常状态设为绿色等；而对于大面积的背景色一般都用灰色调，以确保使用的持久性。具体如何搭配颜色可以说是一门学问，有兴趣的读者可以查阅相关书籍，对于编程人员来说只需要知道一些原则就足够了。

(2) 控件的排版分组。简洁整齐的界面永远都会受到用户的欢迎。应尽量保证同类控件大小一致，排列整齐。可以通过工具栏中的排版工具轻松实现该功能。

当排完版多个控件后，可以通过重新排序按钮![icon]下的"组"选项将多个控件绑定，这样就不会改变控件之间的相对位置了。若需要重新排序，则可以选择"取消组合"将已有的"组"取消。

(3) 利用修饰元素。除了可以调节控件颜色、大小之外，还可以加入更多的修饰元素。这些修饰元素在控件选板"新式"下的"修饰"子面板中，如图7.71所示。虽然它们对程序的逻辑功能没有任何帮助，但可以简化用户界面的修饰和排版，并能制造出一些意想不到的效果。必要的时候也可以贴一些图片作为装饰，譬如公司的Logo等。

有兴趣的读者可以打开LabVIEW提供的大量系统实例来学习如何排版和装饰界面。

图7.71 "修饰"元素面板

7.11.2 动态交互界面

美观的静态界面可以让用户赏心悦目，而动态的交互界面可以为用户提供更多的信息。譬如，系统可以根据配置情况载入不同的界面或菜单；用不断闪烁的数字控件表示有报警情况发生；在用户进行某项操作前弹出对话框提醒用户是否确定；当用户将鼠标移动到某个代表关键操作的按钮上时，按钮颜色发生变化从而提醒用户小心操作等。

不断闪烁的数字控件可以通过控件的闪烁属性节点来实现。当出现报警情况时，将控件的闪烁属性设为"真"；当报警情况停止时，再将其设置为"假"，如图7.72所示。

图 7.72　闪烁属性显示报警

需要在执行某个操作前弹出操作确认对话框非常简单，如图 7.73 所示。当用户单击"停止"按钮时，会弹出对话框询问用户是否确认要停止系统。

图 7.73　确认对话框

当用户将鼠标移动到某个按钮上时，按钮颜色会自动发生变化，可以提醒用户避免误操作。该功能可以通过控件的"颜色[4]"属性节点以及"鼠标进入"和"鼠标离开"事件来实现，如图 7.74 所示。

图 7.74　控制控件的动态行为

从以上几个例子可以看出，用户在编程过程中只需要稍微用一些简单的编程技巧，即可使程序与用户很好地进行交互。

7.12　VI 程序设计规则

用户在阅读其他 VI 程序时，可能总会被以下情况困扰：前面板控件混乱不堪，某些控件意义不明，费很大劲才能寻找到某一个功能按钮，程序框图没有说明，数据流连线乱成一团等。

实际上，想要编写一个好的 LabVIEW 程序，除了学会 LabVIEW 的各种编程知识，还得遵循一些 VI 程序设计规则。本节将对其中一些重要的规则进行介绍，这些规则来源于众多 LabVIEW 编程实践者多年的编程体会。但如何才能编写可读性强、重用性好的 VI 程序，还需要读者在实践编程中不断体会、总结和提高。如果要编写系统级程序，则最好要有一些软件工程方面的知识。

7.12.1　关于前面板的设计

前面板是最终用户将直接面对的窗口，因此前面板必须简洁易用。设计前面板时要考虑两种用户，一种是最终用户，他们只面对最终系统提供的各种功能；另一种是程序开发人员，他们还要面对子 VI。对于最终用户面对的前面板，设计时需要考虑两个方面，一方面是前面板是否简洁易用，用户能否快速定位自己所需要的功能；另一方面还要考虑美观，好的界面令人赏心悦目，这样才能让用户在长期面对程序界面时不感到烦躁。而对于子 VI 面板则只要求前面板控件分类合理、排列整齐，因此开发者注重的是子 VI 的接口和实现的功能。

下面是前面板设计的一些建议。

(1) 为控件设置有意义的标签和标题。标签是用来标志控件在程序框图中的唯一标签，而标题可用来表示控件的含义。通常标签比较短且不包含特殊字符，用户可以直接用标签来表示控件的定义。但是当控件的含义比较复杂时，由于程序框图的控件有限，用户需要利用标题详细说明控件的含义。对于布尔控件，一般利用布尔文本就能表示控件的含义，譬如确定、停止、取消或重置等。

(2) 为控件设置合理的默认值。合理的默认值能保证 VI 正常运行，并减少用户每次启动 VI 时不必要的操作。对于图表，如果没有必要，则最好设置为空，因为这样可以节省 VI 占用的磁盘空间，加快加载速度。

(3) 确保标签控件的背景色是透明的。

(4) 最好使用标准字体——应用程序字体、系统字体和对话框字体。标准字体在任何平台上的显示结果都是一致的。如果使用一些特殊字体，则程序很有可能在其他计算机上的显示结果会不一样，若想显示同样的结果则该计算机也必须安装该特殊字体的字库。

(5) 在控件之间保持适当的距离。由于不同平台上的字体大小可能不同，因此控件之间保持适当的距离可以防止控件大小自动改变导致控件的重叠。

(6) 为数字输入控件配置合适的数据范围，避免用户输入错误的数据。

(7) 为控件设定描述和提示，增强程序的可读性。

(8) 合理地安排控件。尽量简洁是设计前面板最重要的原则之一。例如，可以通过菜单来减少混乱的控件。对于顶层 VI，在最显著的位置只放置最重要的控件；而对于子 VI，在显著的位置放置与连线端子一一对应的控件即可。

(9) 将同类控件分组并排列整齐。对于位置相对固定的控件，为了避免相对位置的改变，可以通过重新排列按钮下的"组"选项将多个控件绑定为同一个组。可以通过修饰元素突出同类控件，但最好不要通过簇来修饰。

(10) 尽量合理地、节省地、一致地使用颜色。不合理的颜色会分散用户的注意力，例如黄色、绿色或橙色的背景会把一个红色的报警灯淹没。同时，不要把颜色作为显示状态的唯一信息,那样可能造成色盲用户无法分辨。对运行于不同平台上的程序,最好采用系统颜色。尽量使用柔和的颜色作为背景色,使用较亮的颜色显示重要控件,最重要的信息或控件采用最亮的颜色,例如用于提醒注意的警告信息。

(11) 最好使用停止按钮来停止程序,尽量不要用强行停止按钮。使用强行停止按钮可能会发生一些意想不到的结果。例如,在程序正在写入数据库的时候,强行终止程序很可能导致数据的不完整,甚至导致数据库崩溃,因此最好把强行停止按钮隐藏起来。

(12) 对于常用控件,尤其是枚举类型或簇控件,最好使用自定义类型。

(13) 通过导入图片来增强前面板的显示。使用鼠标右键单击前面板的滚动条,在弹出的快捷菜单中选择"属性"选项,会弹出如图 7.75 所示的"窗格属性"对话框,在"背景"选项卡中选择"浏览"按钮,即可为前面板导入背景图片。也可以通过菜单栏"编辑"下的"导入图片至剪贴板..."选项,将图片导入剪贴板,再通过粘贴键将图片粘贴到前面板上。

图 7.75   "窗格属性"对话框

(14) 为控件设置 Tab 导航顺序和快捷键。在某些场合,用户可能没有鼠标或者希望通过键盘来控制程序,因此最好为控件设置 Tab 导航顺序和快捷键。Tab 导航顺序是指用户通过 Tab 键切换控件时的顺序。当切换到某个控件时,该控件就会高亮显示,此时可以通过键盘输入数据或通过 Enter 键单击按钮。可以通过菜单栏"编辑"下的"设置 Tab 键顺序"选项来设置 Tab 导航顺序,使用鼠标右键单击控件并选择"属性"下的"快捷键"选项,可以为控件设置快捷键。例如,通常把"确认"按钮的快捷键设置为 Enter,把"取消"按钮的快捷键设置为 Esc。

(15) 确保前面板能适合大部分用户的屏幕分辨率。在设计前面板时,一定要考虑到用户的屏幕分辨率,尤其如果用户使用的是触摸屏或 LCD 屏,必须保证设计的前面板能在该分辨率下正常显示。前面板最好在屏幕的左上角打开(VI 前面板的默认打开位置就是 VI 被保存时的位置),当有很多个 VI 同时打开时,最好保证用户能够看到每个 VI 的一小部分,最好将自动弹出的面板放置在屏幕中央，这样有利于用户直接观察。

(16) 善用对话框。通过对话框的方式，用户可以更容易地输入信息，如果对话框控件太多，最好用 Tab 控件将其分类。但也不要滥用对话框显示警告信息，因为如果用户不单击"确认"按钮，程序将暂停直到单击"确定"按钮，这对于无人值守的程序显然是不适用的。对于不重要的警告信息，可以通过高亮色的文字直接显示在文本框内。

7.12.2 关于程序框图的设计

程序框图是让用户理解一个 VI 如何工作的主要途径，因此花费一些精力让程序框图组织有序和易读是很值得的。下面是设计程序框图的一些建议。

(1) 不要把程序框图画得太大，尽量限制在滚动条内。如果程序内容较多，则最好通过子 VI 的方式将程序划分为多个模块。

(2) 为程序框图添加有益的注释。

(3) 最好使用标准字体。

(4) 确保数据流是从左向右流动以及连线是左进右出的。

(5) 将连线、终端、常量等排列整齐。

(6) 不要将连线放置在子 VI 或其他程序框图的下面。

(7) 确保程序能够处理错误情况和不正确的输入。

(8) 节省使用层叠顺序的结构，因为层叠顺序结构会隐藏代码。

(9) 为子 VI 创建有意义的图标。

(10) 关闭所有的引用。

(11) 如果在多个 VI 中用到了同一个独特的控件或者需要在许多子 VI 之间传递分支的数据结构，则应考虑使用自定义数据类型。

(12) 避免过多地使用局部变量和全局变量。通过局部变量或全局变量可以使程序更加简洁，但是每次使用局部变量或全局变量都会产生一个新的副本，尤其是数组类型的数据将会占用较多内存。

7.12.3 关于 VI

(1) 使用层状结构，并把不同层次的子 VI 保存在相应层次的文件夹内。

(2) 避免使用绝对路径。

(3) 为 VI 设置有意义的名称，避免使用特殊字符。

(4) 文件保存使用标准的扩展名。

(5) 把顶层 VI、子 VI、控件和全局变量保存在不同的文件夹或 library 中，或者通过有意义的命名方式来区分它们。

(6) 为 VI 设置描述，并确认其在帮助文档窗口中是否能正常显示。

(7) 为每一个 VI 创建形象的图标。

(8) 设置 4*2*2*4 的默认连接端子模式，这样有利于后续开发新的端子。

(9) 使用一个固定的端子连接模式。通过固定的端子连接模式，在使用子 VI 时可以很轻易地明了端子的连接内容。例如，总是把错误簇放置在输入/输出端子的最底部。

(10) 子 VI 的连接端子不要超过 16 个，那样会导致连续困难。

(11) 为每一个端子设置合适的连线要求，包括必需的、推荐的或可选择的。这样可以让用户通过帮助文档清楚地知道哪些端子是必须连接的，哪些端子是非必须连接的。可以通过使用鼠标右键单击图标中该连接端子并选择接线端类型选项来实现该设置。

(12) 最好为每一个子 VI 都设置错误输入和错误输出端子。

(13) 不要在 LLB 中保存过多的 VI，那样会占用太长时间。

(14) 最大化 VI 性能。对于包含大型数组或对时间要求严格的程序，性能优化是至关重要的。下面是一些基本的性能优化策略。

① 如果 While 循环对于速度要求不高，可以在 While 循环中添加一个等待，从而降低 CPU 的利用率以利于其他部分程序的执行。对于用户界面循环，50～100 ms 的延时都是可以接受的。

② 对并行任务中相对不重要的任务，可以通过"等待"函数增加一个很小的延时，从而保证更重要的任务有更多的 CPU 资源。

③ 使用事件结构来等待用户的输入，因为事件结构在等待时不会占用 CPU 资源。

④ 在循环内尽量不要使用"创建数组"函数，因为这样会重复调用 LabVIEW 的内存管理器。更有效的办法是通过自动索引或替换"数组子集"函数增加数组内容。字符串和数组类似，因此也会面临这个问题。

⑤ 为数组选择合适的数据类型。例如，把短整型数据存入浮点型数组是很不科学的。

文 件 操 作

第 **8** 章

在 LabVIEW 程序设计中，常常需要调用外部文件数据，同时也需要将程序产生的结果数据保存到外部文件中，这些都离不开文件的输入/输出操作。LabVIEW 文件操作包括文件输入和文件输出两个方面，是 LabVIEW 和外部数据交换的重要方式。

8.1 文件操作基本术语

文件操作是程序设计中的一个重要概念，简称文件 I/O。在文件的输入和输出中会用到一些相关概念和术语，如文本文件、引用句柄、流盘等。一般来说，文件是存储在磁盘上的数据的集合，文件 I/O 则是在磁盘中保存和读取数据信息的过程，以文件形式存储起来的数据具有"永久性"。数据文件不仅可以与 LabVIEW 语言编写的 VI 交换数据，而且也可以与其他语言编写的程序交换数据，达到数据共享的目的。

8.1.1 文件的基本概念

文件路径分为绝对路径和相对路径。绝对路径指文件在磁盘中的位置，LabVIEW 可以通过绝对路径访问磁盘中的文件；相对路径指相对于一个参照位置的路径，相对路径必须最终形成绝对路径才能访问磁盘中的文件。在 LabVIEW 中，路径可以是有效的路径名、空值或非路径。非路径是 LabVIEW 提供的一种特殊路径，是在路径操作失败时的返回值。

文件引用句柄是 LabVIEW 对文件进行区分的一种标识符，用于对文件进行操作。打开一个文件时，LabVIEW 会生成一个指向该文件的引用句柄，对打开文件进行的所有操作均可使用引用句柄来识别每个对象。引用句柄控件用于将一个引用句柄传进或传出 VI。LabVIEW 通过文件路径访问到文件后，会为该文件设置一个文件引用句柄，以后通过此句柄即可对文件进行操作。文件引用句柄包含文件的位置、大小、读/写权限等信息。

文件 I/O 格式取决于所读/写的文件格式。LabVIEW 可读/写的文件格式有文本文件、二进制文件和数据记录文件三种。使用何种格式的文件取决于采集和创建的数据及访问这些数据的应用程序。

文件 I/O 流程控制可保证文件操作按顺序依次进行。在文件 I/O 操作过程中，一般有一对保持不变的输入、输出参数，用来控制程序流程。文件标识号就是其中之一，除了区分文件外，还可以进行流程控制。将输入、输出端口依次连接起来，可保证操作按顺序依次执行，实现对程序流程的控制。

文件 I/O 出错管理可反映文件操作过程中出现的错误。LabVIEW 对文件进行 I/O 操作时，一般会提供一个错误输入端和一个错误输出端，用来保留和传递错误信息。错误数据类型为一个簇，包含一个布尔量(判断是否出错)、一个整型量(错误代码)和一个字符串(错误和警告信息)。在程序中，将所有错误输入端和错误输出端依次连接起来，任何一点的出错信息就可以保留下来，并依次传递下去。在程序末端连接错误处理程序，可实现对程序中所有错误信息的管理。

流盘是一项进行多次写操作时可保持文件打开的技术。流盘操作可以减少函数因打开和关闭文件与操作系统交互的次数，从而节省内存资源。流盘操作避免了对同一文件进行频繁的打开和关闭，可提高 VI 效率。

8.1.2 文件的基本类型

在 LabVIEW 文件操作过程中，涉及的文件类型有很多，主要包括文本文件、二进制文件、数据记录文件、电子表格文件、波形文件、测量文件、配置文件和 XML 文件。下面对每一个文件进行简单介绍。

(1) 文本文件是最便于使用和共享的文件格式，几乎适用于任何计算机和任何高级语言。许多基于文本的程序都可以读取基于文本的文件，多数仪器控制应用程序使用的也是文本字符串。如果磁盘空间、文件 I/O 操作速度和数字精度不是主要的考虑因素，或无需进行随机读/写，可以使用文本文件存储数据，以方便其他用户和应用程序读取文件。若要通过其他应用程序访问数据，如文字处理或电子表格应用程序，可将数据存储在文本文件中。如数据存储在文本文件中，使用字符串函数可将所有的数据转换为文本字符串。

(2) 文本文件格式有三方面的缺点：① 用文本文件格式保存和读取文件的时候需要进行文件格式转换，例如，读取文本文件时，要将文本文件的 ASCII 码转换为计算机可以识别的二进制代码格式，存储文件的时候也需要将二进制代码转换为 ASCII 码的格式；② 用文本文件格式存储的文件占用的磁盘空间比较大，存取的速度相对比较慢；③ 对于文本类型的数据，不能随机地访问其中的数据，如果需要寻找文件中某个位置的数据，则需要把这个位置之前的所有数据全部读取出来，效率比较低。

(3) 二进制文件格式是在计算机上存取速度最快、格式最为紧凑、冗余数据也比较少的一种文件格式。用这种格式存储文件，占用的空间要比文本文件小得多，并且用二进制格式存取数据不需要进行格式转换，因而速度快、效率高。但是这种格式存储的数据文件无法被一般的文字处理软件读取，也无法被不具备详细文件格式信息的程序读取，因而其通用性较差。

(4) 数据记录文件确切地说也是一种二进制文件，只是在 LabVIEW 等 G 语言中这种类型的文件扮演着十分重要的角色，因而在这里为其建立了一个独立的文件类型。数据记录文件只能被 G 语言(如 LabVIEW)读取，它以记录的格式存储数据，一个记录中可以存放几种不同类型的数据，或者可以说一个记录就是一个"簇"。

(5) 电子表格文件是一种特殊的文本文件，它将文本信息格式化，并在格式中添加了空格、换行等特殊标记，以便于被 Excel 等电子表格软件读取。例如，用制表符来做段落标记以便让一些电子表格处理软件直接读取并处理数据文件中存储的数据。

(6) 波形文件是一种特殊的数据记录文件，专门用于记录波形数据。每个波形数据包含采样开始时间、采样间隔、采样数据三部分。LabVIEW 提供了三个波形文件 I/O 函数。

(7) 测量文件是一种只有 LabVIEW 才能读取的文件格式，因而适合于只用 LabVIEW 访问的文件，这种文件使用简单、方便。

(8) 配置文件是标准的 Windows 配置文件，用于读/写一些硬件或软件的配置信息，并以 INI 配置文件的形式进行存储，一般来说，一个 INI 文件是个键值对的列表。它将不同的部分分为段，用中括号将段名括起来表示一个段的开始，同一个 INI 文件中的段名必须唯一，每一个段内部用键来表示数据项，同一个段内的键名必须唯一，但不同段之间的键名无关。键值所允许的数据类型包括字符串型、路径型、布尔型、双精度浮点型和整型。

(9) XML 文件是可扩展标记语言，实际上也是一种文本文件，但是它的输入可以是任何数据类型。它通过 XML 语法标记的方式将数据格式化，因此在写入 XML 文件之前需要将数据转换为 XML 文本。读取操作也一样，需要将读出的字符串按照给定的参考格式转换为 LabVIEW 数据格式。XML 纯文本文件可以用来存储数据、交换数据和共享数据。大量的数据可以存储到 XML 文件或者数据库中。LabVIEW 中的任何数据类型都可能以 XML 文件方式读/写。XML 文件最大的优点是实现了数据存储和显示的分离，用户可以把数据以一种形式存储，用不同的方式打开，而不需要改变存储格式。

8.1.3　文件操作基本函数

针对多种文件类型的 I/O 操作，LabVIEW 提供了功能强大且使用便捷的文件 I/O 函数，这些函数大都位于"函数"选板"编程"选项下的"文件 I/O"子选板内，如图 8.1 所示。下面对"文件 I/O"函数选板中常用的几个 I/O 函数进行简单介绍。

图 8.1　"文件 I/O"子选板

1."打开/创建/替换文件"函数

"打开/创建/替换文件"函数的功能是打开或替换一个已经存在的文件或创建一个新文件，其接线端子如图 8.2 所示。

图 8.2 "打开/创建/替换文件"函数接线端子

"提示"端子输入的是显示在文件对话框的文件、目录列表或文件夹上方的信息。"文件路径(使用对话框)"端子输入的是文件的绝对路径，如没有连线文件路径，函数将显示用于选择文件的对话框。"操作"端子是定义"打开/创建/替换文件"函数要进行的文件操作，可以输入 0~5 的整数，其每个整数所代表的意义见表 8.1。"权限"端子可以定义文件的操作权限，文件操作权限有三种："0"表示可读/可写，为默认状态；"1"表示只读状态；"2"表示只写状态。

表 8.1 "打开/创建/替换文件"函数操作端子表

0	open(默认)：打开已经存在的文件
1	replace：打开文件并将文件结尾设置为 0，替换已存在的文件
2	create：创建新文件
3	open or create：打开已有文件，如文件不存在则创建新文件
4	replace or create：创建新文件，如文件已存在则替换该文件，VI 通过打开文件并将文件结尾设置为"0"，作为替换文件
5	replace or create with confirmation：创建新文件，如文件已存在且拥有权限则替换该文件，VI 通过打开文件并将文件结尾设置为"0"，作为替换文件

句柄也是一个数据类型，包含了很多文件和数据信息。在"打开/创建/替换文件"函数中包括文件位置、大小、读/写权限等信息，每当打开一个文件，就会返回一个与此文件相关的句柄；在文件关闭后，句柄和文件联系自动消失。文件函数用句柄连接，用于传递文件和数据的操作信息。

2. "关闭文件"函数

"关闭文件"函数用于关闭引用句柄指定的打开文件，并返回至与引用句柄相关文件的路径。使用"关闭文件"函数后错误 I/O 只在该函数中运行，无论前面的操作是否产生错误，错误 I/O 都将关闭，从而释放引用，保证文件正常关闭。

3. "格式化写入文件"函数

"格式化写入文件"函数可以将字符串、数值、路径或布尔数据格式化为文本类型并写入文件，其接线端子如图 8.3 所示。

图 8.3 "格式化写入文件"函数接线端子

"格式字符串"端子指定如何转换输入参数，默认状态可匹配输入参数的数据类型。"输入文件(使用对话框)"可以是引用句柄或绝对文件路径，如为引用句柄，节点可打开引用句柄指定的文件，如指定的文件不存在，函数可创建该文件，默认状态可显示文件对话框并提示用户选择文件。拖动函数下边框可以为函数添加多个输入。"输入"端子指定要转换的输入参数，输入可以是字符串路径、枚举型、时间标识或任意数值类型。"输出文件引用句柄"端子是 VI 读取文件的引用句柄。依据对文件的不同操作，可连线该输入端至其他文件函数。"格式化写入文件"函数还可以用于判断数据在文件中显示的先后顺序。

4. "扫描文件"函数

"扫描文件"函数与"格式化写入文件"函数功能相对应，可以扫描位于文本中的字符串、数值、路径及布尔数据，将这些文本数据类型转换为指定的数据类型。输出端子的默认数据类型为双精度浮点型。

要为输出端子创建输出数据类型有四种方式可供选择：

(1) 通过为默认 1~n 输入端子创建指定的输入类型和输出数据类型。

(2) 通过格式字符串定义输出类型，但布尔类型和路径类型的输出类型无法用格式字符串定义。

(3) 先创建所需类型的输出控件，然后连接输出端子，自动为"扫描文件"函数创建相应的输出类型。

(4) 双击"扫描文件"函数，将打开一个"编辑扫描字符串"窗口，可以在该窗口进行添加、删除端子和定义端子类型的操作。

8.2 文本文件

"文本文件读写"函数位于函数面板"编程"选项下的"文件 I/O"子面板中，主要有"写入文本文件"函数和"读取文本文件"函数。

"写入文本文件"函数可根据文件路径端子打开已有文件或创建一个新文件，其接线端子如图 8.4 所示。文件端子可以输入引用句柄或绝对文件路径，不可以输入空路径或相对路径。文本端子可以输入字符串或字符串数组类型的数据，如果数据为其他类型，则必须先使用"格式化写入字符串"函数(位于"函数"面板字符串子选板内)把其他类型数据转换为字符串类型的数据。

图 8.4 "写入文本文件"函数接线端子

"读取文本文件"函数可读取整个文件，其接线端子如图 8.5 所示。"计数"端子可以指定函数读取的字符数或行数的最大值，如计数端子输入数小于 0，将读取整个文件。

图 8.5 "读取文本文件"函数接线端子

VI 多次运行时通常会把上一次运行时的数据覆盖，有时为了防止数据丢失，需要把每次运行 VI 时产生的数据资料添加到原始数据资料中，这就需要使用"设置文件位置"函数了。"设置文件位置"函数位于"文件 I/O"下的"高级文件函数"子面板中，用于指定数据写入的位置，其接线端子如图 8.6 所示。

图 8.6 "设置文件位置"函数接线端子

"自"端子可指定文件标记，即数据开始存放的位置，为"自"端子创建常量时，可显示一个枚举型常量。选择"start"项表示在文件起始处设置文件标记。选择"end"项表示在文件末尾处设置文件标记。选择"current"项表示在当前文件标记处设置文件标记，为默认状态。"偏移量"用于指定文件标记的位置与自指定位置的距离。

下面通过向一个文本文件中写入和读取随机数的例子，来学习"文本文件"函数的基本应用。

步骤一：新建一个 VI。在程序框图中添加一个循环生成 100 个随机数的 For 循环。选择"编程"→"字符串"→"格式化写入字符串"函数，对生成的随机数进行格式化，将其转换为字符串数据类型，作为写入文件的数据内容。

步骤二：创建文件。选择"编程"→"文件 I/O"→"打开/创建/替换文件"函数，用鼠标右键单击文件路径端子为其创建一个文件路径，并添加一个绝对路径和文件名称。如果不连接任何路径，则程序会弹出"选择或输入需打开或创建的文件路径"对话框，让用户选择文件存储路径和存储文件名称，本例输入的是"D:\xsc\file.txt"。用鼠标右键单击其操作端子，创建一个常量，并选择"open or create"。

步骤三：设置文件写入位置。选择"编程"→"文件 I/O"→"高级文件函数"→"设置文件位置"，用鼠标右键单击其自操作端子，创建一个常量，并选择"end"。连接好相关的引用句柄和错误输入流。注意，"设置文件位置"函数必须位于"写入文本文件"函数之前，因为需要在写入前设置好写入位置。

步骤四：写入文件内容，选择"编程"→"文件 I/O"→"写入文本文件"函数，把 For 循环生成的 100 个转换为字符串的随机数作为数据内容，输入"写入文本文件"函数的文本端子，连接好相关的引用句柄和错误输入流。

步骤五：关闭文件。添加一个"关闭文件"函数，关闭打开的文件，节省系统资源。

步骤六：读取文件。按顺序选择"编程"→"文件 I/O"→"读取文本文件"函数，将读取出来的所有内容分别用文本的形式和波形图表的形式显示出来。文本文件的写入和读取程序框图如图 8.7 所示。

图 8.7　文本文件的写入和读取程序框图

步骤七：运行程序，前面板运行效果如图 8.8 所示。可在 D 盘"xsc"文件夹下观察到一个名为"file"的文本文件，其中保存了生成随机数的数据。

图 8.8　文本文件的写入和读取随机数效果图

8.3　电子表格文件

电子表格文件用于存储数组数据，可用 Excel 等电子表格软件查看这些数据。实际上电子表格文件也是文本文件，只是数据之间自动添加了 Tab 符或换行符。

"电子表格文件读/写"函数位于"编程"下的"文件 I/O"子面板中，包括"写入带分隔符电子表格"和"读取带分隔符电子表格"两个函数。

"写入带分隔符电子表格"可将数组转换为文本字符串的形式保存，其接线端子如图 8.9 所示。其中，"格式"输入端子指定数据转换的格式和精度；"二维数据"输入端和一维数据输入端能输入字符串、带符号整型或双精度类型的二维或一维数组；"添加至文件？"端子连接布尔型控件，默认为"False"，表示每次运行程序产生的新数据都会覆盖原数据，设置为"True"时表示每次运行程序新创建的数据将添加到原表格中，而不删除原表格数据。在默认情况下，一维数据为行数据，当在"转置？"端子添加 True 布尔控件时，一维数据转为列数组，也可以使用"二维数组转置"函数(位于"函数"选板下"数组"子选板内)对数据进行转置。

图 8.9   "写入带分隔符电子表格函数"接线端子

"读取带分隔符电子表格"函数是一个典型的多态函数，通过多态选择按钮可以选择输出格式为双精度、字符串型或整型，其接线端子如图 8.10 所示。"行数"端子是 VI 读取行数的最大值，默认情况下为"−1"，代表读取所有行；"读取起始偏移量"指定从文件中读取数据的位置，以字符(或字节)为单位；"第一行"是所有行数组中的第一行，输出为一维数组；"读后标记"指向文件中最后读取字符之后的字符。

图 8.10   "读取带分隔符电子表格函数"接线端子

为了熟悉"电子表格文件"函数的应用，下面介绍如何用一个 For 循环生成两个一维数组数据并保存到文件中，然后读取到前面板。

步骤一：在创建 VI 的程序框图中，添加一个 For 循环结构，如图 8.11(a)所示，添加一个"随机数生成"函数和一个"除号"运算符，通过循环生成两组不同(有规律和无规律)的数据。

步骤二：添加两个"写入带分隔符电子表格"函数，创建一个共同的文件路径。如果没有在文件路径数据端口指定文件路径，则程序会弹出"选择待写入文件"对话框，让用户选择文件存储路径和存储文件名称。

步骤三：在"添加至文件"端子处新建一个常量，将输入的数组进行转置运算。"写入带分隔符电子表格文件"程序编写完成，如图 8.11(b)所示。

(a)   (b)

图 8.11   电子表格文件读/写程序编写

步骤四：在程序框图中添加一个"读取带分隔符电子表格文件"函数，设置需要读取的文件路径。同样，如果没有指定文件路径，则会弹出"选择需读取文件"对话框，让用户选择读取文件的路径和名称。

步骤五：设置读取行数端子为"−1"，表示全部读取。其余代码如图8.11(b)所示。

步骤六：运行程序，前面板运行效果如图8.12所示。同样，在文件保存路径下也可以观察到文件以及文件中的内容。

所有行									
0.921	0.536	0.9	0.124	0.639	0.886	0.053	0.019	0.922	0.419
0	0.1	0.2	0.3	0.4	0.5	0.6	0.7	0.8	0.9
0.131	0.716	0.318	0.853	0.213	0.553	0.155	0.494	0.674	0.409
0	0.1	0.2	0.3	0.4	0.5	0.6	0.7	0.8	0.9
0.822	0.036	0.185	0.107	0.266	0.097	0.351	0.719	0.365	0.208
0	0.1	0.2	0.3	0.4	0.5	0.6	0.7	0.8	0.9

图 8.12　电子表格文件读/写效果图

8.4　二进制文件

在众多的文件类型中，二进制文件是存取速度最快、格式最紧凑、冗余数据最少的文件存储格式，在高速数据采集时常用二进制格式存储文件夹，以防止文件生成速度大于存储速度的情况发生。

二进制文件的数据输入可以是任何数据类型，譬如数组和簇等复杂数据。但是在读取数据时必须给定参考，参考必须和写入时的数据格式完全一致，否则程序无法将读出来的数据翻译为写入时的格式。"二进制文件读/写"函数位于"函数"面板"编程"下的"文件 I/O"子面板中，包括"写入二进制文件"和"读取二进制文件"两个函数。也可以通过设置"文件位置"函数设定新写入数据的位置，如写入多个数据，则读出时返回的是写入数据的数组，因此必须保证写入的多个数据格式完全一致。

"写入二进制文件"函数的接线端子如图8.13所示。"文件(使用对话框)"端子可以是引用句柄或绝对文件路径，如连接该路径至文件输入端，函数会先打开或创建文件，然后将内容写入文件并替换任何先前的文件内容；如将"文件"端子连接至文件输入端，写入操作会从当前文件位置开始；如需在现有文件后添加内容，可使用"设置文件位置"函数，将文件位置设置在文件结尾，默认状态将显示文件对话框并提示用户选择文件。写入的文件结构与数据类型无关，因而其数据输入端子输入的可以是任意数据类型。"预置数组或字符串大小？"端子输入的是布尔类型的数据，默认为"True"，表示在引用句柄输出端子添加数据大小的信息。"字节顺序"端子设置结果数据的 endian 形式，表明在内存中整数是否按照从最高有效字节到最低有效字节的形式表示，或者相反。函数必须按照数据写入的字节顺序读取数据，在默认情况下最高有效字节占据最低的内存地址。

图 8.13 "写入二进制文件"函数接线端子

文件以二进制方式存储后，用户必须知道输入数据的类型才能准确还原数据，因此，使用"读取二进制文件"函数之前必须在数据类型端口指定数据格式，以便将输出的数据转换为与原存储数据相同的格式，否则可能会使输出数据与原数据格式不匹配或出错。"读取二进制文件"函数接线端子如图 8.14 所示。"总数"端子是要读取的数据元素的数量，数据元素可以是数据类型的字节或实例，如总数为−1，函数将读取整个文件，但当读取文件太大或总数小于−1 时，函数将返回错误信息。"数据"端子包含从指定数据类型的文件中读取的数据，依据读取的数据类型和总数的设置，可由字符串、数组、数组簇或簇数组构成。

图 8.14 "读取二进制文件"函数接线端子

下面通过介绍一个将混合单频和噪声的波形存储为二进制文件的实例，熟悉二进制文件函数的使用。"写入二进制文件"函数的输入数据端口主要有四个，分别为文件路径、二维数据、一维数据和添加至文件。四个数据端口的作用分别是指明存储文件的路径、指明存储的二维数组数据、指明存储的一维数组数据以及指明是否添加到文件。具体操作步骤如下：

步骤一：创建一个 VI，在程序框图中添加一个 For 循环，生成由正弦单频、噪声和直流偏移组成的波形。在循环体内添加"混合单频与噪声波形"函数(选择"编程"→"波形"→"模拟波形"→"波形生成")。其中，"混合单频"端子输入为一个簇构成的数组，簇中包含频率、幅值和相位三个数值型数据；"采样信息"为一个含有采样率和采样数两个数值型数据的簇；"噪声"和"偏移量"为数值型数据。

步骤二：创建文件。添加"打开/创建/替换文件"函数，其中"文件路径"端子采用"文件对话框"形式，"操作"端子选择"open or create"操作。

步骤三：写入二进制文本文件内容。添加"写入二进制文件"函数，其中 For 循环生成的数据通过"数据"端子写入文件中。

步骤四：关闭文件，通过波形图表显示混合单频与噪声波形，程序框图如图 8.15 所示，其中错误输出控件被隐藏。

图 8.15　读/写二进制文件程序框图

步骤五：读取二进制文件内容。添加"读取二进制文件"函数，"数据类型"端子设置为"时间标识"格式，文件为前面生成的二进制文件或选择其他文件，添加一个输出数据常量。

步骤六：运行程序，程序效果图如图 8.16 所示。同时也可以查看相关路径下生成的二进制文件。

图 8.16　读/写二进制文件效果图

8.5　波 形 文 件

波形文件专门用于存储波形数据类型，它将数据以一定的格式存储在二进制文件或者电子表格文件中。"波形文件操作"函数位于"函数"面板"编程"下"波形"选项中的"波形文件 I/O"子面板中,它只包含三个函数,分别为"写入波形至文件"函数、"从文件读取波形"函数和"导出波形至电子表格文件"函数。

"写入波形至文件"函数可以创建一个新文件或打开一个已存在的文件,其接线端子如图 8.17 所示。"文件路径"端子指定波形文件的位置,如未连线该输入端,LabVIEW 可显示非操作系统对话框。波形端子可以输入波形数据或一维、二维的波形数组,并且在记录波形数据的同时输入多个通道的波形数据。"添加至文件?"端子为"True"时,添加数据至现有文件;如为"False"(默认),VI 可替换已有文件中的数据,如不存在已有文件,VI 可创建新文件。

图 8.17 "写入波形至文件"函数接线端子

"从文件读取波形"函数可用于读取波形记录文件,其中"偏移量"端子指定要从文件中读取的记录,第一个记录是 0,默认为 0。

"导出波形至电子表格文件"函数可将一个波形转换为字符串形式,然后将字符串写入 Excel 等电子表格中,其接线端子如图 8.18 所示。其中,"分隔符"用于指定表格间的分隔符号,默认情况下为制表符。多个时间列端子用于规定各波形文件是否使用一个波形时间,如果要为每个波形都创建时间列,则需要在多个时间列端子输入 True 的布尔值。"添加至文件?"端子为"true"时,添加数据至现有文件;如"添加至文件?"端子的值为"False"(默认),VI 可替换已有文件中的数据,如不存在已有文件,VI 可创建新文件。"标题?(写标题:T)"端子的值为"True"(默认),VI 可打印行和列的标题(包含时间和日期信息,以及数据的标签);如"标题?"的值为"False",VI 不会打印列或行的标题。

图 8.18 "导出波形至电子表格文件"函数接线端子

下面通过介绍创建双通道波形并将波形写入文件的过程,熟悉波形文件函数的应用。

步骤一:创建一个 VI,并在程序框图中添加一个 While 循环。

步骤二:选择"编程"→"波形"→"模拟波形"→"波形生成",在"波形生成"子面板中选择"正弦波形"函数和"锯齿波形"函数并添加在 While 循环中,选择"编程"下的"定时器"子面板中的"获取日期/时间"函数,选择"编程"下的"波形"子面板中的"创建波形"函数,为两个模拟波形创建不同的波形生成函数。

步骤三:选择"编程"→"波形"→"波形文件 I/O"→"写入波形至文件"函数,为其创建文件路径,并将"添加至文件"接线端子设置为"True"。添加一个"创建数组"函数，把 While 循环生成的两个波形数据并为一个二维数组，输入"写入波形文件"函数的波形端子。程序框图如图 8.19(a)所示。写入波形文件程序到此设置完成。

步骤四：选择"从文件读取波形"函数，"多态 VI 选择器"设置为"模拟"，"文件路径"设置为前面生成的二进制波形文件。

步骤五：选择"导出波形至电子表格文件"函数，将函数导入 Excel 文件中，设置多个"时间列"端子和"标题"端子为常量"True"。程序框图如图 8.19(a)所示。

(a) (b)

图 8.19　读/写波形文件程序编写

步骤六：运行程序，查看导入的 Excel 表格，如图 8.20 所示。注意，在程序运行过程中，不能直接按下"中止执行"按钮来结束程序运行，因为数据流将在 While 循环尚未传输到"写入波形至文件"函数中便会中止，应该选择 While 循环的"停止"按钮来结束程序运行。

	A	B	C	D	E
1	waveform [0]		[1]		
2	t0	34:19.5		34:20.5	
3	delta t	0.001		0.001	
4					
5	time[0]	Y[0]	time[1]	Y[1]	
6	34:19.5	2.30E-09	34:20.5	0.00E+00	
7	34:19.5	6.28E-02	34:20.5	2.00E-02	
8	34:19.5	1.25E-01	34:20.5	4.00E-02	
9	34:19.5	1.87E-01	34:20.5	6.00E-02	

图 8.20　"导出波形至电子表格"文件效果图

8.6　数据记录文件

数据记录文件也是一种二进制文件，输入的数据格式也可以是任何数据类型，操作方法和二进制文件相同，只是增加了几个功能，通过这些功能可以设定或读取记录条数。

"数据记录文件"函数位于"文件 I/O"子选板"高级文件函数"下的"数据记录"子选板中，如图 8.21 所示。本节主要介绍"打开/创建/替换数据记录文件"函数和"设置数据记录位置"函数，其他函数的相关内容参考帮助文档即可。

图 8.21　"数据记录"函数

"数据记录文件"和"二进制文件"函数的使用方法类似,也可以把各种数据类型以二进制的形式存储。与"二进制"函数的使用不同之处在于,"数据记录文件"中的"打开/创建/替换数据记录文件"函数在使用时必须在"记录类型"端子添加所要记录文件的数据类型。"打开/创建/替换数据记录文件"函数的接线端子如图 8.22 所示。

图 8.22　"打开/创建/替换数据记录文件"函数的接线端子

"设置数据记录文件位置"函数用于在文件存储时指定数据存储位置,其中"自"端子和"偏移量"端子配合使用指定数据记录文件的起始位置。"自"端子为"start"时,在文件起始位置设置数据记录位置偏移量,此时偏移量必须为正,偏移量指定函数记录的位置与"自"端子指定的位置间的记录数。在默认情况下,"自"端子为"current",在文件起始位置设置数据记录位置偏移量。

下面通过创建一个仿真波形并写入数据记录文件的例子,来熟悉"数据记录文件"函数的使用。

步骤一:在新建 VI 的程序框图中添加一个仿真信号输出正弦和均匀噪声函数。选择"编程"→"波形"→"模拟波形"→"波形生成"选项,在"配置仿真信号"对话框中,勾选"添加噪声"复选框,选择"均匀白噪声"选项即可。在前面板添加一个波形图表控件,正弦和均匀噪声端子直接连接波形图表输出。

步骤二:在程序框图中添加一个"文件对话框"函数。该函数位于"文件 I/O"下的"高级文件函数"选项中,设置"默认名称"端子常量为"数据记录默认文件名.dat",表示在保存文件的对话框中的默认文件名,可以在保存文件时修改;设置"类型(所有文件)"端子常量为".dat",表示在保存文件的对话框中会把当前目录的".dat"文件显示出来;设置"提示"端子为"保存仿真信号文件对话框"常量,表示在保存文件的对话框的提示中显示内容。

步骤三:添加"打开/创建/替换数据记录文件"函数,指定操作类型为"open or create",

将仿真信号直接输入"记录类型"端子。

步骤四：添加"拒绝访问"函数，该函数位于"文件 I/O"下的"高级文件函数"子选板中，"设置限制模式"端子为"deny write-only"。限制模式用于指定要限制的读取或写入访问权限，包括三种方式：deny read/write，表示禁止对文件进行读取和写入访问，为默认状态；deny write-only，表示允许对文件进行读取访问但禁止对文件进行写入访问；deny none，表示允许对文件进行读取和写入访问。

步骤五：添加"设置数据记录位置"函数，"自"端子选择为"current"，表示在当前文件记录处设置数据记录位置偏移量。

步骤六：添加"写入记录文件"函数，将仿真信号直接与记录端子连接。

步骤七：添加"获取记录次数"和"获取数据记录位置"两个函数，读取文件中的相关数据，其连接方式如图 8.23 所示。

图 8.23 读/写数据记录文件程序框图

步骤八：运行程序，将连线多运行几次，查看结果如图 8.24 所示。

图 8.24 读/写数据记录文件效果图

8.7 测 量 文 件

测量文件是一种只有 LabVIEW 才可识别的文件格式，通过"写入测量文件"函数实现文件的输入，通过"读取测量文件"函数实现文件的输出。使用这种文件格式进行文件的输入/输出的优势是操作方便，只需要对这两个函数的属性进行一些简单的配置就可以很容易地实现文件的输入和输出。

"测量文件"函数位于"文件I/O"子选项中，包括"写入测量文件"函数和"读取测量文件"函数。测量文件的输入是通过"写入测量文件"函数来实现的。从"函数"选板中选取"写入测量文件"函数放置在程序框图上，这时，将弹出该VI的"配置写入测量文件"对话框，如图8.25所示，用户可在对话框中根据需要设置存储文件的一些选项。

图8.25　"配置写入测量文件"对话框

在"配置写入测量文件"对话框中，用户可以设置存储文件的路径，设置文件头信息，设置当存储目录下存在同样文件名的处理机制，设置数据文件中数据之间的分隔符等信息。同时，还可以在"配置写入测量文件"对话框中设置存储为单一文件或一系列文件。单击"保存至一系列文件(多个文件)"单选按钮，然后单击"设置"按钮，将弹出"配置多文件设置"对话框，用户可以在该对话框中设置存储多个文件的文件名等选项。

利用"读取测量文件"函数实现读取测量文件非常简单，只需要对"配置读取测量文件"对话框做一些简单的配置即可。从"函数"选板中选取"读取测量文件"函数并放置在程序图中，即可自动打开"配置读取测量文件"对话框，如图8.26所示。

下面介绍如何进行测量文件的读/写操作，以熟悉"测量文件"函数的有关应用。具体操作步骤如下：

步骤一：在新建VI的程序框图中添加一个仿真信号输出正弦和均匀噪声函数。选择"编程"→"波形"→"模拟波形"→"波形生成"选项，在"配置仿真信号"对话框中，勾选"添加噪声"复选框，选择"均匀白噪声"选项即可。

图 8.26 "配置读取测量文件"对话框

步骤二：从"文件 I/O"选板中选定"写入测量文件"函数并放置在程序框图中，在弹出的"配置写入测量文件"对话框中配置"动作"为"保存至单个文件"，并选择"提示用户选择文件"复选框。将"信号"端子与"仿真信号的正弦与均匀噪声"端子连接起来，即可完成"写入测量文件"的输入。程序框图如图 8.27(a)所示。

步骤三：编写"读取测量文件"程序，从"文件 I/O"子选板中选择"读取测量文件"函数并放置在程序框图中，在弹出的"配置读取测量文件"对话框中进行配置，配置"动作"为"提示用户选择文件"即可。

步骤四：单击信号端子，选择"创建"下的"图形显示控件"。程序框图如图 8.27(b)所示。

(a)   (b)

图 8.27 读/写测量文件程序框图

步骤五：运行程序，查看结果。程序效果图如图 8.28 所示。

图 8.28 "读取测量文件"效果图

8.8 配 置 文 件

配置文件即为标准的 Windows 配置文件，即 INI 文件，它也是一种文本文件，通常用于记录配置信息。配置文件的格式如下：

[Section 1]

Key1=value

Key2=value

...

[Section 2]

Key1=value

Key2=value

...

由前文可知，配置文件由段(Section)和键(Key)两部分组成。用中括号将段括起来表示一个段的开始，同一个配置文件中的段名必须唯一。每一个段内部用键来表示数据项，形成"键-值对"，同一个段内的键名必须唯一，不同段之间的键名可以重复。键值所允许的数据类型包括布尔型、字符串型、路径型、浮点型和整型数据。

"配置文件"操作函数位于"文件 I/O"下的"配置文件 VI"子面板中，该函数除了包含读/写函数，还包括一些操作函数，如图 8.29 所示。

图 8.29 "配置文件 VI"子面板

其中"写入键"函数和"读取键"函数的接线端子如图8.30所示。其中，"段"端子是要写入或读取指定键的段的名称，"键"端子是要写入或读取的键的名称，"值"端子是要写入或读取的键的键值。

图 8.30　"写入键"函数和"读取键"函数的接线端子

下面通过一个实例来说明配置文件的写操作，要求创建一个如下的配置文件：

[文件信息]

文件路径 = "D:\xsc"

文件名称 = "配置文件.ini"

[版本信息]

版本号 = 1

更改情况 = False

步骤一：创建一个新 VI，在程序框图中添加"打开配置数据"函数，可以设置"配置文件的路径"端子为绝对路径或相对路径，本例采用相对路径，创建的配置文件和当前 VI 就保存在同一个目录下。设置"必要时创建文件"端子为"True"，这样在找不到该文件时，系统会自动创建一个同名称的文件。

步骤二：同时添加两个"写入键"函数，"段"端子设置配置文件中段的名称。第一个段的名称为"文件信息"，该段中包括文件路径和文件名称两个键名和相应的值。可以使用鼠标右键单击"键"端子，会弹出如图8.31所示的快捷菜单，选择该键对应值的数据类型，默认为布尔型。

步骤三：仿照步骤二的过程，添加"版本信息"段的相关内容和其他内容，程序框图如图8.32所示。

图 8.31　设置值类型的快捷菜单

步骤四：运行该程序，查看当前 VI 保存路径目录的文件，会观察到多了一个"配置文件.ini"的文件，打开文件，即可看到程序已写入了所需要的内容。

图 8.32　写入配置文件程序框图

"配置文件"的读操作与写操作类似，但是读操作必须指定读出数据的类型，将前面创建的文件内容读取出来，程序框图如图 8.33 所示，具体步骤此处就不再赘述。

图 8.33　读取配置文件程序框图

8.9　XML 文件

XML 一般指可扩展标记语言，是标准通用标记语言的子集，可用于标记电子文件使其具有结构性。XML 是一种简单的数据存储语言，使用一系列简单的标记描述数据，而这些标记可用便利的方式建立，虽然 XML 比二进制数据占用更多的空间，但 XML 使用方法极其简单，易于掌握和使用。

"XML 文件操作"函数位于"函数"面板"编程"下"文件 I/O"选项中的"XML"子面板中，其中包含"LabVIEW 模式"和"XML 解析器"两个子面板。XML 文件可以存储任意数据类型，在存储前必须先使用"平化至 XML"函数将任意类型的数据转换为 XML格式。在读取文件时，也要通过"读取 XML 文件"函数读取文件，然后使用"从 XML 还原"函数把 XML 文件中的数据还原为平化前的数据类型，再进行读取。生成的 XML 文件可以用浏览器打开，可观察到 XML 文件包括 XML 序言部分、其他 XML 标记和字符数据。

为了能够理解 XML 文件的读/写操作，下面用一个实例进行说明。该实例以三个学生的信息为数据，要求写入到 XML 中，并从文件中读出来。写入程序步骤如下：

步骤一：新建一个 VI。添加一个数组常量，在数组常量中添加簇常量，然后在簇常量中添加两个字符串常量和一个数值常量，作为一个学生的姓名、班级和成绩的输入信息内容。程序框图如图 8.34 所示。

步骤二：添加一个"平化至 XML"函数，把数组常量接入"任何数据"端子。

步骤三：添加"写入 XML"函数，程序框图如图 8.34 所示，创建 XML 文件保存路径，并把平化后的 XML 信息输入"XML 输入"端子。

步骤四：运行程序，可在该路径下看到生成的 XML 文件，用浏览器或写字板打开即可看到如图 8.35 所示的内容信息。

图 8.34 写入 XML 文件程序框图

```
<?xml version='1.0' standalone='yes'?>
<LVData xmlns="http://www.ni.com/LVData">
<Version>15.0</Version>
<Array>
<Name></Name>
<Dimsize>3</Dimsize>
<Cluster>
<Name></Name>
<NumElts>3</NumElts>
<String>
<Name>姓名</Name>
<Val>张三</Val>
</String>
<String>
<Name>班级</Name>
<Val>14901</Val>
</String>
<I32>
<Name>成绩</Name>
<Val>90</Val>
</I32>
</Cluster>
```

图 8.35 写入 XML 文件效果图

用户在使用"读取 XML"函数时，要注意选择正确的多态 VI 选择器类型，还原平化数据时需要先在"从 XML 还原"函数的类型端子上设置还原的数据类型，一般要求写入的数据类型、还原的数据类型和显示的数据类型保持一致，否则会出现报错。"读取 XML文件"的程序框图如图 8.36 所示，运行效果如图 8.37 所示。

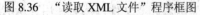

图 8.36 "读取 XML 文件"程序框图

图 8.37 读取 XML 文件效果图

8.10 TDMS 文件

"TDMS"(Technical Data Management Streaming)文件是 NI 主推的一种用于存储测量数据的二进制文件。"TDMS"文件可以被看做一种高速数据流文件，它兼顾了高速、易存取和方便等多种优势，能够在 NI 的各种数据分析软件(如 LabVIEW、LabWindows CVI、Signal Express、NI DiAdem 等)、Excel 和 MATLAB 之间进行无缝交互，也可提供一系列API 函数供其他应用程序调用。

"TDMS"文件是基于 NI 的 TDM 数据模型。该模型从逻辑上分为文件、通道组和通道三个层次，每个层次上都可以附加特定的属性。设计时可以非常方便地使用这三个逻辑层次查询或修改测试数据。在"TDMS"文件内部，数据是通过一个个数据段来保存的，当数据块被写入文件时，实际上是在文件中添加了一个新的数据段。

　　LabVIEW 为"TDMS"文件操作提供了完整的函数集，这些函数又被分为标准 TDMS 函数和高级 TDMS 函数。标准 TDMS 函数用于常规"TDMS"文件操作，而高级 TDMS 函数则用来执行类似于 TDMS 异步读取和写入等的高级操作，但是，错误地使用高级 VI 函数可能损坏".tdms"文件。

　　"TDMS"文件的操作函数位于"函数"选板"编程"下的"文件 I/O"选项中的"TDMS"面板中。图 8.38 所示为标准"TDMS"函数面板，图 8.39 所示为"高级 TDMS"函数面板。在多数情况下，在 LabVIEW 中操作 TDMS 文件时，使用标准"TDMS"函数就足够了。本节也仅对标准"TDMS"函数作基本解释，"高级 TDMS"函数希望读者通过帮助文档学习。表 8.2 为标准"TDMS"文件操作函数的功能说明。

图 8.38　标准"TDMS"函数面板

图 8.39　"高级 TDMS"函数面板

表 8.2　标准"TDMS"文件操作函数功能说明表

函数名称	功　能　说　明
TDMS 打开	打开用于读/写操作的".tdms"文件； 该 VI 也可用于创建新文件或替换现有文件； 通过该函数创建".tdms"文件时，还可创建".tdms_index"文件； 使用"TDMS 关闭"函数可关闭文件的引用
TDMS 写入	使数据写入指定的".tdms"文件； 组名称输入和通道名称输入的值可确定要写入的数据子集

函数名称	功 能 说 明
TDMS 读取	读取指定的".tdms"文件，并以数据型输入端指定的格式返回数据； 如数据包含缩放信息，VI 可自动换算数据； 总数和偏移量输入端用于读取指定的数据子集
TDMS 关闭	关闭用"TDMS 打开"函数打开的".tdms"文件
TDMS 列出内容	列出 TDMS 文件输入端指定的".tdms"文件中包含的组名称和通道名称
TDMS 设置属性	设置指定".tdms"文件、通道组或通道的属性； 如果连接组名称和通道名，函数可在通道中写入属性； 如果只连接组名称，函数可在通道组中写入属性； 如未连接组名称和通道名，属性由文件决定； 如只连接通道名，运行时发生错误
TDMS 获取属性	返回指定的".tdms"文件、通道组或通道的属性； 连线至组名称或通道名输入端，该函数可返回组或通道的属性； 如果输入端不包含任何值，则函数返回指定".tdms"文件的属性值
TDMS 刷新	将所有".tdms"数据文件的缓冲写入至 TDMS 文件输入指定的文件
TDMS 文件查看器	打开文件路径指定的.tdms 文件，在 TDMS 文件查看器对话框中显示文件数据
TDMS 碎片整理	对文件路径输入端中指定的".tdms"文件数据进行碎片整理； ".tdms"数据较为杂乱或需提高性能时，可使用该函数对数据进行整理

为了更清楚地了解"TDMS"文件的具体操作，下面用一个具体实例介绍向"TDMS"文件中写入仿真信号的方法。具体操作步骤如下：

步骤一：创建仿真信号。在程序框图中，添加一个"仿真信号"函数和一个"滤波器"函数，对产生的仿真信号通过滤波器处理后，与原始信号一起，通过"合并信号"函数进行合并处理，形成新的仿真信号。也可以直接采用产生的仿真信号。

步骤二：创建"TDMS"文件。首先在程序框图中添加"TDMS 写入"函数，设置"操作"端子为"open or create"，"禁用缓冲"端子设置为"False"，"文件格式版本"端子设置为"1.0"，由"创建路径"函数设置文件的名称和保存路径。

步骤三：设置"TDMS"属性。"TDMS"文件中属性值用变量类型表示，因此可以直接将属性值作为输入。若同时输入多个属性值，则需要将各种属性值的类型都转换为变量类型，最好用"转换为变体"函数来完成这个操作，再构造成数组作为输入。本实例的属性名称和属性值都是通过数组直接赋值的。

步骤四："TDMS"文件写入。第一步操作生成了数据，第三步操作设置了"TDMS"文件的属性，文件写入需要设置组名称和通道名称，然后把数据写入文件中。按照如图 8.40 所示的程序框图，连接好相关的线路。

当完成"TDMS"文件写操作后，LabVIEW 会自动生成"*.tdms"和"*.tdms_index"两个文件。前者为数据文件或主文件，后者为索引文件或头文件。二者最大的区别在于索引文件不含原始数据，而只包含属性等信息，这样可以提高数据检索的速度，并且利于搜索"TDMS"文件。

图 8.40　写入"TDMS"文件程序框图

　　在写操作完成之后，可以调用"TDMS"文件查看器函数来浏览所有的属性值，如图 8.41 所示，在"TDMS 文件查看器"对话框中，不仅可以查看所有的属性值，还能有选择地查看数据。单击对话框中的"设置"按钮，还可以打开"数据配置"对话框输入显示数据的条件。

图 8.41　"TDMS 文件查看器"对话框

　　"TDMS"文件支持的数据类型有以下几种：

　　(1) 模拟波形或一维模拟波形数组。

(2) 数字波形。

(3) 数字表格。

(4) 动态数据。

(5) 一维或二维数组(数组元素可以是有符号或无符号的整型、浮点型、时间标识、布尔型，或不包含空字符的由数字和字符组成的字符串)。

"TDMS"文件的读取过程比较简单，读取数据时，如果不指定组合通道名，则"TDMS读取"函数会将所有组合通道的数据都读取出来。下面通过代码实现前面写入文件的读取，要求读取通道名为第一通道的第 50 个数据点开始的 100 个数据。

步骤一：打开"TDMS"文件。在程序框图中，添加"TDMS 打开"函数和"创建路径"函数，打开所要读取的"TDMS"文件，设置操作端子为"open(read-only)"属性值。

步骤二：读取"TDMS"文件。在程序框图中，添加"TDMS 读取"函数。设置"偏移量"端子为常量"50"，设置"总数"端子为常量"100"。设置"组名称输入"端子为字符串常量"一组"或其他组名，设置"通道名输入"端子为字符串数组常量"第一通道"或其他通道名。在前面板添加一个波形图控件作为"数据"端子的输出控件。设置"数据类型"端子，在程序框图中添加"转换至动态数据"函数，该函数位于"Express"下的"信号操作"子面板中，并在"配置转换至动态数据"对话框中的"输入数据类型"列表框中选择"单一标量"，连接相关线路如图 8.42 所示。

图 8.42 读取"TDMS"文件程序框图

步骤三：运行程序，其结果如图 8.43 所示。

图 8.43 读取"TDMS"文件效果图

读取"TDMS"文件中的属性值和写入属性值的方法非常类似,若组名和通道名输入为空,则表示此时读出的属性为文件属性;若仅通道名为空,则表示读出的属性为组的属性;若组名和通道名输入都不为空,则表示读出的属性为通道的属性。下面介绍如何获取前面写入的"TDMS"文件的属性和属性值。

步骤一:打开"TDMS"文件。在程序框图中,添加"TDMS 打开"函数和"创建路径"函数,打开所要读取的"TDMS"文件,设置操作端子为"open(read-only)"属性值。

步骤二:获取文件属性和属性值。在程序框图中添加"TDMS 获取属性"函数,直接创建一个字符串数组显示控件连接"属性名称"端子,创建一个变体数组显示控件连接"属性值"端子。

步骤三:获取通道属性名称和属性值。在步骤二的基础上,在组名称和通道名两个端子上连接需要获取属性的组和通道名,连接线路如图 8.44 所示。

图 8.44 获取"TDMS"文件属性名称和属性值程序框图

步骤四:运行程序,其结果如图 8.45 所示。

图 8.45 获取"TDMS"文件属性名称和属性值效果图

第9章

面向对象编程

"面向对象"如今对任何程序开发人员来说都已经不再是一个陌生的词语了。基于面向对象的程序设计已经成为当今最主流的程序设计方法,而面向对象的编程语言也非常多,例如 Java、C++、C#、PHP、ASP、JSP 等。面向对象能直接地描述客观世界中存在的事物以及它们之间的关系,容易实现程序模块的独立性、代码的重用性以及数据的安全性等。

为了与主流编程思想统一步调,从 LabVIEW8.2 版本开始,NI 公司推出了支持面向对象编程的系统。用户能够利用面向对象的设计方法和工具设计并分析系统,例如 UML 统一建模语言、Rational Rose 设计工具等,使通过 LabVIEW 开发与维护大型工程变得更加容易。图形化的面向对象编程使得基于组件的开发方式更容易实施,因此极大地扩展了传统的基于数据流的 LabVIEW 的能力。它为用户带来的好处主要体现在以下几个方面:

(1) 可维护性。通过把系统设计成为多个独立组件的集合,系统各部分之间的依赖关系变成了简单的数据交换。当系统对某个组件进行更改后,只需要对该组件进行测试而不需要对整个系统重新测试或者重新发布。

(2) 可扩展性。当需要增加新的功能时,只需要增加新的组件或者对原有的类进行继承,而不需要重新编写整个系统。

(3) 可重用性。由于每一个对象封装了自己的数据,因此调用某一个对象的函数并不影响同一类的其他对象,也不需要编写新的 VI 来支持多个对象。因为改变一个对象中的数据不会影响任何其他对象,因此用户能够在多个应用程序中重用同一个类而不用担心会产生任何冲突。

9.1 面向对象的基本概念

在面向对象的编程方法诞生之前,最流行的编程方法是面向过程的编程方法。在解决一个工程问题时,面向过程的编程方法是按照从顶向下逐步求精的方式,将该工程按照功能划分为一些层次,每个层次按照完成的任务分解为一些模块,这些模块由算法和数据结构组成,然后从最底层的模块开始编写代码。程序按照执行的过程来组织,抽象为顺序结构、选择结构和循环结构三种基本结构。这个时期代表性的程序语言就是 C 语言和 Pascal语言。

面向对象编程方法(Object Oriented Programming,OOP)诞生于 20 世纪 80 年代,它

将问题分解为一系列称为"对象"的实体，这些实体将数据与数据的操作方法放在一起，作为一个相互依存、不可分离的整体——对象。以对象为基础组织程序，对象内封装了属性和方法，每个对象都能够接收消息、处理数据并向其他对象发送消息。对象之间的通信采用消息机制。具有相同属性和方法的对象集合用类来描述，类定义了该集合中每个对象共有的属性和方法，而对象是类的实例。属性用数据描述，方法是对于数据的操作。

下面对面向对象中的几个基本概念进行简要介绍与回顾。如果读者从未接触过面向对象，可以参考面向对象编程的相关书籍对面向对象进行更深入的理解。

(1) 类(Class)：众多具有共同特性的事物进行归纳、分类，并对这些共性进行抽象化，得到的一个具有共性的抽象概念。例如车、人、动物、书等。面向对象方法中的类是具有相同属性和行为的对象的抽象定义。一个类可以具体化多次，形成多个对象。

(2) 对象(Object)：对象是类的具体化。在现实世界中，对象是一个实际存在的事物，它可以是有形的(比如一个人、一辆车等)，也可以是无形的(比如一项计划)。它可以有属性也可以有方法。面向对象方法中的对象是基本运行时的实体，既包括数据(属性)，也包括作用于数据的操作行为(方法)。一个对象可将属性和方法封装为一个整体。

(3) 封装(Encapsulation)：封装是一种将操作和操作所涉及的数据捆绑在一起，使其免受外界干扰和误用的机制。这里有两个含义，第一个含义是把对象的全部属性和全部方法结合在一起，形成一个不可分割的独立单位；第二个含义也称作信息隐蔽，即尽可能隐藏对象的内部细节，对外形成一个边界，只保留有限的对外接口使之与外部发生联系。

(4) 继承(Inheritance)：继承是指一个新的类继承原有类的基本特性，并可增加新的特性。原有的类称为父类或基类，新的类称为子类或派生类。在子类中，不仅包含父类的所有非私有属性和方法，还可增加新的属性和方法。继承具有传递性，如果 B 类继承自 A 类，C 类又继承自 B 类，则 C 类同样继承了 A 类的属性和方法。

(5) 多态(Polymorphic)：多态是指同一个名称的方法可以有多种不同的功能，或者相同的接口有多种实现方法。

9.2 类 的 创 建

类是 LabVIEW 中比较重要的复合数据类型，是 LabVIEW 程序面向对象开发的基本元素，它封装了一类对象的属性和改变这些属性的方法，是这一类对象的原型。与简单数据类型的使用不同，用户必须先通过生成该类的实例即对象，然后才能通过该对象访问其属性和方法。

下面介绍如何创建一个类名为"人"的类，该类具有"身份证号"和"姓名"两个属性，也具有"爱好"和"工作"两个方法。具体操作步骤如下：

步骤一：创建类。创建一个项目，项目名称取名为"初学 LabView 类"。在项目浏览器窗口使用鼠标右键单击"我的电脑"，在弹出的快捷菜单中选择"新建"下的"类"命令，在弹出的"新建类"对话框中输入"人"，作为该类的名称。保存项目和类，效果图如图9.1 所示。由此可见，类的后缀名为".lvclass"，类的图标为一个蓝色立方体，类的项下会同时出现一个名为"人.ctl"的文件。"人.ctl"是 LabVIEW 自动为"人"类创建的私有数据控件。私有数据控件的图标是一个带有绿色圆柱体和红色钥匙标志的蓝色立方体，圆柱体用于代表数据存储，钥匙表示该控件是私有的。

图 9.1　新建类效果图

步骤二：创建属性。双击"人.ctl"文件，弹出如图 9.2 所示的控件编辑器窗口，在窗口中为"人"类的私有属性定义。"类私有数据"形式上是一个簇，因此添加两个簇元素，分别为"身份证号"和"姓名"，都是字符串输入控件。

图 9.2　定义类的私有属性　　　　图 9.3　"人类"的创建结构图

步骤三：创建方法。LabVIEW 类的方法由类的各个成员 VI 实现。首先为"人"类创建一个"爱好.vi"，用来表示该类的"爱好"方法。在项目浏览器中使用鼠标右键单击"人.lvclass"文件，选择"新建"下的"VI"命令，在弹出的前面板和程序框图中编写方法体(目前为一个对话框显示，后面内容可再修改)，这个新建的 VI 即为该类创建的方法。以此类推，建立好该类的其他方法，结构图如图 9.3 所示。这样一个完整的类就创建成功了。

LabVIEW 类的一些属性可以在 LabVIEW 环境中通过对话框设置。使用鼠标右键单击"人.lvclass"选项，在弹出的快捷菜单中选择"属性"命令，弹出如图 9.4 所示的"类属性"设置对话框。可以设置的属性类别有：

图 9.4　LabVIEW 类属性设置

(1) 常规设置：包括类的版本号、图标编辑、保护级别等。

(2) 说明信息：包括类的名称、文字说明、帮助文件路径等。

(3) 项设置：成员 VI 的访问范围。

(4) 友元：设置类的友元方法或友元类。友元是一种定义在类外部的普通方法或类，但它需要在类体内进行说明。

(5) 继承：设置类的继承关系。

(6) 探针：在调用该类的程序框图中，使用鼠标右键单击类的连线，在弹出的快捷菜单中选择"自定义探针"下的"新建"命令，会弹出"创建新探针"对话框，可创建一个自定义的探针，将其保存为一个".vi"文件并添加到这个类项下。在"默认探针"下拉列表中就会出现这个自定义探针。

(7) 连线外观：类作为常量或控件被调用时，程序框图中可以采用默认的 LabVIEW 类连线外观，或者继承父类的连线外观，也可以由用户设置连线外观。在"连线外观"设置窗口选择"使用自定义设计"单选按钮，即可设置连线的模式、颜色和宽度。适当更改不同 LabVIEW 类的连线外观，可提高程序框图的可读性。

LabVIEW 类中的方法访问权限有四种，分别是公共、库内、保护和私有。VI 访问权限的设置可在"类属性"窗口的"项设置"类别中进行，如图 9.5 所示。在"项设置"选项中，"访问范围"包含以下内容：

(1) 公共(Public)——所有 VI 都可以访问的成员 VI，为默认状态。

(2) 库内(Community)——只有当前 LabVIEW 类本身、友元类及友元库中的 VI 可以访问的成员 VI。库内成员 VI 在项目浏览器中显示为深蓝色钥匙覆盖图。

(3) 保护(Protected)——只有当前 LabVIEW 类本身及其子类可以访问的成员 VI。保护成员 VI 在项目浏览器中显示为深黄色钥匙覆盖图。

(4) 私有(Private)——只有当前 LabVIEW 类本身可以访问的成员 VI。私有成员 VI 在项目浏览器中显示为红色的钥匙覆盖图。

图 9.5　VI 的访问范围设置

9.3　对象的创建

为类创建完属性和方法以后，即可完成类的定义及类的创建，但在具体使用类的过程中，还需要把类实例化为具体的对象。每一个对象都是独立的，对象一旦被创建，就具有了自己的属性和方法。

对象的创建比较简单，直接把类文件(lvclass)拖动到创建 VI 的前面板或者程序框图中，就可以创建当前类的一个对象，也称对象控件。对象控件与一般控件一样，可以作为输入控件、显示控件，也可以作为常量。

对象创建好以后，其中的属性为默认值，一般都是空值，用户可根据具体情况，对对象的属性进行设置，主要是设置并获取对象中的数据信息，一般可以通过创建"按名称捆绑"和"按名称解除捆绑"两个函数来实现对该对象数据的设置与获取。

下面介绍如何对前面创建的"人"类进行对象的创建和相关属性的设置与获取。

步骤一：设置属性。新建一个 VI，命名为"对象初始化 set"。把"人"类项直接拖到新建 VI 的前面板中，即可创建一个对象控件。打开程序框图，使用鼠标右键单击对象控件，在弹出的快捷菜单中选择"簇、类和变体选板"下的"按名称捆绑"函数，或直接使用鼠标右键单击程序框图，选择"函数"→"簇、类和变体选板"→"按名称捆绑"，并创建两个字符串输入控件，作为初始化对象属性的输入端子。连接如图 9.6 所示的相关连线，即可为对象赋值。可将此 VI 设置为一个具有输入端子和输出端子的子 VI。

步骤二：获取属性。新建一个 VI，命名为"获取属性 get"。把"人"类项直接拖到新建 VI 的前面板中，创建一个对象控件。打开程序框图，使用鼠标右键单击对象控件，在弹出的快捷菜单中选择"簇、类和变体选板"下的"按名称解除捆绑"函数，并创建相应端子的显示控件即可。同样把此 VI 设置为一个具有输入端子和输出端子的子 VI。程序框图如图 9.7 所示。

图 9.6　对象初始化　　　　　　　　　　　图 9.7　获取对象属性

类外部的 VI 使用类对象时，不能通过"按名称捆绑"和"按名称解除捆绑"两个函数来设置或获取对象的属性值。因为 LabVIEW 中类的属性永远是私有的，同样，对于私有的 VI，外部 VI 不能调用类中私有的属性和方法，只有通过类中公共的方法调用类中的属性。

下面介绍如何使用外部 VI 调用类中的共有 VI(即方法)，注意，无论类中的方法是私有还是公共的权限，都是属于该类本身的，在方法体中都要体现出本类的存在。因此，首先要修改前面定义的工作方法内容，如图 9.8 所示。

图 9.8　工作方法结构图

打开"项目浏览器"，使用鼠标右键单击"我的电脑"，在弹出的快捷菜单中选择"新建"下的"VI"命令，创建一个名为"测试.vi"的文件。在前面板添加两个字符串输入控件，作为身份证号和姓名两个属性的输入控件。在程序框图中添加"对象初始化 set"子VI，将用户输入的信息初始化为类，再添加"工作"子 VI，连接线路如图 9.9 所示。运行程序，即可显示相关的信息。

图 9.9　外部 VI 调用类中方法

9.4 继 承

继承是一种基于已有类创建新类的机制，利用继承可以先创建一个具有广泛意义的类，然后通过派生创建新类，并添加一些特殊的属性和方法。这样，创建的新类与已有类之间就有一种从属关系，即继承关系。例如，通过继承"人"类创建一个新的"教师"类或"学生"类，这样"教师"类或"学生"类不但自动拥有"人"类的属性和公共或保护的方法，而且可以增加自己特有的属性和方法。

LabVIEW 类的继承层次结构中包含以下几个元素：

(1) 父类：供其他 LabVIEW 类继承属性、公共型成员方法和保护型成员方法的 LabVIEW 类。

(2) 子类：从父类继承属性、公共型成员方法和保护型成员方法的 LabVIEW 类。

(3) 祖先类：一个 LabVIEW 类的上一层(父类)、上二层(父类的父类)、上三层等。所有 LabVIEW 类都默认为是从 LabVIEW Object 类继承而来的。LabVIEW Object 类是 LabVIEW 中所有类的"终极"祖先，所有的类都是它的子类。

(4) 子孙类：一个 LabVIEW 类的下一层(父类)、下二层(父类的父类)、下三层等。

(5) 兄弟类：和一个 LabVIEW 类继承同一个父类的另一个 LabVIEW 类。

创建子类的方法是在父类相同的层次上创建一个新的类，然后在这个类的属性窗口"继承"类别中进行设置。如图 9.10 所示就是在初学 LabVIEW 类项目中"我的电脑"上创建了一个"教师"类，然后对它进行属性设置的对话框。

图 9.10 设置继承属性对话框

单击"更改继承…"按钮，弹出如图 9.11 所示的"更改继承"对话框。在"项目中所有类"列表框中选择"当前类"的父类，单击"继续所选类"按钮，该类即可成为所选类的一个子类。按照前面给"人"类添加属性的方法，为"教师"类添加"工号"和"授课科目"两个属性，添加一个"教书"方法。

图 9.11 "更改继承"对话框

但是由于 LabVIEW 只支持共有继承，即子类不能直接访问父类的私有成员属性，因此如果子类要访问父类的数据，必须通过父类提供的 VI 函数访问。例如，虽然"教师"类继承了"人"类，拥有了"人"类的"身份证号"和"姓名"两个属性，但是并不能通过"按名称捆绑"函数来设置教师对象的身份证号和姓名，而必须通过"人"类提供的"对象初始化 set"方法来设置相应的属性；同样，如果要获得教师对象的身份证号和姓名，也必须通过"人"类提供的"获取属性 get"方法来实现。程序框如图 9.12 所示。

图 9.12 子类属性设置与获取框图

LabVIEW 只支持单继承，不支持多继承，即一个子类不能同时继承多个父类。虽然父类还可以有父类，但任何类都只能有一个直接的父类。如要查看类的继承结构，只需使用鼠标右键单击该类，在弹出的快捷菜单中选择"显示类层次结构"选项即可查看继承结构。

继承结构包含了该类的所有父类、子类、祖先类、子孙类和兄弟类，即所有"亲属类"都会显示在该结构中。

9.5 多 态

LabVIEW 中的多态与 C++ 和 Java 中的多态概念类似，即同一个名称的函数能够实现多种不同的形态结果，或函数可以根据输入数据的类型自动选择执行内容。LabVIEW 中的大部分运算符都具有多态性，例如加法运算符，如果两个标量作为加法运算符的输入，那么输出的结果为两个标量的相加结果；如果将两个数组相加，输出的结果则是两个数组对应元素相加得到的一个新数组。

在 LabVIEW 中也可以创建自己的多态 VI，它实际上就是多个 VI 的集合，这些 VI 具有相同的端子模式。集合中的每一个 VI 都是多态 VI 的一个实例，当调用一个多态 VI 时，它会自动根据输入数据的类型，选择集合中与该输入数据类型匹配的 VI 进行执行。当然，用户也可以手动选择具体执行哪个 VI。

下面介绍如何创建一个四则运算的多态 VI，进一步学习创建和应用多态 VI 的方法。该四则运算多态 VI 是根据用户输入的两个数据的数据类型进行判断的。如果两个数据都是整型，则表示长方形的长和宽，计算长方形面积；如果两个数据都是实型，则表示圆柱体的半径和高，计算圆柱体的体积。

步骤一：新建两个 VI，分别用来计算长方形的面积和圆柱体的体积。两个 VI 的程序框图如图 9.13 所示。将两个 VI 设置为相应的子 VI，这两个子 VI 都有相同的端子模式，即两个输入和一个输出。

图 9.13 多态 VI 对应的两个实例

步骤二：编辑多态 VI。按顺序选择"文件"→"新建(N)"→"多态 VI"命令，则弹出如图 9.14 所示的"多态 VI"编辑对话框。

多态 VI 既没有程序框图，也没有前面板。只需要单击"添加..."按钮，将具有多态性的几个实例依次添加到"实例 VI"列表框中，"实例 VI"中的"菜单名"是当前 VI 实例显示在"多态 VI 选择器"中的快捷菜单名称；"实例 VI"中的"选择器名称"是多态 VI 选择器名称，要求多个实例具有相同的选择器名称。单击"编辑图标..."按钮，可以用来编辑多态 VI 的显示图标，编辑方法与前文讲的一样，这里就不再赘述了。如果选择下方的"绘制多态 VI 图标"选项，则表示在主 VI 的程序框图中显示多态 VI 图标；如果选择下方的"绘制实例 VI 图标"选项，则表示显示实例 VI 的图标。"默认显示选择器"表示是否在 VI 图标下方显示 VI 实例选择框；如果选择不显示，则可以在主 VI 中使用鼠标右键单击该多态 VI 图标，选择"显示项"下的"多态 VI 选择器"选项进行显示。"允许多态 VI 自动匹配数据类型"表示是否允许自动适应数据类型。

图 9.14 "多态 VI"编辑对话框

步骤三：配置完成以后，选择"文件"下的"保存"选项，保存该多态 VI，即可完成多态 VI 的创建。

步骤四：新建一个 VI，调用自定义多态 VI。程序框图如图 9.15 所示。

图 9.15 调用自定义多态 VI

9.6 动态方法

LabVIEW 可通过 VI 代表类的方法。用户可以定义某个方法与某个唯一的 VI 对应，那么任何时候调用该方法时必然会调用这个唯一的 VI，这种方法在 LabVIEW 中称为静态方法。其实，在 LabVIEW 继承结构中，一个方法还可以对应多个不同的 VI，直到运行时才决定该方法到底对应哪一个 VI，决定的因素是输入该 VI 的对象类型，这种方法在 LabVIEW 中称为动态方法。例如"工作"这个方法，对于教师来说是教书，而对于医生来说是治病救人，因此方法的具体内容由对象的类型决定。方法对应于面向对象中的多态，类似于 C++ 的虚函数。动态方法与多态 VI 有些类似，但又有所不同。多态 VI 调用的 VI 是由输入的数据类型决定的，而动态方法调用哪一个 VI 是直到运行时由输入的对象类型决定的。

当用户为一个类添加 VI 时，该 VI 是静态方法还是动态方法是由该 VI 的连接端子类型决定的，在默认情况下都为静态方法。如果该 VI 的对象连接端子包含一个"动态分配输入终端(Dynamic Dispatch Input Terminal)"，该 VI 即为动态方法。创建动态分配输入终端的方法是：在为类定义的 VI 中，先将连接端子与对象连接，然后使用鼠标右键单击对象连接端子，在弹出的快捷菜单中选择"接线端类型"下的"动态分配输入(必需)"选项。

定义了父类的动态方法后，子类就能拥有与父类动态方法 VI 同名的动态方法 VI(注意：如果是静态方法 VI，子类不能包含与父类同名的 VI)。子类的动态方法必须与父类动态方法的连接端子相同。此外，在子类动态方法中可以通过"函数"选板中"编程"下"簇、类与变体"选项中的"调用父方法"函数，调用与父类同名的动态方法，从而继承父类现有的代码。

其实，LabVIEW 提供了自动创建动态 VI 的方法。通过自动创建，LabVIEW 会自动生成一些常用的原始代码，并使 VI 的对象连接端子自动为"动态分配输入"和"动态分配输出"，该方法与使用 VI 模板类似。下面介绍如何在父类和子类中，通过自动创建方法，分别为子类和父类生成同名的动态 VI。

步骤一：新建一个项目，名称为"动态方法项目"，在项目中创建两个类，一个类为"人"类，另一个为"教师"类。其中，"教师"类继承于"人"类，由于子类和父类的动态方法名称相同，而在同一个文件夹里的文件不能同名，因此可以为"教师"类单独建一个文件夹。

步骤二：在项目浏览器中使用鼠标右键单击"人.lvclass"，选择"新建"下的"基于动态分配模板的 VI"选项，新建的动态 VI 会自动包含输入/输出对象以及"Error in"簇和"Error out"簇，程序框图如图 9.16 所示。在现有代码的基础上编辑该 VI 内容，并保存该 VI 为"工作"。

图 9.16　自动生成的动态 VI 代码

步骤三：在子类中添加一个同名的动态 VI。使用鼠标右键单击"教师.lvclass"并选择"新建"下的"用于重写的 VI…"选项，在弹出的"新建重写"对话框中选择需要被重写的方法，如图 9.17 所示，单击"确定"按钮，便会在子类中创建并打开一个相同名称的 VI(注意：如果父类不包含动态 VI 或者包含的所有动态 VI 都已经被该子类重写，则"新建"下的"用于重写的 VI…"选项是灰色的，即处于不可用状态)。子类中与父类同名的动态 VI 称为重写 VI。重写即取而代之的意思，即如果该方法的输入是子类对象，该方法即调用子类该 VI 而代替父类的同名动态 VI。子类中新建的重写 VI 的程序框图如图 9.18 所示，它自动包含了调用父方法函数，该函数图标会自动与父类动态 VI 的函数图标相结合。接着就可以基于父类的现有代码增加新的代码了。

<table>
<tr><td>图 9.17　"新建重写" VI 对话框</td><td>图 9.18　自动生成的重写 VI 程序框图</td></tr>
</table>

　　下面通过 LabVIEW 2015 自带的面向对象相关的实例，来说明动态方法的使用方法与好处。在 LabVIEW 安装目录下找到路径 "LabVIEW 2015\examples\Object-Oriented Programming\Dynamic Dispatching"，使用鼠标双击打开 "Dynamic Dispatching.lvproj" 项目，查看 "Triangle.lvclass" 和 "Square.lvclass" 两个类 "属性" 下的 "继承" 选项。可以看出这两个类都是继承 "Shape.lvclass" 类，这三个类具有同名的 "Identify.vi" 方法，这三个 "Identify.vi" 方法就是动态方法。其项目类结构图和动态方法程序框图如图 9.19 所示。

图 9.19　动态方法实例图

　　下面介绍如何在外部 VI 中使用该动态方法。如图 9.20 所示，首先分别对每一个类初始化一个对象，然后通过 "创建数组" 函数将三个对象组成一个对象数组。在 For 循环中调用的 "Shape" 类中的 "Identify.vi"。运行该 VI 时，根据运行结果可以看出，调用动态方法具体对应的 VI 是由运行时输入的对象类型决定的。

图 9.20   动态 VI 调用框图

9.7   LabVIEW 面向对象的其他特点

从概念上来说，LabVIEW 面向对象编程和其他面向对象编程语言相似。但由于 LabVIEW 属于数据流图形化编程环境，LabVIEW 对类数据的操作和交互以及 LabVIEW 类代码的调试方法和其他语言有所不同。LabVIEW 中的对象由"值"来传递，而不是由"引用"来传递。

9.7.1   构造函数与析构函数

熟悉"面向对象"编程的读者都知道，对象在被创建和消亡时会自动调用构造函数和析构函数。构造函数的作用就是在对象创建时利用特定的值构造对象，将对象初始化为一个特定的状态，使其对象之间具有不同的特征。析构函数与构造函数的作用几乎相反，用来完成对象被删除前的一些清理工作。析构函数调用完成以后，对象也就消失了，相应的内存空间也会被释放。

构造函数和析构函数在 LabVIEW 面向对象编程中是隐含的。不需要调用构造函数来对 LabVIEW 类数据进行初始化。每当需要对一个类进行初始化时，LabVIEW 会调用一个默认的构造函数。初始化对象的属性值由 CTL 数据控件的默认值决定，用户可以通过 CTL 文件中的设置控件默认值作为对象设置默认初始值。设置方法为：打开 CTL 数据文件，在簇元素中设置数据以后，选择主菜单"编辑"下的"当前值设置为默认值"选项，保存即可。如果需要改变对象属性值，则需要通过 VI 函数来指定，一般用户都会为对象添加一个初始化 VI 用于为对象设定初始值。当 LabVIEW 不再需要 LabVIEW 类中的信息时，LabVIEW 将以处理簇和数组同样的方法进行内存释放。

9.7.2   对象数据文件操作

LabVIEW 中的对象数据同其他数据一样，可以保存为二进制文件或数据记录文件。下面通过初始化"教师"类对象，把初始化属性值保存到一个二进制文件中，说明如何将对象数据保存到文件中。

步骤一：在项目结构内新建一个 VI，命名为"保存对象数据到文件"。

步骤二：在前面板中为"教师"对象的四个属性分别添加一个输入控件。

步骤三：打开程序框图，创建一个"教师"类对象，添加"教师"类的初始化函数"教师_初始化.vi"，连接各个连线端子。

步骤四：添加"当前 VI 路径"函数、"创建路径"函数、"打开/创建/替换文件"函数、"写入二进制文件"函数和"关闭文件"函数。连接函数线路如图 9.21 所示。

步骤五：在前面板各控件内输入相应的信息，运行 VI。可以在当前路径下观察到系统生成了一个二进制文件。

步骤六：读取对象数据文件夹，此处不再赘述，可参考如图 9.22 所示的程序框图。

图 9.21　写入对象数据到二进制文件　　　　图 9.22　读取对象数据文件

9.8　两种编程方法的比较

为了帮助使用 LabVIEW 的开发人员更好地比较面向对象和面向过程的编程方法，NI 提供了一个浅显易懂的实例。在 LabVIEW 2015 启动窗口界面上，选择"帮助"下的"查找范例(E)…"选项，即可弹出如图 9.23 所示的"NI 范例查找器"。在"基础"选项下的"面向对象"目录中，找到"Board Testing.lvprog"项目，该项目即为对两种编程方法进行比较的范例项目文件。

图 9.23　NI 范例查找器

9.8.1 测试目的

某公司生产了三种板卡，分别为 Basic DAQ Board(基本 DAQ 板卡)、Elite DAQ Board(高级 DAQ 板卡)和 GPIB 板卡。每块板卡在生产流水线上装配完成后，需要检验电路板上各个元件是否都焊接在正确的位置上。每条流水线上各有一个摄像头，用于拍摄板卡的图像，各摄像头会把图像传送给同一台计算机。因此，需要一个 LabVIEW 程序接收图像，并通过分析图像判断板卡装配是否正确，板卡检验系统如图 9.24 所示。板卡由电阻、电容和芯片等通用器件组成，如图 9.25 所示为板卡简化后的模板，图中不同的颜色表示不同的元件。

图 9.24 板卡检验系统

图 9.25 三种板卡模板

如果用网格将板卡划分为大小相等的矩形，并将每行和每列的矩形都用二维数组的概念按照 0～n 编号，那么就可以把每一个位置的不同元件看做这个二维数组的某一个位置的元素。

9.8.2 面向过程的方法

在 Board Testing 项目中，"Task-Oriented Solution" 文件夹中的 "Test Boards_TASK.vi" 可用于说明如何用面向过程的编程方法来解决上述板卡检验的问题。

如图 9.26 所示为 "Test Boards_TASK.vi" 的程序框图，其中，"Generate Test Images.vi" 首先模拟一个图像采集任务，然后将图像放入一个队列。While 循环每次从队列中取出一个图像并进行处理。每个图像数据附加了一个代表板卡类型的值。选择结构根据板卡类型切换程序分支，运行相应的板卡测试子程序。测试结果包括测试名称(字符串)、板卡类型(枚举量)和测试结论(布尔量)。运行该 VI，运行效果如图 9.27 所示。

图 9.26 面向过程的程序框图

图 9.27　板卡检验系统运行效果图

测试的方法是通过检查指定的位置是否满足指定的颜色，来表示该位置是否为正确的元件。分别打开每一种板卡测试 VI 的程序框图，可以看出三种板卡相同的部分共用了一个 VI，即"Test_Common to All Boards.vi"。而对于每一个元件的检测程序，通过封装为"SubVI:Test For Square Of Color.vi"，从而增强了代码的重用性。该程序是通过共享子 VI 完成通用的测试任务以实现代码重用，总体来说对于所要求的任务这也是一个不错的方案。

9.8.3　面向对象的方法

下面介绍面向对象的解决方案。在"Board Testing"项目中，打开"Object-Oriented Solution"文件夹中的"Test Boards_OBJECT.vi"，如图 9.28 所示是其程序框图，该 VI 说明了如何用面向对象编程的方法解决同样的问题。

图 9.28　面向对象的程序框图

在程序框图中生成仿真图像和输出测试结果部分的图形代码与面向过程的程序相同。在面向过程的程序中可用一个选择结构来选择板卡的类型，而在面向对象的程序中是用

"Enum to Board Design.vi"产生一个与板卡类型适应的对象。

9.8.4　两种方法的比较

通过比较很容易看出，在面向对象的编程方法与面向过程的编程方法中，程序对每个板卡执行相同的操作(检查图像、创建测试名称等)，然而打开"Check Image Matches Design.vi"的程序框图，会发现它与面向过程的编程方法有很大的不同。在该 VI 中并非逐块地检查特定位置的颜色，而是建立了一个板卡组件的对象表，然后对每个组件调用自检测(Self Test)方法，如图 9.29 所示。面向对象的编程方法与面向过程的方法在分解问题时会采用不同的形式。

图 9.29　板卡模板器件定位程序框图

在项目浏览器中打开"Object-Oriented Solution\Classes"文件夹，可以看出面向对象的编程方法比面向过程的编程方法使用了更多的子 VI。在面向对象的程序系统中，每个 VI 承担一个非常单一的任务，因此与面向过程的编程方法相比，每个 VI 都很小，VI 的数量也很多。当我们初次编写一个程序的代码时，面向对象编程的优势也许不能完全体现出来。

总之，采用面向过程的编程方法时，如果从任务的角度看某些问题相同，可在解决这些问题的地方共享代码；采用面向对象的编程方法时，当任务中的对象相同时就可以共享代码。这样分解组件使组件改变时，代码更新非常容易，组件的行为独立于系统其他部分。在应用程序开发的第一版，面向对象编程并不能显示出全部优势，但是随着程序版本的更新，面向对象编程的代码更易维护，代码容易修改且修改时不易出错，其优势会逐渐体现出来。

数据库操作

<big>第 10 章</big>

数据库是程序进行数据存储的一种主要手段，几乎所有大型的项目都要用到数据库，因为当数据量很大时，用数据库可以有效地对数据进行组织，实现更方便、快速的方法存取和处理。

20 世纪 60 年代，第一个数据库管理系统(DBMS)发明之前，数据记录主要通过磁盘或穿孔卡片，那时无论是数据的管理、查询或是存储都是一件非常繁琐的事情。随着计算机开始广泛地应用于数据管理，对数据共享的要求也越来越高，传统的文件系统已经不能满足人们的需要，能够统一管理并共享数据的数据库管理系统应运而生。第一个数据库是美国通用电气公司 Bachmann 等人在 1961 年开发成功的 IDS(Integrated Data Store)，它奠定了数据库的基础，并在当时得到了广泛的发行和应用。

如今，数据库技术已经比较成熟了，著名的数据库管理系统有 SQL Server、Oracle、MySQL、DB2、Sybase ASE、Visual ForPro 和 Microsoft Access 等。MySQL 是一个开放源码的小型关联式数据库管理系统，开发者为瑞典 MySQL AB 公司。目前，MySQL 被广泛地应用在互联网上的中小型网站中。由于其体积小、速度快、总体拥有成本低，尤其是开放源码这一特点，许多中小型网站为了降低网站成本而选择了 MySQL 作为网站数据库。本章将基于 MySQL，介绍在 LabVIEW 中如何对数据库进行访问的技术。

10.1 MySQL 基础

MySQL 数据库可以在 Windows、UNIX、Linux 和 Mac OS 等操作系统上运行。因此，MySQL 针对不同的操作系统有不同的版本。如果要下载 MySQL，必须先了解使用的操作系统，然后根据操作系统下载相应的 MySQL。本节将介绍 MySQL 的基本应用。

10.1.1 MySQL 下载与安装

用户可以到 MySQL 的官方下载地址 "http://www.mysql.com/downloads/mysql/" 下载不同版本的 MySQL 安装软件。同时，也可以在百度、谷歌和雅虎等搜索引擎中搜索下载链接。本书中使用的数据库为 MySQL 5.1 版本。

在 Windows 系列的操作系统下，MySQL 数据库的安装包分为图形化界面安装和免安装(Noinstall)。这两种安装包的安装方式不同，而且配置方式也不同。图形化界面安装包有完整的安装向导，安装和配置很方便，根据安装向导的说明安装即可。免安装的安装包直接解压即可使用，但是配置起来很不方便。下面将介绍通过图形化界面的安装向导来安装 MySQL 的具体过程。

(1) 下载完整 Windows 版的 MySQL 5.1 安装包，解压后用鼠标双击安装文件进入安装向导，此时弹出 MySQL 安装欢迎界面，如图 10.1 所示。

图 10.1　MySQL 安装欢迎界面

(2) 单击"Next"按钮，进入选择安装方式的界面，如图 10.2 所示。有 3 种安装方式可供选择，即"Typical"(典型安装)、"Complete"(完全安装)和"Custom"(定制安装)，对于大多数用户，选择"Typical"就可以了。单击"Next"按钮进入下一步。

图 10.2　选择安装方式的界面

(3) 进入如图 10.3 所示的准备安装界面。在 MySQL 5.1 中，数据库主目录和文件目录是分开的。其中，"Destination Folder"为 MySQL 所在的目录，默认目录为"C:\Program Files\MySQL\MySQL Server 5.1"。"Data Folder"为 MySQL 数据库文件和表文件所在的目录，默认目录为"C:\Documents and Settings\All Users\Application Data\MySQL\MySQL Server

5.1\data"，其中，"Application Data"是隐藏文件夹。确认后单击"Install"按钮，进入 MySQL 安装界面，正式开始安装。

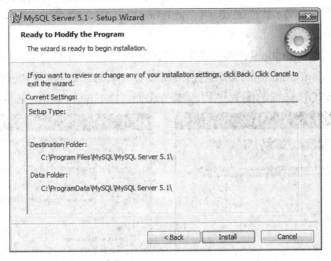

图 10.3　准备安装界面

(4) 单击"Next"按钮后，进入如图 10.4 所示的安装完成界面。此处有两个选项，分别是"Configure the MySQL Server now"和"Register the MySQL Server now"。下面对这两个选项进行简要说明。

① Configure the MySQL Server now：表示是否现在就配置 MySQL 服务。如果用户不想现在就配置，可以忽略该选项。

② Register the MySQL Server now：表示是否现在注册 MySQL 服务。

为了使用户更加全面地了解安装过程，此处进行简单的配置，并注册 MySQL 服务。因此，选择这两个选项。

图 10.4　安装完成的界面

(5) 单击"Finish"按钮，MySQL 数据库安装完成。安装完成时，如若选择了"Configure the MySQL Server now"选项，图形化安装向导将进入 MySQL 配置欢迎界面。通过配置向导，可以设置 MySQL 数据库的各种参数。

(6) 图形化界面将进入 MySQL 配置欢迎界面，如图 10.5 所示。单击"Next"按钮，进入选择配置类型界面，如图 10.6 所示。MySQL 中有两种配置类型，分别为"Detailed Configuration"(详细配置)和"Standard Configuration"(标准配置)。对这两种配置类型的介绍如下：

① Detailed Configuration(详细配置)：将详细配置用户的连接数、字符编码等信息。

② Standard Configuration(标准配置)：将设置 MySQL 最常用的安装配置。

为了了解 MySQL 详细的配置过程，本书选择"Detailed Configuration"进行配置。

图 10.5　MySQL 配置欢迎界面　　　　　图 10.6　选择配置类型界面

(7) 选择"Detailed Configuration"选项，然后一直单击"Next"按钮，进入如图 10.7 所示的字符集配置界面。前面的选项一直是按默认设置进行的，这里则要进行一些修改。选择"Manual Selected Default Character Set/Collation"选项，在"Character Set"单选框中将"latin1"修改为"gb2312"。

图 10.7　字符集配置界面

(8) 单击"Next"按钮，进入服务选项对话框，服务名为 MySQL，这里不进行修改。单击"Next"按钮，进入如图 10.8 所示的设置安全选项界面。在密码输入框中输入 root 用户的密码，一般默认为"root"。若要防止通过网络以"root"登录，可勾选"Enable root access

from remote machine"(不允许从远程主机登录连接 root)选项。若要创建一个匿名用户账户，可勾选"Create An Anonymous Account"(创建匿名账户)选项。由于安全原因，此处不建议选择该项。

图 10.8　安全选项对话框

(9) 单击"Next"按钮，进入准备执行界面。随后单击"Execute"按钮执行配置，执行完毕，将进入如图 10.9 所示的配置完成界面。单击"Finish"按钮后，即可完成 MySQL 整个安装与配置过程。

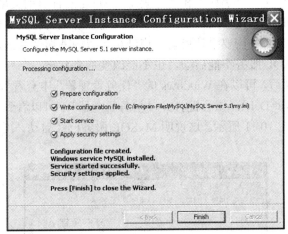

图 10.9　配置完成界面

如果顺利地执行了上述步骤，MySQL 就已经安装成功了，且 MySQL 的服务已经启动。

10.1.2　启动 MySQL 服务

只有启动 MySQL 服务后，客户端才可以登录 MySQL 数据库。在 Windows 操作系统中，可以设置自动启动 MySQL 服务，也可以手动启动 MySQL 服务。本节将为读者介绍启动与终止 MySQL 服务的方法。

在"控制面板"下"管理工具"选项中的"服务"命令内，可以找到名为"MySQL"的服务。在此处使用鼠标右键单击"MySQL 服务"选项，选择"属性"命令后进入如图

10.10 所示的"MySQL 的属性"界面。

图 10.10 MySQL 的属性

可以在"MySQL 的属性"界面中设置"服务状态"，可以将"服务状态"设置为"启动"、"停止"、"暂停"和"恢复"。而且还可以设置"启动类型"，在"启动类型"处的下拉菜单中可以选择"自动"、"手动"和"已禁用"。对这三种启动类型的说明如下：

① 自动：MySQL 服务是自动启动，可以手动将状态变为停止、暂停和重新启动等。

② 手动：MySQL 服务需要手动启动，启动后可以改变服务状态，如停止、暂停等。

③ 已禁用：MySQL 服务不能启动，也不能改变服务状态。

MySQL 服务启动后，可以在 Windows 的"任务管理器"中查看 MySQL 的服务是否已经运行。通过 Ctrl+Alt+Delete 组合键打开"任务管理器"，可以看到"mysql.exe"的进程显示为正在运行，如图 10.11 所示。这说明 MySQL 服务已经启动，用户可以通过客户端访问 MySQL 数据库。

图 10.11 Windows 任务管理器

10.1.3 MySQL 常用图形管理工具

MySQL 图形管理工具可以在图形界面上操作 MySQL 数据库。在命令行中操作 MySQL 数据库时，需要使用很多命令。而图像管理工具则只需使用鼠标点击即可，这使得 MySQL 数据库的操作更加简单。本节将介绍一些常用的 MySQL 图形管理工具。

MySQL 的图形管理工具很多，常用的有 MySQL GUI Tools、phpMyAdmin、Navicat、SQL-Front 等。通过这些图形管理工具，可以使 MySQL 的管理更加方便。每种图形管理工具各有特点，下面分别进行简单的介绍。本章实例中使用的是 SQL-Front 图形管理工具，安装时直接按照默认安装即可。

1. MYSQL GUI Tools

MySQL GUI Tools 是 MySQL 官方提供的图形化管理工具，功能很强大，提供了四个非常好用的图形化应用程序，方便数据库管理和数据查询。这些图形化管理工具可以大大提高数据库管理、备份、迁移和查询以及管理数据库实例的效率，即使没有丰富的 SQL 语言基础的用户也可以应用自如。这四个图形化应用程序分别是：

(1) MySQL Migration Toolkit：MySQL 数据库迁移工具。

(2) MySQL Administrator：MySQL 管理器。

(3) MySQL Query Browser：用于数据查询的图形化客户端。

(4) MySQL Workbench：DB Design 工具。

MySQL GUI Tools 现在的版本是 5.0，下载地址是"http://dev.mysql.com/downloads/gui-tools/5.0.html"。这个图形管理工具安装非常简单，使用也非常容易。

2. phpMyAdmin

phpMyAdmin 是最常用的 MySQL 维护工具，是一个用 PHP 开发的基于 Web 方式架构在网站主机上的 MySQL 图形管理工具，支持中文，用于管理数据库非常方便。phpMyAdmin 的使用非常广泛，尤其在进行 Web 开发方面。不足之处在于对大数据库的备份和恢复不方便。phpMyAdmin 的下载网址是"http://www.phpmyadmin.net/"。

3. Navicat

Navicat 是一款专为 MySQL 设计的高性能的图形化数据库管理及开发工具。它可以用于任何版本的 MySQL 数据库服务器，并支持大部分 MySQL 最新版本的功能，包括触发器、存储过程、函数、事件、视图、管理用户等。和微软 SQL Server 的管理器十分类似，易学易用。Navicat 使用图形化的用户界面，可以让用户使用和管理更为轻松。该软件支持中文，有免费版本提供。Navicat 的下载地址是"http://www.navicat.com/"。

4. SQLyog

SQLyog 是业界著名的 Webyog 公司出品的一款简洁高效、功能强大的图形化 MySQL 数据库管理工具。使用 SQLyog 可以快速直观地让用户从世界的任何角落，通过网络来维护远端的 MySQL 数据库，而且软件本身完全免费。SQLyog 下载网址是"https://www.webyog.com/"。

5. SQL-Front

SQL-Front 是 MySQL 数据库的可视化图形工具，因为它是"实时"的应用软件，可以提供比系统内建在 PHP 和 HTML 上更为精炼的用户界面。软件可达到即刻响应，没有重载 HTML 页的延迟。它的主要特性包括具有多文档界面、语法突出，数据库和表格可拖拽，具有可编辑/可增加/删除的域、可编辑/可插入/删除的记录、可显示的成员、可执行的 SQL 脚本，提供与外程序的接口，可将数据保存到 CSV 文件等。

10.2　LabSQL 简介

LabSQL 是一款免费的、多数据库、跨平台的 LabVIEW 数据库访问工具包，可以在 "http://jeffreytravis.com/" 网站中下载。同时，也可以在百度、谷歌和雅虎等搜索引擎中搜索下载链接。

LabSQL 的安装方法很简单，在 LabVIEW 安装目录的 "user.lib" 文件夹中新建一个名为 "LabSQL" 的文件夹，将下载的 "LabSQL_1.1a.rar" 解压到 "LabSQL" 文件夹中。解压后可以看到 "LabSQL ADO functions" 和 "Examples" 两个文件夹，"ADO210" 帮助文档和 "README_FIRST" 文本文档。LabSQL ADO functions 是 LabSQL 的工具包，Examples 是应用实例，ADO210 是程序员帮助文档，README_FIRST 是 LabSQL 的说明文件，其中包括 LabSQL 的版本信息、系统需求、安装步骤和简单的使用方法等。安装完成后，重启 LabVIEW，在 "函数" 下的 "用户库" 子面板中就可以找到 LabSQL 函数库了，如图 10.12 所示。

图 10.12　LabSQL 子面板

LabSQL 的系统需求如下：

(1) LabVIEW 6i 或以上版本。

(2) 所访问的数据库必须安装 ODBC 驱动。

(3) 系统已安装 MDAC2.6 或更高版本，一般来说，Windows 2000 及以上的操作系统都自带该组件。

LabSQL VIs 按照 ADO 对象分为 3 类，并且分别位于 "Command"、"Connection" 和 "Recordset" 三个文件夹中。

Command VIs 的功能是完成一系列基本的 ADO 操作，例如创建或删除一个 Command、对数据库中的某一个参数进行读或写操作等。

Connection VIs 用于管理 LabVIEW 与数据库之间的连接。

Recordset VIs 用于对数据库中的记录进行各种操作，例如创建或删除一条记录，对记录中的某一个条目进行读/写操作等。

最顶层提供了 3 个 VI，其中最常用的就是"SQL Execute.vi"。它将底层的一些 VI 封装起来，提供了一个最简单的接口，即直接执行 SQL 语句。通过 SQL 语句可以执行任何数据库操作。

SQL(Structured Query Language，结构化查询语句)是关系型数据库管理系统的标准语言，因此用它可以访问各种支持 SQL 语言的关系型数据库。SQL 语言非常简单，如果用户不曾接触过，可以参考相关书籍，其中一些简单的查询、添加和修改语句对访问数据库是非常有帮助的。

10.3　数据源配置

在介绍数据源配置之前，必须先了解 ODBC 和 ADO 的概念，因为数据源是在 ODBC 中建立的，而 ADO 是通过 ODBC 来访问数据库的。

10.3.1　ODBC 简介

开放数据库互连(Open Database Connectivity，ODBC)是微软公司开放服务结构(WOSA，Windows Open Services Architecture)中有关数据库的一个组成部分，它建立了一组规范，并提供了一组对数据库访问的标准 API(应用程序编程接口)。这些 API 利用 SQL 来完成其大部分任务。ODBC 本身也提供了对 SQL 语言的支持，用户可以直接将 SQL 语句发送给 ODBC。

ODBC 是数据库与应用程序之间的一个公共接口，应用程序与数据库通信是通过访问 ODBC 而不是直接访问具体的数据库。一个基于 ODBC 的应用程序对数据库的操作不依赖任何 DBMS，即不直接与 DBMS 打交道，所有的数据库操作由对应 DBMS 的 ODBC 驱动程序完成。也就是说，无论是 SQL Server、Oracle、MySQL 数据库，还是 Visual ForPro、Microsoft Access 数据库，均可用 ODBC API 进行访问。由此可见，ODBC 最大的优点是能以统一的方式处理所有的数据库。如果没有 ODBC，应用程序访问数据库将是非常麻烦的，用户需要学习具体数据库提供的编程接口，而且如果需要更换 DBMS 时，系统程序也必须作很大改动。

不过直接使用 ODBC API 也比较麻烦，所以微软公司后来又发展出像 DAO、RDO、ADO 这些数据库对象模型。使用这些对象模型开发程序更加容易。这些模型都支持 ODBC，所以即使用户所访问的数据库没有提供 ADO 驱动，只要有 ODBC 驱动一样可以使用 ADO 进行访问。

利用 ADO 与 ODBC 访问数据库的过程示意图如图 10.13 所示。

图 10.13 中的 ODBC 驱动程序可针对每一类 DBMS，它由数据库厂商以动态链接库的形式提供，用于实现 ODBC 函数调用与数据源交互。而数据源是

图 10.13　ADO 与 ODBC 访问数据库

ODBC 到数据库的接口形式,它描述了用户需要访问的数据库以及相应的各种参数等信息,例如,数据库所在计算机、用户和密码等信息。数据源名将会作为访问数据库的标识,因此在与数据库进行连接之前,必须在 ODBC 数据源管理器中建立数据源。

本章实例介绍安装的驱动程序是“mysql-connector-odbc-5.3.4-win32”,选择默认安装即可,如果有些系统安装不上该程序,可以在网站下载其他版本的驱动安装。

10.3.2 ADO 简介

ADO(ActiveX Data Objects,ActiveX 数据对象)是 Microsoft 提出的应用程序接口(API),用以实现访问关系或非关系数据库中的数据。

由于直接使用 ODBC API 非常繁琐,因此需要借助于 ADO 来简化数据库编程。ADO 的主要优点是易于使用、高速度、低内存支出且占用磁盘空间较少。

ADO 通过编程模型实现对数据库的操作。编程模型是访问和更新数据源所必需的操作顺序,它概括了 ADO 的全部功能。编程模型意味着对象模型,即响应并执行编程模型的“对象”组。对象拥有“方法”,方法执行对数据进行的操作;对象拥有“属性”,属性指示数据的某些特性或控制某些对象方法的行为。与对象关联的是“事件”,事件是某些操作已经发生或将要发生的通知。

1. ADO 操作方式

ADO 可提供执行以下操作的方式。

(1) 连接到数据源,同时可确定对数据源的所有更改是否已成功或没有发生。

(2) 指定访问数据源的命令,同时可带变量参数,或优化执行。

(3) 执行命令。

(4) 如果这个命令是数据按表中的行的形式返回的,则将这些行存储在易于检查、操作或更改的缓存中。

(5) 适当情况下,可使用缓存行的更改内容来更新数据源。

(6) 提供常规方法检测错误(通常由建立连接或执行命令造成)。

在典型情况下,需要在编程模型中采用所有步骤。但是,由于 ADO 有很强的灵活性,所以最后只需执行部分模块即可达到效果。

2. ADO 的对象和集合

ADO 对象模型包含了九个对象和四个集合,具体含义如下。

(1) Connection 对象:代表与数据源进行的唯一会话,如果是客户端/服务器数据库系统,该对象可以等价于到服务器的实际网络连接。取决于 Provider(即所采用的 DBMS)所支持的功能,Connection 对象的某些集合、方法或属性有可能无效。

(2) Command 对象:用来定义对数据源执行的指定命令,例如一条在指定数据源上运行的 SQL 语句。

(3) Recordset 对象:表示来自基本表或命令执行结果的记录全集。在任何时候,Recordset 对象所指的当前记录均为集合内的单个记录。

(4) Record 对象:表示一个单行的数据,它可以来自于 Recordset 或来自于 Provider。这个记录可能是数据库中的一条记录,也可能是其他类型的对象,例如一个文件或目录(这取决于 Provider)。

(5) Stream 对象：代表一个二进制或文本数据流。

(6) Parameter 对象：代表 Command 对象的一个参数，取决于一个带参数的查询或存储过程。

(7) Field 对象：每一个 Field 对象对应于 Recordset 对象的一列，即一个字段。

(8) Property 对象：代表 Provider 定义的一个 ADO 对象的属性。

(9) Error 对象：数据访问过程中的错误细节，它属于包含 Provider 的一个单操作。

(10) Fields 集合：包含所有的 Recordset 或 Record 对象的 Field 对象。

(11) Properties 集合：包含一个具体对象的所有 Property 对象。

(12) Parameters 集合：包含一个 Command 对象的所有 Parameter 对象。

(13) Errors 集合：包含一个 Provider 相关失败的所有 Error 对象。

10.3.3 建立数据源

数据源是通过数据源名 DSN(Data Source Name)来标识的，它是连接 LabSQL 与数据库的纽带，因此在使用 LabSQL 之前，必须首先在 Windows 操作系统的 ODBC 数据源中创建一个 DSN。下面介绍创建一个 ATM 数据源，该数据源可作为后文数据库操作的 ATM 自动取款机系统实例的实际应用，创建步骤如下：

步骤一：首先需要在 MySQL 数据库中创建一个数据库，将其命名为 ATM，并在该数据库中创建一张"T_user"表，表结构和参考数据信息如图 10.14 所示。

名称	类型	空	默认值	属性	备注
索引 (1)					
主索引	Id			unique	
字段 (5)					
Id	int(11)	否	<auto...		
user_id	varchar(20)	是	<空>		用户账户编号
user_name	varchar(10)	是	<空>		用户姓名
user_password	varchar(10)	是	<空>		用户密码
money	int(11)	是	0		用户账上金额

Id	user_id	user_name	user_password	money
1	20051	向守超	123456	6500
2	20052	候从喜	111111	3625
3	20053	张国军	333333	6600

图 10.14 user_table 表结构及参考数据信息

步骤二：在 Windows 操作系统"控制面板"下的"系统和安全"选项中的"管理工具"内选择"数据源(ODBC)"，即可弹出如图 10.15 所示的"ODBC 数据源管理器"对话框。在"驱动程序"选项卡中可以看到安装的"MySQL ODBC 5.3 ANSI Driver"和"MySQL ODBC 5.3 unicode Driver"ODBC 驱动程序。对于 64 位系统，用这种方式打开"ODBC 数据源管理器"对话框是不能成功配置 32 位驱动数据源的，只有通过打开 cmd 窗口，运行命令"c:/windows\syswow64\odbcad32.exe"，在弹出的"ODBC 数据源管理器"对话框才可成功配置。

图 10.15 "ODBC 数据源管理器"对话框

步骤三：在"ODBC 数据源管理器"对话框中切换到"用户 DSN"选项卡，选择"添加(D)…"按钮，在弹出如图 10.16 所示的"创建新数据源"对话框中选择"MysQL ODBC 5.3 ANSI Driver"驱动程序。

图 10.16 "创建新数据源"对话框

步骤四：点击"创建新数据源"对话框的"完成"按钮，会弹出如图 10.17 所示的配置数据源的窗口。其中，"Data Source Name"选项用于配置数据源的名称；"Description"选项表示对数据源的描述说明；"TCP/IP Server"选项表示服务器的 IP 地址，对于本机服务器，可以填写"127.0.0.1"或"localhost"；"User"和"Password"选项表示打开数据库的用户名和密码，可由用户安装数据库时决定，此处采用的是默认用户和密码，都为"root"；

"Database"选项表示所配置数据源的数据库名称。点击"OK"按钮,则在"用户DSN"选项卡内可以看到配置成功的数据源,如图 10.18 所示。

图 10.17　配置数据源窗口

图 10.18　配置成功的数据源

10.4　数据库操作

　　成功创建数据源后,就可以对其中的数据进行操作了。通常,对数据库的基本操作包括在数据表中添加、删除、更新记录或查询记录等。本节数据库操作以简易的 ATM 自动存取款系统为例,包括登录系统、查询余额、存取款系统、删除和添加用户等。

10.4.1　ATM 登录功能

应用软件登录功能模块是进入应用软件系统的第一步。本节要实现的 ATM 自动取款机系统的登录功能模块，具有验证账号、密码不能为空、登录次数不能超过三次以及验证用户名和密码是否正确的功能。在 LabVIEW 中通过 ODBC 数据源实现数据库的操作分为四步：第一步为使用函数"ADO Connection Create.vi"，其功能是创建一个数据库连接的对象；第二步为使用函数"ADO Connection Open.vi"，其功能是打开数据源，连接数据库；第三步为使用函数"SQL Execute.vi"，其功能是实现 SQL 语句，同时可以返回查询到的数据内容和数据条数；第四步为使用函数"ADO Connection Close.vi"，其功能是关闭数据库连接。

在 ATM 自动取款机系统的登录功能模块中，当用户点击"登录"按钮以后，程序首先验证账号和密码是否为空以及密码的长度是否为 6。其次实现数据库的连接，根据用户输入的用户名和密码作为查询数据库的条件，搜索数据库中是否存在该用户，如果搜到该用户，则返回数字 1，提示框提示"登录成功"；如果没有搜到该用户，返回数字 0，提示框提示"登录失败"。最后计数登录次数是否达到 3 次，如果达到 3 次，则退出程序。当用户点击"重置"按钮以后，可实现对账号和密码文本框的内容清空；当用户点击"退出"按钮以后，可终止程序运行。程序设计步骤如下。

步骤一：新建一个 VI，保存文件名为"ATM 登录系统.vi"。打开前面板，在前面板设计 ATM 自动取款机登录界面，如图 10.19 所示。

图 10.19　ATM 自动取款机登录界面

步骤二：设置账号和密码查询功能。切换到程序框图，选择"函数"→"用户库"→"LabSQL"→"LabSQL ADO Functions"→"Connection"选项，将"Connection"下的"ADO Connection Create.vi"、"ADO Connection Open.vi"、"ADO Connection Close.vi"三个函数放置在程序框图中，选择"函数"→"用户库"→"LabSQL"→"LabSQL ADO Functions"→"SQL Execute.vi"，将所选函数放置在程序框图中。这四个函数可分别实现数据库连接对象的创建、数据源的连接、SQL 语句的执行和数据库连接的关闭功能。在"ADO Connection Open.vi"函数的"ConnectionString"输入端创建一个常量，输入"DSN=ATM;"，表示用户当前连接的 ODBC 数据源是前面创建好的 ATM 数据源。在"SQL Execute.vi"函数的"Command Text"输入端前添加一个"连接字符串"函数，该连接字符串函数用于实现把用户输入的账号和密码组成一个合法的条件查询 SQL 语句。将"SQL Execute.vi"函数的"Rows Fetched"输出端的输出值与数值 1 进行比较，判断其是否等于 1，等于 1 表示查询到该用户，提示用户登录成功，查询结果不为 1；为 0 表示没有查询到该用户，提示"账号和密码错误，登录失败"。账号和密码查询功能程序框图如图 10.20 所示。

图 10.20　账号和密码查询功能程序框图

步骤三：验证账号是否为空和密码长度是否为 6。在程序框图中添加"字符串长度"函数，分别获取账号对象和密码对象的字符串长度，比较账号长度是否为 0 以及密码长度是否为 6，从而实现对账号是否为空以及密码长度是否为 6 的验证。验证成功实现步骤二的账号和密码查询功能，验证不成功则提示用户"请输入合法的账号和密码，密码长度为 6，都不能为空！"。程序框图如图 10.21 所示。

图 10.21　验证账号和密码框图

步骤四：验证登录次数。在程序框图中添加一个"平铺式顺序结构"，把步骤二和步骤三的程序框图放置在同一个帧中，在其后添加一个帧，放置登录次数验证框图。在程序框图中添加一个隐藏的数值显示控件，通过该控件的局部变量来实现数值的递增，当数值增加到 3 时，提示用户"对不起，你的操作已经达到三次，麻烦到柜台办理相关手续"。程序框图如图 10.22 所示。

图 10.22　登录次数验证框图

步骤五：重置按钮功能。重置按钮的功能非常简单，就是清空账号和密码文本框中的内容；程序框图也非常简单，首先创建账号和密码两个对象的局部变量，然后添加一个"空字符串常量"，将空字符串常量赋值给账号和密码两个对象的局部变量即可。

步骤六：添加事件结构。在程序框图中添加一个事件结构，添加"'确定按钮'：值改变"和"'重置按钮'：值改变"两个事件分支。把"平铺式顺序结构"添加到"'确定按钮'：值改变"事件分支中，把"重置"按钮功能添加到"'重置按钮'：值改变"事件分支中。设置事件超时为 100 ms。

步骤七：添加 While 循环结构。在程序框图中添加一个 While 循环结构，把事件结构包含在循环体内，设置循环间隔时间为 100 ms，"退出"按钮连接循环条件端子。

步骤八：运行程序，当用户输入账号和密码后，结果如图 10.23 所示。

图 10.23　ATM 自动取款机系统效果图

10.4.2　ATM 查询功能

查询数据是数据库操作中最常用的一项功能。通过对数据库的查询，用户可以从数据库中获取需要的数据。数据库中可能包含着无数的表，表中可能包含着无数的记录，因此，要获得所需的数据并非易事。在 MySQL 中可以使用 SQL 语句来查询数据，根据查询的不同条件，数据库系统会找到不同的数据。一般包括单表查询、多表查询、嵌套查询等，本节只是进行单表查询的查询所有字段、查询指定字段和逐条数据查询。

1. 查询所有字段

查询所有字段是指查询表中所有字段的数据，这种方式可以将表中所有字段的数据都查询出来。MySQL 中有两种方式可以查询表中所有字段：一是使用*号默认显示表的所有字段，二是在 select 语句中列举需要显示的字段名。

下面介绍通过第一种方式实现所有字段查询，程序设计步骤如下：

步骤一：新建一个 VI，打开前面板。从"控件"下的"新式"选项中的"列表、表格和树"子面板中选择"表格"控件，将其放置到前面板中，命名为"查询所有字段"。

步骤二：切换到程序框图，使用鼠标右键单击"表格"控件，选择"转换为显示控件"，用来显示查询到的结果。选择"函数"→"用户库"→"LabSQL"→"LabSQL ADO Functions"→"Connection"，在"Connection"子面板中选择"ADO Connection Create.vi"、"ADO Connection Open.vi"、"ADO Connection Close.vi"三个函数，并将其放置在程序框图中。选择"函数"→"用户库"→"LabSQL"→"LabSQL ADO Functions"→"SQL Execute.vi"，将所选函数放置在程序框图中。在"ADO Connection Open.vi"函数的"ConnectionString"输入端设置常量"DSN=ATM;"；在"SQL Execute.vi"函数的"Command Text"输入端设置常量"select * from t_user;"；把"SQL Execute.vi"函数的"Data"输出端与"查询所有

字段"控件相连，程序框图如图 10.24 所示。

图 10.24　查询所有字段框图

步骤三：运行程序，前面板显示结果如图 10.25 所示。

查询所有字段					
序号	账号	姓名	密码	金额	
1	20051	向守超	123456	6500	
2	20052	候从喜	111111	3625	
3	20053	张国军	333333	6600	

图 10.25　查询所有字段显示结果

2. 查询指定字段

查询指定字段是指按照用户需求只查询数据库表中的某一个字段或某部分字段内容，查询方法是在 select 语句中列举只需要显示的字段名即可。

下面介绍如何对某一用户的余额进行查询显示，程序设计步骤如下：

步骤一：新建一个 VI，打开前面板，添加一个字符串输入控件和字符串显示控件，分别命名为"账号"和"余额"；添加一个"确定按钮"布尔控件，命名为"余额查询"。

步骤二：切换到程序框图，在程序框图中添加一个事件结构，并添加"'确定按钮'：值改变"事件分支。对"SQL Execute.vi"函数的"Data"输出端，使用两个 For 循环结构进行索引，将其索引值赋值给余额控件。在事件分支中编写其他代码，如图 10.26 所示，这里不再赘述。

图 10.26　余额查询程序框图

步骤三：运行程序，在前面板的"账号"文本框中输入表中的某一个账号，单击"余额查询"按钮，即可查询出当前用户的余额。运行效果图如图 10.27 所示。

图 10.27　余额查询效果图

3. 逐条数据查询

逐条数据查询是一次显示一条或多条数据库表中的数据记录，类似于 WEB 开发的分页显示，但还需要对数据进行处理，此处只需查询出数据记录，并未进行深入的格式处理，读者如果有兴趣可以通过其他资料进行更深入的研究学习。

从前面的例子可以看出，仅通过 SQL 语句基本上可以实现对大部分数据库的查询操作。但是若要对记录集中的单条数据进行灵活的操作，则需要通过 Recordset VIs 实现；如果需要支持存储过程或视图，则需要借助 Command VIs 实现。

逐条数据查询程序设计步骤如下：

步骤一：新建一个 VI，打开前面板。添加一个字符串显示控件，命名为"逐条查询结果显示"，添加一个布尔型的确定按钮，命名为"下一条记录"；添加一个布尔型的圆形指示灯控件，命名为"查询结束指示灯"，当查询到没有数据时，此灯亮，即程序的 EOF 标志。

步骤二：切换到程序框图，选择"函数"→"用户库"→"LabSQL"→"LabSQL ADO Functions"→"Connection"，在"Connection"子面板中选择"ADO Connection Create.vi"、"ADO Connection Open.vi"、"ADO Connection Close.vi"、"ADO Connection Execute.vi"四个函数，并将其放置在程序框图中。选择"函数"→"用户库"→"LabSQL ADO Functions"→"Recordset"，在"Recordset"子面板中选择"ADO Recordset EOF.vi"、"ADO Recordset GetString.vi"两个函数，并将其放置在程序框图中。在"ADO Connection Open.vi"函数的"ConnectionString"输入端设置常量"DSN=ATM;"；在"ADO Connection Execute.vi"函数的"Command Text"输入端设置常量"select * from t_user;"。

步骤三：在程序框图中添加一个 While 循环结构，将"ADO Recordset EOF.vi"、"ADO Recordset GetString.vi"两个函数包含在循环体内。将"ADO Connection Execute.vi"函数的"Recordset"输出端与"ADO Recordset EOF.vi"函数的"ADODB._Recordset In"输入端连接；设置"ADO Recordset GetString.vi"函数的"NumRows"输入端为常量"1"，表示每次显示一条记录，设置为"2"则每次显示两条记录，以此类推；将"ADO Recordset GetString.vi"函数的"GetString"输出端与"逐条查询结果显示"控件相连。程序框图的其他代码的编写参考如图 10.28 所示的程序框图。

图 10.28　逐条查询数据程序框图

步骤四：运行程序，其前面板显示结果如图 10.29 所示。当用户单击"下一条记录"按钮便会显示下一条记录。当数据全部显示结束后，查询结束指示灯会变亮。

图 10.29　逐条查询数据结果图

本例介绍了通过"ADO Recordset GetString.vi"函数逐个获得 SQL 查询语句返回的记录集中的条目。每当该 VI 返回记录集中的一个条目时，游标便会自动向后移动；当游标移动到记录集末尾时，便会返回 EOF 标志。

10.4.3　ATM 注册功能

系统注册功能的实质就是向数据库表中写入新的记录(表的一行数据即为一条记录)，写入的新数据必须完全遵守表的完整性约束。所谓完整性约束是指，列是哪种数据类型，新记录对应的值就必须是该数据类型；列上有哪些约束条件，新记录的值也必须满足这些约束条件。如不满足其中任何一条，则可能导致新数据写入记录不成功，即注册失败。

ATM 注册功能首先需要验证账号位数为 5，姓名不能为空且密码位数为 6。其次，需要根据用户输入的账号，在数据库表中查询该账号是否已经存在，如果已经存在，则不能注册；只有当表中没有该账号时，才能实现注册功能，从而保证系统账号的唯一性。程序设计步骤如下。

步骤一：设计前面板。新建一个 VI，命名为"ATM 注册系统.vi"。打开前面板，将前面板设置为如图 10.30 所示的样式。其中"密码"文本框设置为"密码显示"。

步骤二：验证注册界面前台。切换到程序框图，添加事件结构，分别添加"确定按钮"和"重置按钮"事件分支。在"确定按钮"事件中，分别获取账号、姓名和密码三个控件的字符串长度，然后比较其是否满足程序设计需

图 10.30　ATM 注册系统前面板

求。当用户输入的信息验证通过，则开始进行下一步账号唯一性的验证；当用户输入的信息验证通不过，在提示对话框会显示"账号必须为 5 位，姓名不能为空，密码必须为 6 位。"

信息。在"重置按钮"事件中，分别将"账号"、"姓名"和"密码"三个控件设置为空字符串常量，当用户单击"重置"按钮，可对文本框中的信息进行清空。其程序设计框图和运行效果如图 10.31 所示。

图 10.31　ATM 注册系统前台验证

　　步骤三：验证账号唯一性。通过用户输入的账号内容，程序会在数据库表中进行查询。如果查到该账号，则提示对话框会显示"对不起，该用户已经存在，请重新输入账号！"信息；当查询不到该用户，则开始进行下一步的注册用户功能。其程序设计框图和运行效果如图 10.32 所示。

图 10.32　ATM 注册系统账号唯一性验证

　　步骤四：注册用户。注册用户时需要使用"INSERT"语句来实现插入数据的功能。此处使用指定字段名，按指定顺序插入数据，其"INSERT"语句的基本语法格式如下：

　　　　INSERT INTO 表名(字段名 1,字段名 2,…) VALUES('数据 1','数据 2',…);

　　其中需要注意的是"VALUES"后所跟的数据列表必须和表的字段前后顺序一致，且数据类型必须匹配。由于写入数据不需要返回数据，因此需要将"SQL Execute.vi"函数的"Return Data(T)"输入端设为布尔常量"False"，否则程序会报错。其程序设计框图和运行效果如图 10.33 所示。

图 10.33　ATM 注册系统注册功能框图

步骤五：运行程序，如果用户在"账号"文本框输入 5 个字符的数据，且姓名输入不为空，在"密码"文本框中输入长度为 6 位的密码，单击"确定"按钮，则提示注册成功的信息。打开数据库表，同时可以看到注册成功的信息，金额默认添加为 0。运行效果如图 10.34 所示。

图 10.34　ATM 自动取款机注册成功界面

10.4.4　ATM 存取款功能

存取款功能的实质是修改表中已经存在的数据。但是在修改数据的过程中，必须首先明确两点：第一，需要修改哪些值，即修改的数据所在行要满足何种条件；第二，需要修改成什么值。明确这两点，就可以灵活地对表中数据进行更新了。

修改数据可采用"UPDATE"语句，其基本语法格式为：

UPDATE　表名　SET　字段名 1=修改后的值, 字段名 2=修改后的值,… WHERE　条件表达式;

需要注意的是"WHERE 条件表达式"不能省略，否则程序会对所有的记录进行修改。

1. 自动存款功能

自动存款功能是对某个用户的账上金额进行增加，其功能首先需要验证账号不能为空，存入金额必须能够被 100 整除；其次需要查询该账号是否存在，并显示其姓名，让用户确认；最后把存入的金额数据增加到数据库的表中。程序设计步骤如下：

步骤一：新建一个 VI，命名为"ATM 存款系统.vi"。打开前面板，将前面板设置为如图 10.35 所示的样式。

图 10.35　ATM 自动存款功能界面

步骤二：验证存款界面前台。切换到程序框图，添加事件结构，添加"确定按钮"事件分支。在事件分支中添加程序代码，具体内容如图 10.36 所示。程序功能包括对用户输入的账号验证是否为 5 位，对用户输入的金额验证是否能被 100 整除。验证成功则进入下一步账号存在性查询，验证失败则提示"账号位数为 5 位，金额必须整百存入。"的信息。其程序框图和运行结果如图 10.36 所示。

图 10.36 存款界面前台验证

步骤三：验证账号存在性。通过用户输入的账号内容，程序会在数据库表中进行查询。如果查不到该账号，则提示对话框显示"对不起，该用户不存在。"信息；当查询到该用户，则通过双重 For 循环结构获取其账号姓名(其文本框处于隐藏状态)，并提示对话框显示"你存入的用户名为：***。是否继续存入？"信息。其程序设计框图和运行效果如图 10.37 所示。

图 10.37 账号存在性验证

步骤四：完善存款功能。前面的验证全部通过以后，即可进行存款操作。在第三步查询到该用户的双按钮对话框的"T 按钮？"输出端后添加一个条件结构，在条件结构中添加一个"平铺式顺序"结构。在进行数据修改的 SQL 语句中，需要用"数值至十进制数字符串转换"函数把金额控件中的数据转换为字符串形式。在成功存款以后，需要把"账号"和"金额"两个文本框中的信息清空。其程序框图如图 10.38 所示。

图 10.38 存款功能框图

步骤五：运行程序，用户在"账号"文本框中输入数据库表中存在的数据，在"金额"文本框中输入整百的数字，单击"确定"按钮，则提示"存款成功"的信息，单击"确定"按钮，则对两个文本框信息清空，避免了重复存款的可能。打开数据库表，同时可以看到相应用户的增加金额。运行效果如图 10.39 所示。

图 10.39　存款成功界面

2. 自动取款功能

取款功能和存款功能类似，只是把数据库表中金额的数据由增加变为减少，只需将数据库的 SQL 语句的加号变为减号即可。但是在取款过程中，开始必须要对账上余额进行查询比较，如果余额大于所取金额，则可以进行取款；如果余额小于所取金额，则不可以进行取款操作。

此处只是对取款金额与账上余额进行比较，其前台验证和取款功能代码可参考前文的存款功能设置。程序设计框图和运行效果如图 10.40 所示。

图 10.40　ATM 取款功能验证余额

10.4.5　修改密码功能

修改密码是用户经常遇到的一个系统功能。首先，需要验证"新密码"和"确认新密码"两个密码框的信息相同且长度为 6；其次，验证账号和原密码的正确性；最后，实现密码修改功能。程序设计步骤如下：

步骤一：新建一个 VI，命名为"ATM 密码修改.vi"。打开前面板，将前面板设置为如图 10.41 所示的样式，其中三个密码文本框设置为"密码显示"。

ATM自动存取款机密码修改系统

账号：

原密码：

新密码：

确认新密码：

确定　　取消

图 10.41　ATM 修改密码功能界面

步骤二：验证修改密码前台信息功能。切换到程序框图，添加事件结构，添加"确定按钮"事件分支和"取消按钮"事件分支。在"取消按钮"事件分支中实现对界面文本框内容的清空功能；在"确认按钮"事件分支中，验证用户输入的账号和原密码不能为空，验证用户输入的新密码和确认新密码必须相同且长度为 6。验证成功则进入下一步账号和原密码正确性验证；验证失败则提示"所有文本框不能为空，新密码和确认新密码必须相同，且长度为 6 位！"的信息。其程序框图和运行效果如图 10.42 所示。

图 10.42　修改密码前台信息验证

步骤三：验证账号和原密码正确性。通过用户输入的账号和原密码，程序会在数据库表中进行查询，如果查不到该用户，则提示对话框显示"账号和原密码有误，请重新输入！"信息；当查询到该用户，则通过双按钮对话框显示"你确实需要修改密码吗？"信息。其程序设计框图和运行效果如图 10.43 所示。

图 10.43　账号和原密码正确性验证

步骤四：实现确认密码修改功能。前面的验证全部通过以后，即可进行修改密码操作。在步骤三验证到该用户合法的双按钮对话框的"T 按钮？"输出端后添加一个条件结构，在条件结构中添加一个"平铺式顺序"结构。在"平铺式顺序"结构第一帧中进行密码修改，在第二帧中显示"密码修改成功！"的对话框。程序设计框图如图 10.44 所示。

图 10.44　密码修改框图

步骤五：运行程序，用户在"账号"文本框和"原密码"文本框中输入数据库表中存在的数据，在"新密码"和"确认新密码"两个密码框中输入长度为 6 的相同数据，单击"确定"按钮，则提示"你确实需要修改密码吗？"的信息，单击"确定"按钮，则提示"密码修改成功！"的信息。打开数据库表，同时可以看到相应用户的密码确实修改成功了。运行效果图如图 10.45 所示。

图 10.45　修改密码成功界面图

10.4.6　注销用户功能

注销用户是当表中的某些用户信息不再需要时，将其记录信息从表中删除的操作。删除操作最关键的步骤是一定要在语句中明确所删除的记录。删除记录可用"DELETE"语句来实现。具体格式如下：

DETELE　FROM 表名 WHERE 条件表达式；

若没有条件表达式，则表示无条件，程序会将表中的所有记录都删除。

在 ATM 自动存取款机系统中，实现对用户的注销操作，首先需要验证该用户的存在性；

其次确认是否继续注销操作。程序设计步骤如下：

步骤一：新建一个 VI，命名为"ATM 注销用户.vi"。打开前面板，将前面板设置为如图 10.46 所示的样式。

图 10.46　ATM 注销用户界面

步骤二：验证账号存在性。通过用户输入的注销用户账号，程序会在数据库表中进行查询，如果查不到该用户，则提示对话框显示"该用户不存在！"信息；如何查询到该用户，则通过双按钮对话框显示"你确实需要注销该用户吗？"信息。其程序设计框图和运行效果如图 10.47 所示。

图 10.47　注销账号存在性验证

步骤三：注销用户实现。前面的验证通过以后，即可进入注销用户功能。在步骤二查询到该用户存在的双按钮对话框的"T 按钮？"输出端后添加一个条件结构，在条件结构中添加一个"平铺式顺序"结构。在"平铺式顺序"结构的第一帧中进行注销用户编程，在第二帧中显示"注销用户成功！"对话框。程序设计框图如图 10.48 所示。

图 10.48　注销用户框图

步骤四：运行程序，用户在"注销用户账号"文本框中输入数据库表中存在的数据，单击"确定"按钮，则提示"你确实需要注销该用户吗？"的信息，单击"确定"按钮，则提示"注销用户成功！"的信息。打开数据库表，同时可以看到相应用户的相关信息已被删除。运行效果图如图 10.49 所示。

图 10.49　注销用户效果图

网络通信与编程

第11章

随着网络技术的迅速发展，通过网络进行数据共享是各种软件和仪器的发展趋势。与传统仪器相比，使用 LabVIEW 设计的虚拟仪器可以方便地进行网络通信以实现远程虚拟仪器的设计。

使用 LabVIEW 实现网络通信有三大类方法：

(1) 使用网络通信协议编程实现网络通信，可使用的通信协议类型包括 TCP/IP、串口通信协议、无线通信协议等。

(2) 使用 DataSocket(套接字)技术实现网络通信。

(3) 使用客户端远程控制服务器发布的程序实现网络通信，控制方式包括远程面板和浏览器访问。

本章将针对这三大类方法介绍 LabVIEW 中的网络通信，主要内容包括网络协议通信、DataSocket 技术通信和远程访问技术。

11.1 网络协议通信

网络协议是网络(包括互联网)中传递、管理信息的一些规范，是计算机之间互相通信需要共同遵守的一些规则。网络协议通常被分为多个层次，每个层次完成一定的功能，通信在对应的层次之间进行。LabVIEW 中支持的通信协议类型包括 TCP/IP、串口通信协议、无线网络协议和邮件传输协议。其中 TCP/IP 又包含 TCP 和 UDP，无线网络协议包含 IrDA 技术和蓝牙技术。网络协议节点位于"函数"选板"数据通信"下的"协议"子面板中，如图 11.1 所示。

图 11.1 网络"协议"子面板

在网络通信协议中，TCP/IP(Transmission Control Protocol/Internet Protocol)是最基本的协议，互联网的广泛应用使 TCP/IP 成为网络协议标准。TCP/IP 内部可分为四个层次，即链路层、网络层、传输层和应用层，如图 11.2 所示。其中，TCP 和 UDP 都属于 TCP/IP 传输层协议。TCP/IP 内部四层的具体功能如下：

(1) 链路层提供 TCP/IP 的数据结构和实际物理硬件之间的接口。

(2) 网络层用来提供网络诊断信息。

(3) 传输层提供两种端口间的通信服务，一种是能够提供可靠的数据流传输服务的 TCP，另一种是提供不可靠的用户数据包服务的 UDP 服务。

(4) 应用层应包含一个定义清晰的会话过程，通常包括的协议有 HTTP、FTP、Telnet 等。

LabVIEW 引入了 TCP/IP，分别对 TCP 和 UDP 进行集成，通过简单编程就可在 LabVIEW 中实现网络通信。

图 11.2　TCP/IP 结构

11.1.1　TCP 通信

1. TCP 通信概述

TCP(Transmission Control Protocol) 是一种面向连接的传输层协议，面向连接是指在传输数据之前在两端建立可靠的连接。TCP 传输数据过程如下：首先由发送端发送连接请求，接收端侦听到请求后回复并建立连接，然后开始传输数据，数据传输完成以后关闭连接，传输过程结束。

LabVIEW 中基于 TCP 的网络通信可通过 TCP 节点来实现。"TCP"节点位于"函数"选板"数据通信"下的"协议"选项中的"TCP"子面板中，如图 11.3 所示。

图 11.3　"TCP"子面板

表 11.1 详细列出了"TCP"子选板节点的图标、接线端、名称和功能。

表 11.1　"TCP"子选板节点参数表

图标、接线端	名称	功能
网络地址　　　　侦听器ID 服务名称　　　　连接ID 端口　　　　　远程地址 超时毫秒（一直等待:-1)　远程端口 错误输入（无错误）　错误输出 分解远程地址(T)	TCP 侦听	在服务器端创建一个侦听，并在指定的端口等待 TCP 连接请求
地址　　　　连接ID 远程端口或服务名称　　错误输出 超时毫秒(60000) 错误输入（无错误） 本地端口(0)	打开 TCP 连接	在接收端根据指定的计算机名和端口打开一个 TCP 连接
模式（标准） 连接ID　　　　连接ID输出 读取的字节　　　数据输出 超时毫秒(25000)　错误输出 错误输入（无错误）	读取 TCP 数据	从指定的 TCP 连接(Connection ID)中读取数据
连接ID　　　　连接ID输出 数据输入　　　写入的字节 超时毫秒(25000)　错误输出 错误输入（无错误）	写入 TCP 数据	将数据写入指定的 TCP 连接中
连接ID　　　　连接ID输出 中止(F) 错误输入（无错误）　错误输出	关闭 TCP 连接	关闭指定的 TCP 连接
网络地址　　　　名称 句点符号？(F)	IP 地址至字符串转换	将 IP 地址转换成对应的计算机名。默认输出为本地计算机名
名称　　　　网络地址	字符串至 IP 地址转换	将计算机名转换成对应的 IP 地址。默认输出为本地计算机 IP 地址
应用程序引用句柄　　应用程序引用句柄输出 机器别名　　　网络识别 错误输入（无错误）　错误输出	解释机器别名	解析指定主机(Machine Alias 机器名)的网络 IP 地址，如果解析不成功则返回输入的主机名
网络地址 服务名称　　　侦听器ID 端口　　　　端口 超时毫秒(25000)　错误输出 错误输入（无错误）	创建 TCP 侦听器	创建一个 TCP 端口侦听
侦听器ID输入　　侦听器ID输出 分解远程地址(T)　远程地址 超时毫秒（一直等待:-1)　远程端口 错误输入（无错误）　错误输出 连接ID	等待 TCP 侦听器	在指定的侦听端口等待连接请求

在建立 TCP 连接前，应先设置 VI 服务器，其步骤如下：

(1) 在 VI 服务器端下，判断 Configuration 中是否选择了 TCP/IP，并指定一个 0~65535 之间的端口号，确定服务器在这台计算机上用来监听请求的一个通信信道。不同的端口号可用于区分不同的通信服务。注意，最好不要指定 1000 以下的端口号，因为许多 1000 以下的端口号为系统保留的有特定用途的端口号，如 HTTP 端口号 80、FTP 端口号 21 等。

(2) 在 VI 服务器端下，TCP/IP 接入本地装载 VI 程序的计算机必须在允许地址的列表中，可以选择包括特定的计算机访问，也可以允许所有的用户访问。

(3) 在 VI 服务器端下，Exported VIs 中本地装载 VI 程序的计算机必须在允许输出地址的列表中，可以选择包括特定的计算机输出，也可以允许所有的用户输出。

在用 TCP 节点进行通信时，需要在服务器框图程序中指定网络通信端口(Port)，客户机也要指定相同的端口，才能与服务器之间进行正确的通信。端口值由用户任意指定，只要服务器与客户机的端口保持一致即可。在一次通信连接建立后，就不能更改端口的值了。如果需要改变端口值，则必须首先断开连接才能重新设置端口值。

2．应用实例

下面通过三个有代表性的实例，具体介绍如何在 LabVIEW 中进行 TCP 通信编程。

(1) 第一个实例是实现 TCP 点对点通信，即利用服务器端不断地向客户端发送数据，客户端不断接收数据。首先，通过"TCP 侦听"函数在指定端口监听是否有客户端请求连接，当客户端发出连接请求后，进入主循环发送数据。最后关闭连接，并过滤掉因为正常关闭导致的错误信息。创建服务器端程序的操作步骤如下：

步骤一：新建一个 VI，在前面板中添加一个波形图表控件。

步骤二：切换到程序框图，选择"编程"→"结构"→"While 循环"结构，并将其添加到程序框图中，创建输入控件连接"循环条件"端子，创建等待时间为 100 ms。

步骤三：在"函数"选板中，选择"数据通信"→"协议"→"TCP"→"TCP 侦听"函数，将其放置在 While 循环体外，并使用鼠标右键单击其"端口"输入端创建输入端口。选择"关闭 TCP 连接"函数和"简易错误处理器"函数添加到循环体外。

步骤四：选择"编程"→"信号处理"→"信号生成"→"Chirp 信号"函数，将其放置在 While 循环体内，并为其创建采样数、幅值以及频率。从"函数"选板"数据通信"下的"协议"选项中的"TCP"子面板中选择两个"写入 TCP 数据"函数，放置在 While 循环体内。在循环体内添加"字符串长度"函数和"强制类型转换"函数。其程序框图的连接方式如图 11.4 所示。

图 11.4 TCP 点对点通信服务器程序框图

步骤五：客户端程序框图的设计。客户端程序设计与服务器端程序相似，需要的函数有"打开 TCP 连接"函数和"读取 TCP 数据"函数，其程序框图的连接方式可参考如图 11.5 所示的形式。

图 11.5　TCP 点对点通信客户端程序框图

步骤六：运行程序。必须先运行服务器端再运行客户端，运行效果图如图 11.6 所示。

图 11.6　TCP 点对点通信效果图

在程序设计过程中需要注意两点：一是由于"写入 TCP 数据"函数的数据输入只能是字符串，因此需要通过"强制类型转换"函数或"平化至字符串"函数将数据类型转换为字符串。同样，在接收端需要再通过"强制类型转换"函数或"从字符串还原"函数将字符串重新转换为原始数据。二是由于 TCP 传递的数据没有结束符，因此最好在数据发送前先将该数据包的长度发送给接收端，接收端获知数据包的长度后才能知晓应该从发送端读取多少数据。

(2) 第二个实例是利用 TCP 进行交互式点对点通信。第一个实例只是进行了简单的服务器发送数据、客户端接收数据的操作。实际上，服务器与客户端可以同时进行交互式通信，即服务器可以同时向客户端发送数据并从客户端接收数据，客户端也一样。由于 TCP 可自动管理数据分组、排队等，因此不会造成冲突。

利用 TCP 进行交互式点对点通信的程序设计和第一个实例基本类似，只是服务器和客户端发送数据的波形采用了两种不同的形式。服务器向客户端发送数据的方法和第一个实例完全一样，采用"Chirp 信号"和"强制类型"转换函数；而客户端向服务器发送数据采用"锯齿波形"和"平化至字符串"函数。其服务器程序框图如图 11.7 所示，客户端程序框图如图 11.8 所示，其运行效果图如图 11.9 所示。注意，同样也必须先运行服务器再运行客户端。

图 11.7　TCP 进行交互式点对点通信服务器程序框图

图 11.8　TCP 进行交互式点对点通信客户端程序框图

图 11.9　TCP 进行交互式点对点通信效果图

(3) 第三个实例是利用 TCP 进行一点对多点通信。前面两个实例都是点对点通信，实际上对于 TCP 编程也可以进行一点对多点通信。服务器端只需要添加一个循环不间断地监听连接，一旦有客户端请求连接，则与该客户端建立连接，并将连接放入队列。主循环对队列中的每一个元素逐个进行读写。当然，这实际上仍然是利用点对点通信，即客户端与服务器必须建立点对点的连接，只不过此处是通过连接队列逐个处理每一个连接。因此，该通信并不是"广播"通信，真正的"广播"通信需要通过 UDP 才能实现。

本例服务器端程序框图和客户端程序框图如图 11.10、图 11.11 所示。服务器端程序利用到了"队列"，关于"队列"的知识可以通过帮助文档学习理解。运行程序时，必须先运行服务器再运行客户端，客户端可以有多个。

图 11.10　TCP 进行一点对多点通信服务器程序框图

图 11.11　TCP 进行一点对多点通信客户端程序框图

11.1.2　UDP 通信

UDP(User Datagram Protocol，用户数据报协议)可提供向接收端发送信息的最简便的协议。与 TCP 不同，UDP 不是面向连接的可靠数据流传输协议，而是面向操作的不可靠数据流传输协议。UDP 在数据传输之前并不在数据两端建立连接，没有点到点的连接，而是通过数据包路由信息选择传输路径。

UDP 通信不需要建立连接，也不需要进行端口侦听，所以在 LabVIEW 中使用 UDP 节点及 VI 实现 UDP 协议通信比 TCP 节点更为简单。UDP 节点位于"函数"选板"数据通信"下的"协议"选项中的"UDP"子面板中，如图 11.12 所示。

图 11.12　"UDP"子面板

表 11.2 详细列出了"UDP"子选板节点的图标、接线端、名称和功能。

表 11.2　"UDP"子选板节点参数表

图标、　接线端	名　　称	功　　能
网络地址 端口 服务名称 超时毫秒(25000) 错误输入（无错误） 连接ID 端口 错误输出	打开 UDP	在指定的端口(Port)上打开一个 UDP Socket
网络地址 端口 多点传送地址 错误输入（无错误） 连接ID 端口输出 错误输出	打开 UDP 多点传送	在指定的端口上打开多点传送 UDP Socket
连接ID 最大值(548) 超时毫秒(25000) 错误输入（无错误） 连接ID输出 数据输出 错误输出 端口 地址	读取 UDP 数据	根据指定的 UDP Socket(连接标识)读取数据，并向发送端返回计算机地址和端口
端口或服务名称 地址 连接ID 数据输入 超时毫秒(25000) 错误输入（无错误） 连接ID输出 错误输出	写入 UDP 数据	根据指定的计算机地址、端口和 UDP Socket 将数据写入接收端
连接ID 错误输入（无错误） 连接ID输出 错误输出	关闭 UDP	关闭指定的 UDP Socket(连接标识)

　　TCP 建立连接，数据传输相对可靠；而 UDP 不建立连接，传输速度较快。所以当数据传输精确度和完整性要求较高时，应选用 TCP；当数据传输速度要求较快而精确度要求不严格时，可选用 UDP。

　　下面介绍利用 UDP 进行点到点的数据通信实例，具体学习 UDP 的应用。本实例中，UDP 通信可分为发送端和接收端。程序设计步骤如下：

　　步骤一：新建一个 VI，在前面板添加两个数值输入控件，命名为"远程端口"和"本地端口"，并使用鼠标右键单击控件，在"表示法"中选择"无符号双字节整型"。添加两个字符串输入控件，分别命名为"远程主机"和"消息"，添加一个布尔型"确认按钮"，命名为"发送。"

步骤二：切换到程序框图，在"函数"选板中，按顺序选择"数据通信"→"协议"→"UDP"，在"UDP"子面板中选择"打开 UDP"、"写入 UDP 数据"、"关闭 UDP"三个函数并添加到程序框图中，在"数据通信"下的"协议"选项中的"TCP"子面板中选择"字符串至 IP 地址转换"函数并添加到程序框图中。

步骤三：添加 While 循环结构，设置时间间隔为 100 ms。发送端程序设计框图如图 11.13 所示。

图 11.13　发送端程序设计框图

步骤四：新建一个 VI，作为接收端。在前面板添加一个字符串显示控件，命名为"数据接收"，添加一个数值输入控件，命名为"本地接口"。接收端程序设计框图如图 11.14 所示。

图 11.14　接收端程序设计框图

步骤五：运行程序。保证发送端的远程接口和接收端的本地接口数据相同，在发送端"消息"文本框中输入数据信息。当点击"发送"按钮时，接收端就会收到相应的信息。运行效果图如图 11.15 所示。

图 11.15　UDP 进行点到点的数据通信运行效果图

11.1.3　SMTP Email

　　SMTP(Simple Mail Transfer Protocol,简单邮件传输协议)是定义在计算机之间传送电子邮件信息的协议,位于 TCP/IP 的应用层。使用 SMTP 可实现相同网络上计算机之间的邮件传输,也可通过中继器或网关实现本地计算机与其他网络之间的邮件传输。

　　由于 SMTP 位于 TCP/IP 的最高层,因此不用考虑底层协议的封装和设计,可以直接使用 SMTP 命令进行网络通信。在 LabVIEW 中,SMTP 命令已经被模块化,可以通过 VI 实现 SMTP Email 邮件通信,可使 SMTP 通信更为简单。"SMTP Email"节点位于"函数"选板"数据通信"下的"协议"选项中的"SMTP Email"子面板,如图 11.16 所示。

图 11.16　"SMTP Email"子面板

　　表 11.3 详细列出了"SMTP Email"子选板中节点的图标、接线端、名称和功能。

表 11.3　"SMTP Email"子选板节点参数表

图标、接线端	名　称	功　能
收件人 / 主题 / 消息 / 错误输入 → 错误输出	发送 E-mail	根据配置对话框中指定的设置创建并发送邮件
服务器地址 / 来自 / 用户名 / 密码 / 错误输入(无错误) / 使用TLS(否) → 句柄输出 / 错误输出	打开句柄	通过指定的 SMTP 服务器创建新的 SMTP 客户端句柄
句柄输入 / 错误输入(无错误) → 句柄输出 / 错误输出	关闭句柄	关闭 SMTP 服务器连接并销毁打开句柄 VI 创建的句柄
句柄输入 / 收件人 / 抄送 / 暗送 / 错误输入(无错误) → 句柄输出 / 错误输出	设置收件人	设置发送邮件的收件人列表

图标、接线端	名　称	功　能
句柄输入 —— 句柄输出 主题 纯文本消息 错误输入（无错误）—— 错误输出	设置消息	设置要在邮件文本中包含的消息。该 VI 将重写 VI 运行前指定的任何消息的值
句柄输入 —— 句柄输出 错误输入（无错误）—— 无效收件人 超时毫秒(10000) —— 错误输出	发送	通过连线至"句柄输入"的句柄配置发送邮件
句柄输入 —— 句柄输出 附件 错误输入（无错误）—— 错误输出	设置附件	设置要在邮件中包含的文件列表
句柄输入 —— 句柄输出 错误输入（无错误）—— 错误输出	清空附件	删除所有"设置附件 VI"中设置的附件
句柄输入 —— 句柄输出 头 错误输入（无错误）—— 错误输出	设置头	设置要在邮件中包含的辅助"头"列表
句柄输入 —— 句柄输出 错误输入（无错误）—— 错误输出	清空头	删除所有"设置头 VI"中设置的头
私有密钥密码 句柄输入 —— 句柄输出 CA证书文件 客户端证书文件 私有密钥文件 错误输入（无错误）—— 错误输出 验证服务器（真）	配置 TLS	设置 TLS 或 SSL 请求的 SMTP 客户端证书、CA 证书以及私有密钥文件路径

11.1.4　IrDA 技术

IrDA(Infrared Data Association)技术是一种利用红外线进行点对点通信的无线网络技术，其标准由 1993 年成立的红外线数据标准协会定义。IrDA 标准包括 3 个基本的规范和协议：物理层规范、连接建立协议和连接管理协议。物理层规范制定了红外通信硬件设计上的目标和要求，IrLAP 和 IrLMP 为两个软件层，负责对连接进行设置、管理和维护。

在 LabVIEW 中，使用 IrDA 节点来实现无线网络通信与 TCP 通信相似，需要进行侦听并建立连接。"IrDA"节点位于"函数"选板"数据通信"下"协议"的"IrDA"子面板中，如图 11.17 所示。

图 11.17 "IrDA" 子面板

表 11.4 详细列出了"IrDA"子选板中节点的图标、接线端、名称和功能。

表 11.4 "IrDA"子选板节点参数表

图标、接线端	名 称	功 能
错误输入（无错误） 设备数量 设备清单 错误输出	搜索红外线	在功能范围内搜索 IrDA 网络设备，返回找到的设备数目、名称和 ID 列表
服务名称 远程设备ID 超时毫秒(60000) 错误输入（无错误） 连接ID 错误输出	打开红外线连接	打开一个 IrDA 通信连接，返回连接 ID
模式（标准） 连接ID 读取的字节 超时毫秒(25000) 错误输入（无错误） 连接ID输出 数据输出 错误输出	读取红外线数据	从指定 IrDA 通信连接读取数据
连接ID 数据输入 超时毫秒(25000) 错误输入（无错误） 连接ID输出 写的字节 错误输出	写入红外线数据	将数据写入到指定的 IrDA 通信连接
连接ID 中止(F) 错误输入（无错误） 连接ID输出 错误输出	关闭红外线连接	关闭指定的 IrDA 通信连接
服务名称 错误输入（无错误） 侦听器ID 错误输出	创建红外线侦听器	创建一个 IrDA 通信连接侦听，返回侦听 ID
侦听器ID输入 超时毫秒（一直等待:-1） 错误输入（无错误） 侦听器ID输出 远程LSAP-SEL 远程设备ID 错误输出 连接ID	等待红外线侦听器	根据指定的侦听 ID，等待 IrDA 通信连接请求

11.1.5 蓝牙技术

蓝牙(Bluetooth)技术是爱立信、IBM 等 5 家公司在 1998 年联合推出的一项无线网络技术。蓝牙是无线数据和语音传输的开放式标准，它将各种通信设备、计算机及其终端设备、各种数字数据系统甚至家用电器采用无线方式连接起来。

蓝牙技术的系统结构分为三大部分。

(1) 底层硬件部分，包括无线跳频、基带和链路管理。无线跳频层通过 2.4 GHz 无需授权的 ISM 频段的微波，实现数据流的过滤和传输，主要定义了蓝牙收发器在此频带正常工作所需要满足的条件；基带负责跳频以及蓝牙数据和信息帧的传输；链路管理负责连接、建立和拆除链路并进行安全控制。

(2) 中间协议层，包括逻辑链路控制和适应协议、服务发现协议、串口仿真协议和电话通信协议。逻辑链路控制和适应协议具有完成数据拆装、控制服务质量和复用协议的功能，是其他各层协议实现的基础；服务发现协议为上层应用程序提供了一种机制来发现网络中可用的服务及其特性；串口仿真协议具有仿真 9 针 RS232 串口的功能；电话通信协议则提供蓝牙设备间语音和数据的呼叫控制指令。

(3) 应用层，其中较典型的有拨号网络、耳机、局域网访问、文件传输等，它们分别对应一种应用模式。各种应用程序可以通过各自对应的应用模式实现无线通信。拨号网络应用可通过仿真串口访问万维网，数据设备也可由此接入传统的局域网；用户可以通过协议栈中的音频层在手机和耳机中实现音频流的无线传输；利用蓝牙技术，多台 PC 或笔记本电脑之间不需要任何连线，就能快速、灵活地进行文件传输和共享信息，多台设备也可由此实现同步操作。

在 LabVIEW 中，可以使用"蓝牙"节点和 VI 来实现蓝牙无线网络通信。"蓝牙"节点位于"函数"选板"数据通信"下的"协议"选项中的"蓝牙"子面板，如图 11.18 所示。

图 11.18　"蓝牙"子面板

表 11.5 详细列出了"蓝牙"子选板中节点的图标、接线端、名称和功能。

表 11.5　"蓝牙"子选板节点参数表

图标、接线端	名　称	功　能
地址 通道(0) 超时毫秒(60000) 错误输入（无错误） uuid 连接ID 错误输出	打开蓝牙连接	根据指定地址和通道打开一个蓝牙通信连接
模式（标准） 连接ID 读取的字节 超时毫秒(25000) 错误输入（无错误） 连接ID输出 数据输出 错误输出	读取蓝牙数据	从指定的蓝牙通信连接读取数据
连接ID 数据输入 超时毫秒(25000) 错误输入（无错误） 连接ID输出 写入的字节 错误输出	写入蓝牙数据	将数据写入到指定的蓝牙通信连接
连接ID 中止(F) 错误输入（无错误） 连接ID输出 错误输出	关闭蓝牙连接	关闭指定的蓝牙通信连接
地址 uuid 错误输入（无错误） 服务说明 侦听器ID 通道 错误输出	创建蓝牙侦听器	在服务端创建一个侦听服务，返回侦听 ID 和可用通道
侦听器ID输入 超时毫秒（一直等待：-1） 错误输入（无错误） 侦听器ID输出 远程地址 远程通道 错误输出 连接ID	等待蓝牙侦听器	根据指定的侦听 ID 等待蓝牙通信连接请求
时间限制ms(10000) 错误输入（无错误） 设备数量 设备清单 错误输出	搜索蓝牙设备	在功能范围内搜索蓝牙网络设备，返回找到的设备数目、名称和 ID 列表
地址输入 错误输入（无错误） 地址输出 服务数量 服务列表 错误输出	搜索蓝牙 RFCOMM 服务	搜索指定地址上可用的蓝牙服务，并返回服务数目及列表
地址输入 允许搜索 允许连接 错误输入（无错误） 地址输出 错误输出	设置蓝牙设备状态	设置本地蓝牙设备上是否可见以及是否可连接的属性
地址输入 错误输入（无错误） 地址输出 允许搜索 允许连接 错误输出	获取蓝牙设置状态	获取本地蓝牙设备上是否可见以及是否可连接的属性

11.2 DataSocket 技术通信

DataSocket 技术是 NI 公司推出的面向测控领域的网络通信技术。DataSocket 技术基于 Microsoft 的 COM 和 ActiveX 技术，对 TCP/IP 进行高度封装，面向测量和自动化应用，用于共享和发布实时数据。

DataSocket 能有效地支持本地计算机上不同应用程序对特定数据的同时应用，以及网络上不同计算机的多个应用程序之间的数据交互，实现跨机器、跨语言、跨进程的实时数据共享。在测试测量过程中，用户只需要知道数据源、数据宿及需要交换的数据就可以直接进行高层应用程序的开发，实现高速数据的传输，而不必关注底层的实现细节，从而简化了通信程序的编写过程，提高了编程效率。

目前，DataSocket 在 10M 网络中的传输速度可达到 640 kB/s。对于一般的数据采集系统，可以达到很好的传输效果。随着网络技术的飞速发展和网络信道容量的不断扩大，测控系统的网络化已经成为现代测量与自动化应用的发展趋势。依靠 DataSocket 和网络技术，人们将能更有效地控制远程仪器设备，可在任何地方进行数据采集、分析、处理和显示，并利用各地专家的优势，获得正确的测量、控制和诊断结果。

DataSocket 由 DataSocket 服务管理器、DataSocket 服务器和 DataSocket 应用程序接口三大部分构成。

11.2.1 DataSocket 服务管理器

DataSocket 服务管理器是一个独立运行的程序，选择"Windows 程序菜单"→"National Instruments"→"DataSocket"→"DataSocket Server Manager"，打开程序，如图 11.19 所示。

图 11.19 DataSocket 服务管理器程序框

DataSocket Server Manager 包括三个部分：服务器设置(Server Settings)、用户组

(Pemission Groups)和预定义数据项(Predefined Data Items)，下面分别介绍各部分的具体内容。

(1) 服务器设置：用于设置 DataSocket 服务器参数。其中包括客户端程序的最大连接数目(MaxConnections)、创建数据项的最大数目(MaxItems)、数据项缓冲区最大比特值大小(DfltBufferMaxBytes)和数据项缓冲区最大包的数目(DfltBufferMaxPackets)。

(2) 用户组：可设置用户组及用户，用来区分用户创建和读/写数据项的权限，限制身份不明的客户对服务器进行访问和攻击。系统默认的用户组包括用户管理员组(Administrators)、数据项读取组(DefaultReaders)、数据项写入组(DefaultWriters)和数据项创建组(Creators)。例如，将数据项读取组中的用户设置为"everyhost"，表示网络中的每台客户计算机都可以读取服务器上的数据；而将数据项写入组中用户设置为"localhost"，表示只有本地计算机可以写入数据。除了系统定义的用户组以外，用鼠标单击程序框左下方的"New Group"按钮可以添加新的用户组。另外，每个用户组下可以定义多个用户。

(3) 预定义数据项：用于设置预定义数据项，相当于自定义变量的初始化。单击下方的"New Item"按钮可以添加数据项，即添加自定义变量。图 11.20 中预定了三个数据项，"SampleNum"为"3.14159"，"SampleString"为"abc"，"SampleBool"为"True"。

图 11.20　预定义数据项

DataSocket Server Manager 对 DataSocket Server 的配置必须在本地计算机上进行，而不能远程配置或通过运行程序来配置。

11.2.2　DataSocket 服务器

DataSocket 服务器也是一个独立运行的程序，负责监管 Manager 中所设定的具有各种权限的用户组和客户端程序之间的数据交换。DataSocket Server 通过内部数据自描述格式对 TCP/IP 进行优化和管理，以简化 Internet 通信方式；提供自由的数据传输，可以直接传送虚拟仪器程序所采集到的布尔型、数字型、字符串型、数组型和波形等常用类型的数据。

DataSocket Server 可以和测控应用程序安装在同一台计算机上，也可以分装在不同的计算机上，以便用防火墙进行隔离，增加整个系统的安全性。DataSocket Server 不会占用测控计算机 CPU 的工作时间，使测控应用程序可以运行得更快。

选择"Windows 程序菜单"→"National Instruments"→"DataSocket"→"DataSocket Server"，运行 DataSocket Server，程序框如图 11.21 所示。

图 11.21　DataSocket Server 程序框

在 DataSocket Server 程序框的主菜单中选择"Tools"下的"Diagnostics"，打开如图 11.22 所示的监视框。在监视框中可以浏览和修改预定义数据项的参数。

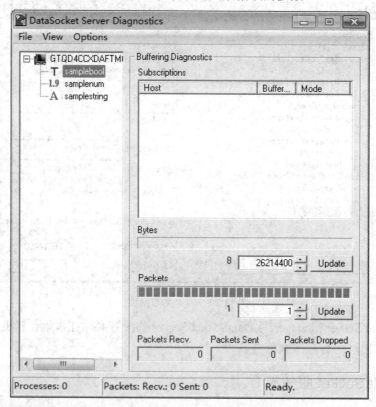

图 11.22　服务器监视框

11.2.3　DataSocket 应用程序接口

DataSocket API 可用来实现 DataSocket 通信。在服务器端，待发布的数据通过 DataSocket

API 写入 DataSocket 服务器中；在接收端，DataSocket API 又从服务器中读取数据。在 LabVIEW 中，DataSocket API 被制作成一系列 ActiveX 控件、函数节点和 VI，使用这些节点和 VI 就可以实现 DataSocket 通信。

"DataSocket"节点位于"函数"选板"数据通信"下的"DataSocket"子面板中，如图 11.23 所示。

与 TCP 和 UDP 通信节点相比，"DataSocket"节点的使用更为简单和方便。表 11.6 详细列出了"DataSocket"子选板中节点的图标、接线端、名称和功能。

图 11.23 "DataSocket"子面板

表 11.6 "DataSocket"子选板节点参数表

图标、接线端	名　称	功　　能
连接输入 类型（变体）毫秒超时(10000) 错误输入（无错误）等待更新值(T) / 状态 质量 连接输出 数据 超时 错误输出 时间标识	读取 DataSocket	从指定的 DataSocket 连接中读取数据
连接输入 数据 毫秒超时(0) 错误输入（无错误）/ 连接输出 超时 错误输出	写入 DataSocket	将数据写入到指定的 DataSocket 连接中
选项(0) 起始URL（空）标题（选择URL）错误输入（无错误）过滤（空）/ 已选定URL URL 错误输出	DataSocket 选择 URL	弹出 URL 选择对话框以选择 URL，并返回选中的 URL
URL 模式 毫秒超时(10000) 错误输入（无错误）/ 连接ID 错误输出	打开 DataSocket	根据指定的URL打开一个 DataSocket 连接
连接ID 毫秒超时(0) 错误输入（无错误）/ 超时 错误输出	关闭 DataSocket	关闭指定 DataSocket 连接

DataSocket 支持多种数据传输协议，不同的 URL 前缀表示不同的协议或数据类型。DataSocket 主要包括以下几种 URL 类型。

(1) DSTP(DataSocket Transfer Protocol)：DataSocket 的专属通信协议，可以传输各种类型的数据。使用这个协议时，VI 与 DataSocket Server 连接，用户必须为数据提供一个附加到 URL 的标识 Tag，DataSocket 连接利用 Tag 在 DataSocket Server 上为一个特殊的数据项目指定地址。目前，应用虚拟仪器技术组建的测量网络大多采用该协议。

(2) HTTP(Hyper Text Transfer Protocol)：超文本传输协议，也就是 Internet 中网页使用的协议。

(3) FTP(File Transfer Protocol)：文件传输协议，提供包含数据的本地文件或网络文件的连接。

(4) OPC(OLE for Process Control)：操作计划和控制。OPC 是特别为实时产生的数据而设计的，使用该协议时需要运行 OPC Server。

(5) logos：是 NI 公司提供的数据记录与监控技术，用于在本地计算机和网络中的计算机之间传输数据。

(6) file 传输协议：提供包含数据的本地文件或网络文件的连接，与 FTP 协议不同。

下面通过介绍 DSTP 在网络中传递波形数据的实例，具体了解 DataSocket 通信的应用。该实例程序设计步骤如下。

步骤一：首先在 DataSocket Server Manager 中新建一个数据项 "TestWave"，类型为 "Number"。Number 类型数据可以传递各种 LabVIEW 数值类型，例如整型、浮点型和波形数据类型等。

步骤二：新建一个 VI，作为写入 DataSocket 的信息端。在前面板上添加一个波形图表；在程序框图中添加"写入 DataSocket"函数和"均匀白噪声波形"函数。在"写入 DataSocket"函数的"连接输入"端添加常量"dstp://GTQD4CCXDAFTMG1/TestWave"。其中，"GTQD4CCXDAFTMG1"字符串为 DataSocket Server 程序框中双引号中的内容，每台机器都不一样。传输数据写入端程序框图如图 11.24 所示。

图 11.24　DSTP 传输数据写入端程序框图

步骤三：新建一个 VI，作为读取 DataSocket 的信息端。传输数据读取端程序框图如图 11.25 所示。

图 11.25　DSTP 传输数据读取端程序框图

步骤四：运行程序。先运行写入数据程序端，再运行读取数据程序端，其运行效果图如图 11.26 所示。

图 11.26　DSTP 传输数据效果图

11.3　远程访问

在 LabVIEW 中，除了使用通信协议和 DataSocket 技术进行数据传输外，还可以通过远程访问来实现网络通信。实现远程访问的方式有两种：远程面板控制和客户端浏览器访问，在实施这两种访问之前都需要对服务器进行配置。

11.3.1　配置服务器

配置服务器包括三个部分：服务器目录与日志配置，客户端可见 VI 配置，客户端访问权限配置。在 LabVIEW 程序框图或前面板窗口中，选择"工具"→"选项"→"Web 服务器"，打开参数配置框，如图 11.27 所示。右侧窗口的"Web 服务器"栏目中包含"远程前面板服务器"、"可见 VI"和"浏览器访问"三大类别，分别对应服务器三个部分的配置内容。

图 11.27　Web 服务器配置框

"远程前面板服务器"用来配置服务器的目录和日志属性，勾选复选框"启用远程前面板服务器"表示启动服务器，启动服务器以后，可以对其他栏目进行设置。"根目录"用来设置服务器的根目录，默认为"LabVIEW 安装目录\www"。"HTTP 端口"为计算机访问端口，默认设置为 8000。勾选复选框"使用记录文件"表示启用记录文件，默认路径为"LabVIEW 安装目录\resource\webserver\logs"。

　　"可见 VI"用于配置服务器根目录下可见的 VI 程序，即对客户端开放的 VI 程序。如图 11.28 所示，窗口中"可见 VI"栏显示列出的 VI，"*"表示所有的 VI；"√"表示 VI 可见；"x"表示 VI 不可见。使用鼠标单击下方的"添加"按钮可添加新的 VI；单击"删除"按钮可删除选中的 VI。选中的 VI 会出现在"可见 VI"框中，选择"允许访问"可将选中的 VI 设置为可见；选择"拒绝访问"可将选中的 VI 设置为不可见。

　　"浏览器访问"用于设置客户端的访问权限。访问权限设置窗口与可见 VI 设置窗口类似，如图 11.28 所示。窗口中间的"浏览器访问列表"栏显示并列出 VI，"*"表示所有的 VI；"√√"表示 VI 可以查看和控制；"√"表示 VI 可以查看；"x"表示 VI 不能访问。其下方的"添加"按钮可添加新的 VI；使用鼠标单击"删除"按钮可删除选中的 VI。选中的 VI 会出现在"浏览器地址"框中，选择"允许查看和控制"可将 VI 设置为可以查看和控制；选择"允许查看"可将其设置为可以查看；选择"拒绝访问"可将其设置为不能访问。

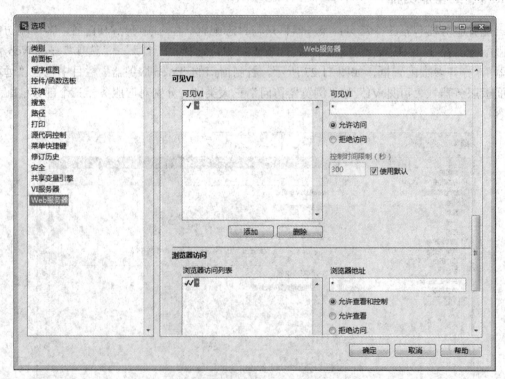

图 11.28　Web 服务器可见 VI 和浏览器访问配置框

11.3.2　远程面板控制

　　LabVIEW 中客户端的远程面板控制类似于 Windows 远程桌面连接方式。在服务器端打开一个 VI 面板，然后在客户端通过远程面板控制登录连接到服务器，对服务器打开的 VI 进行操作。实施远程面板控制时，服务器和客户端的具体操作步骤如下：

步骤一：在服务器端打开一个 VI。

步骤二：打开客户端远程面板工具。在客户端 LabVIEW 程序框图或前面板窗口主菜单中选择"操作"下的"连接远程前面板..."，会弹出"连接远程前面板"对话框，如图 11.29 所示。

步骤三：通过远程面板工具连接服务器。"服务器地址"用于设置服务器 IP 地址；"VI 名称"用于设置服务器打开的 VI 名称；"端口"用于设置服务器设定的 HTTP 端口，默认为"80"；勾选复选框"请求控制"获取控制权，"连接状态"栏可显示连接状态和信息。

注意：使用远程面板控制方式运行 VI 时，产生的结果数据都保存在服务器端而不是客户端，如果客户端需要得到数据，则要使用通信协议或 DataSocket 传递数据。

图 11.29   "连接远程前面板"对话框

11.3.3   浏览器访问

通过客户端浏览器访问 VI 时，首先需要在服务器端发布网页，然后才能从客户端访问。下面介绍如何配置和启动 LabVIEW Web 服务器并通过浏览器访问。

步骤一：在服务器端打开一个 VI。

步骤二：选择前面板或程序框图主菜单"工具"下的"选项"子面板中的"Web 服务器"，选择"启用远程前面板服务器"，其他可以保存默认设置。如果"80"端口被其他程序占用，则需要指定一个空闲的端口号。

步骤三：设置"可见 VI"选项，此处配置允许被远程连接的 VI。默认"*"表示任何 VI 都可以被连接。

步骤四：设置"浏览器访问"选项，此处可以配置允许连接本机的远程主机。默认"*"表示任何主机都允许连接本机。单击"确认"按钮，如果没有弹出任何警告，则表明 Web 服务器成功启动。

步骤五：选择"工具"下的"Web 发布工具..."选项，打开如图 11.30 所示的"Web 发布工具"对话框。在该对话框中的"VI 名称"栏中选择希望在网页中进行浏览的 VI，这些 VI 必须是已经打开的。查看模式有三种，"内嵌"表示 VI 前面板将嵌入在网页中，用户不仅可以浏览前面板，还可以控制前面板；"快照"表示仅把当前 VI 前面板的截图发布在网页中;"显示器"与快照一样,但是它会不断地按指定时间间隔更新截图。单击"下一步"按钮进入如图 11.31 所示对话框,在该对话框中配置文档标题、页眉和页脚。

图 11.30　"Web 发布工具"对话框

图 11.31　配置文档标题、页眉和页脚对话框

　　步骤六:单击"下一步"按钮,弹出如图 11.32 所示的配置网址对话框。"URL"即远程机器浏览时的网页地址。选择"保存至磁盘"按钮,将会弹出"文档 URL"对话框,单击"连接"按钮就可以在本地网页浏览到该网页了。

图 11.32　配置网址对话框

步骤七：通过网页浏览 VI 面板非常简单，直接在网址栏中输入设置时的 URL 地址即可。但是如果本机没有安装 LabVIEW Run-Time 引擎，那么网页首次连接时会自动从 NI 网站下载该引擎并安装。

综合项目实例

第12章

由于采用了各种标准化的 VI 组件，LabVIEW 极大地简化了编程过程。因此很多用户一旦了解了程序的大概功能就会迫不及待地开始编写代码，如果程序比较简单，不会产生太大的问题；如果编写较大规模的程序时，这样急于求成最终都会失败。对于一个正常的项目开发，着手编程前的需求分析和详细设计是必需的，如果编码之前没有整体的计划安排，程序会变得越来越繁琐，为了实现后期的程序功能而不断修改前期的代码，大大降低了系统的程序灵活性、可扩展性、可维护性和可读性等特点。本章将 LabVIEW 编程与软件工程的知识相结合，以实现一个较大型系统的开发。

12.1 软件工程基础

12.1.1 软件工程的概念

"软件工程"(Software Engineering)这个名词是由北大西洋公约组织(NATO)科学技术委员会于 1968 年秋，在当时的联邦德国召集了近 50 名一流的编程人员、计算机科学家和工业界巨头，制定摆脱软件危机的办法时提出的。尽管当时专家们无法设计出一张指导软件业走向更牢固阵地的详细路线图，但他们借鉴了硬件工程的相关内容，为解决软件这一难题，不仅创造了一个新名词——软件工程，还使软件工程有了发展方向。从 1968 年到现在已经将近 50 多年，可以说，如今软件工程已发展成为一门独立的学科。

软件工程可以定义为：运用工程学的原理和方法来组织和管理软件的生产和维护，以保证软件产品开发、运行和维护的高质量和高生产率。

美国著名的软件工程专家 B.W.Boehm 综合多年开发软件的经验，于 1983 年提出了软件工程的七条基本原理。他认为这七条原理是确保软件产品质量和开发效率原理的最小集合。这七条原理包括：

(1) 用分阶段的生命周期计划严格管理。在软件开发与维护的漫长生命周期中，需要完成许多性质各异的工作，应该把软件生命周期划分成若干个阶段，并相应地制定出切实可行的计划，然后严格按照计划对软件的开发与维护工作进行管理。Boehm 认为，在软件的整个生命周期中应该制定并严格执行六类计划，即项目概要计划、里程碑计划、项目控制计划、产品控制计划、验证计划和运行维护计划。

(2) 坚持进行阶段评审。软件的质量保证工作不能等到编码阶段结束之后再进行。因为，第一，大部分错误是在编码之前造成的；第二，错误发现与改正得越晚，所需付出的代价也越高。因此，在每个阶段应进行严格评审，以便尽早发现在软件开发过程中所犯的错误，这是一条必须遵循的重要原则。

(3) 实行严格的产品控制。在软件开发过程中不应随意改变需求，因为改变一项需求往往需要付出较高的代价。但是，在软件开发过程中改变需求又是难免的。由于外部环境的变化，相应地改变用户需求是一种客观需要，当然不能硬性禁止客户提出改变需求的想法，而只能依靠科学的产品控制技术来顺应这种要求。也就是说，当改变需求时，为了保持软件各个配置成分的一致性，必须实行严格的产品控制，其中主要应实行基准配置管理。

(4) 采用现代程序设计技术。近年来，面向对象技术已经在许多领域中迅速地取代了传统的结构开发方法。实践证明，采用先进的技术不仅可以提高软件开发和维护的效率，而且可以提高软件产品的质量。

(5) 结果应能清楚地审查。软件产品不同于一般的物理产品，它是看不见摸不着的逻辑产品。软件开发人员(或开发小组)的工作进展情况可见性差，难以准确度量，从而使得软件产品的开发过程比一般产品的开发过程更难于评价和管理。为了提高软件开发过程的可见性，更好地进行管理，应该根据软件开发项目的总目标及完成期限，规定开发组织的责任和产品标准，从而能够清楚地审查所得到的结果。

(6) 开发小组的人员应该少而精。软件开发小组成员的素质要高，且人数不宜过多。开发小组人员的素质和数量，是影响软件产品质量和开发效率的重要因素。素质高的人员的开发效率比素质低的人员的开发效率可能高几倍至几十倍，而且素质高的人员所开发的软件中的错误明显少于素质低的人员所开发的软件中的错误。

(7) 承认不断改进软件工程实践的必要性。遵循上述六条基本原理，即可按照当代软件工程的基本原理实现软件的工程化生产。但是，仅有上述六条原理并不能保证软件开发与维护的过程能赶上时代前进的步伐，能跟上技术的不断进步。因此，Boehm 提出应把承认不断改进软件工程实践的必要性作为软件工程的第七条基本原理。在软件开发过程中，不仅要积极主动地采纳新的软件技术，而且要注意不断总结经验。

12.1.2　软件生命周期

与任何事物一样，软件也有一个孕育、诞生、成长、成熟、衰亡的生存过程，一般称其为计算机软件的生命周期。根据这一思想，把上述基本的过程活动进一步展开，可以得到软件生命周期的六个步骤，即制定计划、需求分析、软件设计、程序编码、软件测试及运行/维护。以下对这六个步骤作一概括的描述。

(1) 制定计划。确定要开发软件系统的总目标，制定其功能、性能、可靠性以及接口等方面的要求；由系统分析员和用户合作，研究完成该项软件任务的可行性，探讨解决问题的可能方案，并对可利用的资源(计算机硬件、软件、人力等)、成本、可取得的效益、开发的进度作出估计，制定出完成开发任务的实施计划，连同可行性研究报告，提交管理部门审查。

(2) 需求分析和定义。对待开发软件提出的需求进行分析并给出详细的定义。软件人员和用户共同讨论决定可以满足的需求，并对其加以确切的描述。然后编写软件需求说明书或系统功能说明书及初步的系统用户手册，提交管理机构评审。

(3) 软件设计。软件设计是软件工程的技术核心。在设计阶段中，设计人员会把已确定了的各项需求转换成一个相应的体系结构。结构中的每一个组成部分都是意义明确的模块，每个模块都和某些需求相对应，即总体设计。进而对每个模块要完成的工作进行具体的描述，为源程序编写打下基础，即详细设计。所有设计中的考虑都应以设计说明书的形式加以描述，以供后续工作使用并提交评审。

(4) 程序编写。把软件设计转换成计算机可以接受的程序代码，即写成以某一种特定程序设计语言表示的"源程序清单"。这一步工作也称为编码。写出的程序应当是结构良好、清晰易读的，且应与设计相一致。

(5) 软件测试。软件测试是保证软件质量的重要手段，其主要方式是在设计测试用例的基础上检验软件的各个组成部分。首先是进行单元测试，查找各模块在功能和结构上存在的问题并加以纠正；其次是进行组装测试，将已测试过的模块按一定的顺序组装起来；最后按规定的各项需求，逐项进行有效性测试，决定已开发的软件是否合格，能否交付用户使用。

(6) 运行/维护。已交付的软件投入正式使用，便会进入运行阶段，这一阶段可能持续若干年甚至几十年。在软件运行过程中，可能由于多方面的原因需要对其进行修改。其原因可能有：运行中发现了软件中的错误需要修正；为了适应变化了的软件工作环境，需进行适当的变更；为了增强软件的功能需进行变更。

12.1.3　软件开发模型

为了指导软件的开发，可用不同的方式将软件生存周期中的所有开发活动组织起来，形成不同的软件开发模型。软件开发模型是从软件项目需求定义直至软件经使用后废弃为止，跨越整个生命周期的系统开发、运作和维护所实施的全部过程、活动和任务的结构框架。目前为止，学术界已经提出了多种软件开发模型。例如，瀑布模型、快速原型模型、增量模型、螺旋模型、喷泉模型等。

1. 瀑布模型

瀑布模型(Waterfall Model)，它是 1970 年由美国计算机科学家 W.Royce 提出的。瀑布模型规定了各项软件工程的活动过程，包括：制定开发计划，进行需求分析和说明，软件设计，程序编码，测试及运行/维护，如图 12.1 所示。并且规定了它们自上而下、相互衔接的固定次序，如同瀑布流水，逐级下落。

然而软件开发的实践表明，上述各项活动之间并非完全是自上而下，呈线性图式的。实际上，每项开发活动均应具有以下特征：

① 从上一项活动接受该项活动的工作对象作为输入。

② 利用这一输入实施该项活动应完成的内容。

③ 给出该项活动的工作成果，作为输出传给下一项活动。

④ 对该项活动实施的工作进行评审。若其工作得到确认，则继续进行下一项活动，在图 12.1 中用向下指的箭头表示；否则返回前项，甚至返回更前项的活动进行返工，在图 12.1 中用向上指的箭头表示。

图 12.1　软件生命周期瀑布模型

2. 快速原型模型

快速原型模型是快速建立起来的可以在计算机上运行的程序，它所能完成的功能往往是最终产品能完成功能的一个子集。如图 12.2 所示(图中实线箭头表示开发过程，虚线箭头表示维护过程)，快速原型模型的第一步是快速建立一个能反映用户主要需求的原型系统，让用户在计算机上进行试用，通过实践来了解目标系统的概况。通常，用户试用原型系统之后会提出许多修改意见，开发人员按照用户的意见快速地修改原型系统，然后再次请用户试用。一旦用户认可了该原型系统，开发人员便可据此书写规格说明文档，根据这份文档开发出的软件便可以满足用户的真实需求。

图 12.2　快速原型模型

从图 12.2 中可以看出，快速原型模型是不带反馈环的，这正是该过程模型的主要优点：软件产品的开发基本上是按照线性顺序进行的。该模型能按照线性顺序开发的主要原因如下：

① 原型系统已经通过与用户交互而得到验证，据此产生的规格说明文档正确地描述了用户需求。因此，在开发过程的后续阶段不会因为发现了规格说明文档的错误而进行较大的返工。

② 开发人员通过建立原型系统已经了解了许多内容(至少知道了"系统不应该做什么，以及怎样不去做不该做的事情")，因此，在设计和编码阶段发生错误的可能性也较小，自然减少了在后续阶段需要改正前面阶段所犯错误的可能性。

软件产品一旦交付给用户使用之后，便开始了维护。根据所需完成的不同的维护工作种类，可能需要返回到需求分析、规格说明、设计或编码等不同阶段，如图 12.2 中虚线箭头所示。

3. 增量模型

增量模型也称为渐增模型，如图 12.3 所示。使用增量模型开发软件时，软件产品是作为一系列的增量构件来进行设计、编码、集成和测试的。每个构件由多个相互作用的模块构成，并且能够完成特定的功能。使用增量模型时，第一个增量构件往往需实现软件的基本需求，提供最核心的功能。

图 12.3 增量模型

采用瀑布模型或快速原型模型开发软件时，目标都是一次把满足所有需求的产品提交给用户。增量模型则与之相反，它会分批地逐步向用户提交产品，每次提交一个满足用户需求子集的可运行的产品。整个软件产品被分解成许多增量构件，开发人员逐个地向用户提交构件产品。每次用户都会得到一个满足部分需求的可运行产品，直到最后一次得到满足全部需求的完整产品。从第一个构件交付之日起，用户就能使用该构件进行相关工作了。显然，能在较短时间内向用户提交可完成一些有用的工作的产品，是增量模型的一个优点。

增量模型的另一个优点是，逐步增加产品功能可以使用户有较充裕的时间学习并适应新产品，从而减少一个全新的软件可能给客户组织带来的冲击。

使用增量模型的困难是，在把每个新的增量构件集成到现有软件体系结构中时，不能破坏原来已经开发出的产品。此外，软件的体系结构必须设计成便于按这种方式进行扩充的形式，向现有产品中加入新构件的过程必须简单、方便。也就是说，软件体系结构必须是开放的。从长远观点看，具有开放结构的软件拥有真正的优势，这种软件的可维护性明显高于封闭结构的软件。因此，尽管采用增量模型比采用瀑布模型和快速原型模型需要更精心的设计，但在设计阶段多付出的劳动将在维护阶段获得回报。如果一个设计非常灵活而且是够开放的，足以支持增量模型，那么，这样的设计将允许在不破坏产品的情况下进行维护。事实上，使用增量模型时开发软件和扩充软件功能(完善性维护)并没有本质区别，都是向现有产品中加入新构件的过程。

从某种意义上说，增量模型本身是自相矛盾的。它一方面要求开发人员把软件看做一个整体；另一方面又要求开发人员把软件看作构件序列，每个构件本质上都独立于另一个构件。除非开发人员有足够的技术能力协调好这一明显的矛盾，否则用增量模型开发出的产品可能并不令人满意。

4. 螺旋模型

螺旋模型(Spiral Model)的结构如图 12.4 所示。1988 年 B.W.Boehm 将瀑布模型和原型模型相结合，提出了螺旋模型，这种模型综合了瀑布模型和原型模型的优点，并增加了风险分析。螺旋模型包含了以下四个方面的内容：

① 制定计划：确定软件的目标，选定实施方案，明确项目开发的限制条件。

② 风险分析：分析所选的方案，识别风险，消除风险。

③ 实施工程：实施软件开发，验证阶段产品。

④ 客户评估：评估开发工作，提出修正建议。

图 12.4　螺旋模型

采用螺旋模型时，软件开发沿着螺旋由内向外旋转，每旋转一圈都要对风险进行识别、分析，采取对策以消除或减少风险，进而开发出一个更为完善的新的软件版本。在旋转的过程中，如发现风险太大，以至于开发者和客户无法承受，那么项目就可能因此而终止。通常，大多数软件开发都能沿着螺旋由内向外逐步延伸，最终得到所期望的系统。

软件工程的螺旋模型的开发模式是当前大型系统或软件开发的最现实的方法。它采用一种逐步逼近的演化方法，使开发人员和用户能了解每一个演化过程中的风险，并作出反应。它保留了传统生存周期逐步求精和细化的方法，但是把它综合到一个重复的框架以后，就可以对这个真实世界作出更加现实的反应。

螺旋模型要求对项目所有阶段的技术风险进行直接研究，如果应用正确，将减少这些技术风险成为问题的概率。

同其他模式一样，螺旋模型也有其不足之处。它很难让用户确信(特别是有合同的情况下)这种演化方法是可以控制的。它要求有风险评价的专门技术，因为这些专门技术决定了评价的成功与否。如果不能发现主要风险，则问题很可能会发生。

5. 喷泉模型

喷泉模型(Water Fountain Model 的结构)如图 12.5 所示,它主要用于描述面向对象的开发过程。"喷泉"一词体现了面向对象的迭代和无间隙特征。

图 12.5　喷泉模型

迭代意味着模型中的开发活动常常需要多次重复,在迭代过程中,可以不断地完善软件系统。无间隙是指开发活动(如分析、设计、编码)之间不存在明显的边界,它不像瀑布模型那样,在需求分析活动结束之后才开始设计活动,在设计活动结束后才开始编码,而是允许各开发活动交叉、迭代地进行。

12.1.4　软件需求分析

软件需求分析是对计划期间建立的软件可行性进行分析求精和细化,分析各种可能的解法,并且分配给各个软件元素。需求分析是软件定义阶段中的最后一步,在这一步确定系统必须完成哪些工作,也就是对目标系统提出完整、准确、清晰、具体的要求。

需求分析需要实现的是,将用户对软件的一系列要求、想法转变为软件开发人员所需要的有关软件的技术规格说明,它涉及面向用户的用户需求和面向开发者的系统需求两个方面的工作内容。用户需求是关于软件的一系列想法的集中体现,涉及软件的功能、操作方式、界面风格、用户机构的业务范围、工作流程和用户对软件应用的展望等。因此,用户需求也就是关于软件的外界特征的规格表述。系统需求是比用户需求更具有技术特性的需求陈述,它是提供给开发者或用户方技术人员阅读的,并将作为软件开发人员设计系统的起点与基本依据。系统需求需要对系统的功能、性能、数据等方面进行规格定义。

1. 系统需求的主要内容

系统需求主要包括以下几个方面的内容:

(1) 功能需求:列出所开发软件在职能上应做什么,即系统的主要功能,这是最主要的需求。

(2) 性能需求:给出所开发软件的技术性能指标,例如采样率、吞吐量、存储容量限制、运行时间限制、安全保密性等。

(3) 环境需求:提出对软件系统运行时所处环境的要求。例如,在硬件方面,采用的机型、具有的外部设备、数据通信接口等;在软件方面,采用何种支持系统运行系统软件(指操作系统、网络软件、数据库管理系统等);在使用方面,需要使用的部门在制度上、操作人员的技术水平上应具备什么样的条件等。

(4) 可靠性需求:各种软件在运行失效后的影响各不相同。在需求分析时,应对所开发的软件在投入运行后不发生故障的概率,按实际运行环境提出要求。对于重要的软件,或是运行失效会造成严重后果的软件,应当提出较高的可靠性要求,以期在开发的过程中采取必要的措施,使软件产品能够高度可靠地稳定运行,避免因运行事故而带来损失。

(5) 安全保密需求:在不同环境工作的软件对其安全、保密的需求显然是不同的。应当把这方面的需求恰当地作出规定,以便对所开发的软件给予特殊的设计,使其在运行中安全保密方面的性能得到必要的保证。

(6) 用户界面需求：软件与用户界面的友好性是用户能够方便有效愉快地使用该软件的关键之一。从市场角度来看，具有友好用户界面的软件有很强的竞争力，因此，必须在需求分析时，为用户界面细致地规定应达到的要求。

(7) 资源使用需求：指所开发软件运行时所需的数据、软件、内存空间等各种资源。另外，软件开发时所需要的人力、支撑软件、开发设备等则属于软件开发的资源，需要在需求分析时加以确定。

(8) 软件成本消耗与开发进度需求：在软件项目立项后，要根据合同规定，对软件开发的进度和各步骤的费用提出要求，作为开发管理的依据。

(9) 预先估计以后系统可能达到的目标：在开发过程中，预先估计目标可对系统将来的扩展与修改做好准备，一旦需要时，则会比较容易进行补充和修改。

2. 需求分析所需的文档资料

经过分析确定了系统必须具有的功能和性能后，下一步应把分析的结果用正式的文档记录下来，作为最终软件配置的一个组成部分。根据需求分析阶段的基本任务，在这个阶段应该完成下述四种文档资料。

(1) 系统规格说明：主要描述目标系统的概貌、功能要求、运行要求和将来可能提出的要求。在分析过程中得出的数据流图是该文档的一个重要组成部分。此外，该文档中还应该包括用户需求和系统功能之间的参照关系，以及设计约束等。

(2) 数据要求：主要包括通过需求分析建立起来的数据字典，以及描绘数据结构的层次框图等。此外，还应该包括存储信息(数据库或普通文件)分析的结果。

(3) 用户系统描述：该文档从用户使用系统的角度描述系统，相当于一份初步的用户手册。其内容包括系统功能和性能的扼要描述，使用系统的主要步骤和方法，以及系统用户的责任等。这个初步的用户手册使未来用户能从使用的角度检查该目标系统，便于他们判断该系统是否符合他们的需要。

(4) 修正的开发计划：经过需求分析阶段的工作，分析人员对目标系统有了更深入更具体的认识，因此可以对系统的成本和进度作出更准确的估计。在此基础上应该对开发计划进行修正，包括成本计划、资源使用计划和进度计划的修正等。

12.1.5 软件设计

软件设计阶段的主要任务是设计软件系统的模块层次结构、数据库结构和设计模块的控制流程，其目的是明确软件系统"如何做"。软件设计在技术上可以分为总体结构设计、数据设计、过程设计和界面设计；在工程领域可分为概要设计和详细设计两个阶段。概要设计主要进行软件系统的模块划分和模块层次结构以及数据库设计；详细设计主要进行每个模块的控制流程设计。软件设计的重要目的就是增强软件的灵活性、可扩展性、可维护性和可读性。

软件设计过程主要包括以下几个方面：

(1) 设计系统方案：为了实现用户要求的系统，系统分析人员应该提出并分析各种可能的方案，并且从中选出最佳的方案。而在分析阶段提供的逻辑模型是软件设计的出发点。

在可供选择的多种方案中，进一步设想与选择较好的系统实现方案。这些方案仅是边界的取舍，抛弃技术上行不通的方法，留下可能的实现策略，但并不评价这些方案。

(2) 选取合理的方案：系统分析人员通过问题的定义、可行性研究和需求分析后，产生了一系列可供选择的方案，从中选取低成本、中成本和高成本三种方案，必要时再进一步征求用户意见。还应制定系统流程图、系统的物理元素清单(即构成系统的程序、文件、数据库、人工过程、文档等)、成本效益分析和实现系统的进度计划。

(3) 推荐最佳方案：系统分析人员综合分析各种方案的优缺点，推荐最佳方案，并作出详细的实现进度计划。用户与有关技术专家认真审查分析人员推荐的方案，然后提交试用部门负责人审批，审批接受分析人员推荐的最佳实施方案后，才能进入软件结构设计阶段。

(4) 功能分解：在软件结构设计前，首先要把软件复杂的功能进一步分解成简单的功能，遵循模块划分独立性原则，即做到模块功能单一，模块与外部联系弱，仅与数据联系，使划分过的模块功能对大多数程序人员而言都是容易理解的。功能的分解使数据流图进一步细化，应选用相应图形工具进行描述。

(5) 软件结构设计：功能分解后，用层次图、结构图来描述模块组成的层次系统，即反映软件结构。当数据流图细化到适当的层次，由结构化的设计方法可以直接映射出结构图。

(6) 数据库设计、文件结构设计：所谓数据库的设计就是在一个特定的应用环境中，构造一个有效的数据库模式，并在此基础之上构建各种数据库及其应用程序，对各种数据进行有效的存储，满足客户和应用系统的信息处理要求。一个好的数据库应具有的特点是冗余较小，数据的扩展性和独立性较高，数据的安全性好。

系统分析人员在需求分析阶段，在对系统数据进行分析的基础上应制定数据库方案，并着手进行数据库设计。为了使数据库的设计更加系统化、有效化，系统分析人员对数据库的设计过程应进行规范研究，引导其他的分析人员设计规范的数据库。数据库设计的生命周期分为以下六个阶段：

① 进行数据库需求分析阶段；

② 完成数据库的概念设计阶段；

③ 对数据库的逻辑设计阶段；

④ 对数据库的物理设计阶段；

⑤ 实施数据库阶段；

⑥ 运行数据库及维护数据库阶段。

(7) 制订测试计划：为保证软件的可测试性，在软件设计前期就要考虑软件测试的问题。概要设计阶段的测试计划仅就 I/O 功能采取黑盒法测试计划，在详细设计时才能进行详细的测试用例与计划。

(8) 书写文档：在软件设计阶段还要进行各种文档的编写，每一个步骤都是必需的。因为这些文档将有助于分析人员下一步的工作，更加有助于软件管理人员进行维护工作。没有文档的软件维护根本是行不通的。文档是人们用自然语言描述软件系统的文件，并不是像程序语言那么难以阅读和理解。在软件设计阶段形成的文档主要有以下几种类型：

① 用户手册：对需求分析阶段编写的用户手册进一步修订。

② 测试计划：对测试的计划、策略、方法和步骤提出明确的要求。

③ 详细项目开发实现计划：给出系统目标、总体设计、数据设计、处理方式设计、运行设计和出错处理设计等。

④ 数据库设计结果：使用数据库简介、数据模式设计和物理设计等。

(9) 审查和复审：最后应该对软件设计的结果进行严格的技术审查，在技术审查通过之后再由使用部门的负责人从管理角度进行复审。

12.1.6　程序编码

编程语言经过多年的发展，从机器语言直到当今最流行的面向对象语言，已经有上千种之多，但能被广泛使用的语言却不多。不同的时代有不同的与计算机硬件技术和操作系统相匹配的编程语言。对于 LabVIEW 程序编码来说，编码工作就是把软件设计内容变换为可执行的 LabVIEW 源程序。由于在软件设计阶段已经设计好了 VI，编码阶段就变得相对容易，与设计阶段相反，编码阶段一般都采用由下而上的顺序编写。即先编写驱动层，再编写逻辑层，最后完成顶层的编写。

程序人员在编码的过程中，应使程序具有良好的程序风格，今后其他的维护人员在使用这个程序时，能够比较方便地沿着彼此都熟悉的思路去理解程序的功能，从而使程序的可读性增强，方便程序的测试和维护。

程序设计具有良好的风格要从以下四个方面做起：源程序文档化，采用数据说明方式，确定语句构造方法和输入/输出技术，力图从编码原则的角度提高程序的可读性，改善程序质量。

1. 源程序文档化

源程序文档化包括符号名要遵守命名规则，具有完整的文档注释，程序具有良好的视觉感受。

符号名即标识符，包括模块名、变量名、常量名、子程序名、数据区名、缓冲区名等。这些名称应能反映程序所代表的实际内容，应有一定的实际意义；名称并非越长越好，过长的名称会使程序的逻辑流程变得模糊，给修改带来困难，所以应当选择精炼且意义明确的名称，改善对程序功能的理解；必要时可使用缩写，但缩写规则要一致，建议用"驼峰法"规则，并且要给每一个名称加注释；在一个程序中，一个变量只能应用于一种用途。也就是说，在同一个程序中一个变量不能身兼"数职"。

放置在程序中的注释是程序人员与日后的程序使用者之间沟通的重要手段。正确的注释能够帮助读者理解程序，可为后续阶段进行测试和维护提供明确的指导。因此，注释绝不是可有可无的，大多数程序设计语言允许使用自然语言描写注释，这就给阅读程序带来很大的方便。一些正规的程序文本中，注释行的数量占到整个源程序的 1/3 到 1/2，甚至更多。

(1) 序言性注释：通常置于每个程序模块的开头部分，给出了程序的整体说明，对于理解程序本身具有引导作用。有些软件开发部门对序言性注释做了明确而严格的规定，要求程序编制者逐项列出的有关项目包括程序标题、有关本模块功能和目的的说明、主要算法、接口说明、有关数据描述、模块位置、开发简历等。

（2）功能性注释：嵌在源程序主体代码中，用以描述其后的语句或程序段的具体工作，无需解释后续工作，因为解释做法常常与程序本身重复，并且对于阅读者理解程序并无帮助。

利用空格、空行和缩进，可提高程序的可视化程度。其优点包括：

① 恰当地利用空格，可以突出运算的优先性，避免发生运算的错误。

② 自然的程序段之间可用空行隔开。

③ 对于选择语句和循环语句，把其中的程序段语句向右进行阶梯式缩进，可使程序的逻辑结构更加清晰，层次更加分明。

2. 数据说明方式

在编写程序时，需注意数据说明的风格。为了使程序中数据说明更易于理解和维护，必须注意以下几点：

（1）数据说明的前后顺序应当规范化，使数据属性容易查找，从而有利于测试、调试与维护。例如可按常量说明、类型说明、全局变量说明和局部变量说明的顺序编写程序。

（2）当多个变量名用一个语句说明时，应当对这些变量按字母的顺序排列。

（3）如果设计了一个复杂的数据结构，应当使用注释来说明在程序实现时这个数据结构的固有特点。

3. 语句构造方法

在设计阶段确定了软件的逻辑流结构，构造单个语句则是编码阶段的任务。语句构造力求简单、直接，不能为了片面追求效率而使语句复杂化。除非对效率有特殊的要求，程序编写要做到清晰第一，效率第二。事实上，程序效率的提高主要应通过选择高效的算法来实现。首先要保证程序正确，然后才要求提高速度。反过来说，在使程序高速运行时，首先要保证它是正确的。

4. 输入/输出技术

绝大多数计算机系统都是人-机交互系统，输入和输出信息是与用户的使用直接相关的。输入/输出的方式和格式应当尽可能方便用户的使用。因此，在软件需求分析阶段和设计阶段，就应基本确定输入和输出的风格。系统能否被用户接受，有时就取决于输入和输出的风格。

12.1.7 软件测试

软件测试是对软件需求分析、设计规格说明和编码等的最终审核，是软件质量保证的关键步骤。如果把所开发出来的软件看作一个企业生产的产品，那么软件测试就相当于该企业的质量检测部分，其任务就是检查软件产品是否如用户所预期的那样运行。

软件测试是为了发现程序中的错误而执行程序的过程。具体来说，它是根据软件开发各阶段的规格说明和程序的内部结构而精心设计出的一批测试用例，并利用测试用例来运行程序，以发现程序错误的过程。根据系统开发的过程发展，软件测试可以分为五个测试阶段：单元测试、集成测试、确认测试、系统测试和验收测试。

单元测试是对软件基本组成单元进行的测试。单元测试的对象是软件设计的最小单位

——模块。作为一个最小的单元，模块应该有明确的功能定义、性能定义和接口定义，而且可以清晰地与其他单元区分开来。一个菜单、一个显示界面或者能够独立完成的具体功能都可以是一个单元。

集成测试是介于单元测试和系统测试之间的过渡阶段，与软件开发计划中的软件概要设计阶段相对应，是单元测试的扩展和延伸。集成测试的定义是：根据实际情况对程序模块采用适当的集成测试策略，对系统的接口以及集成后的功能进行正确校验的测试工作。

集成测试完成以后，分散开来的模块被连接起来，构成完整的程序。其中，各模块之间接口存在的种种问题都已经消除，于是测试工作进入确认测试阶段。确认测试是校验所开发的软件是否能按用户提出的要求运行，若能达到这一要求，则认为开发的软件是合格的。

在软件的各类测试当中，系统测试最接近于人们的日常测试实践。它是将已经集成好的软件系统作为整个计算机系统的一个元素，与计算机硬件、外部设备、某些支持软件、数据和人员等其他系统元素结合在一起，在实际运行环境下，对计算机系统进行一系列的组装测试和确认测试。

验收测试是向未来的用户表明系统能够像预定要求的那样工作。通过综合测试之后，软件已完全组装起来，接口方面的错误也已排除，软件测试的最后一步——验收测试即可开始。

12.1.8　软件实施和维护

1．软件实施任务

软件实施是将软件产品最终顺利地投向市场并获得用户认可的过程，这也是软件开发商最关心的问题。软件产品实施是指将系统设计阶段的结果在用户的网络和终端计算机上实现，将软件产品真正转换成可执行的应用软件系统。软件产品实施的任务包括：

(1) 按总体设计方案购置和安装计算机网络系统。

(2) 准备软件：软件包括系统软件、数据库管理系统(DBMS)以及应用程序，还包括购买软件。

(3) 设置硬件环境。

(4) 准备数据：在确定数据库模型之后进行。

(5) 人员培训：是指关于系统使用方面的培训，主要指对软件产品实施和运行过程中相关的各类人员的培训。培训内容包括培训软件产品的相关配置，熟悉软件产品实施的流程和各个模块的业务流程，了解相关功能的具体含义和操作规范。

(6) 投入切换和试运行。

2．软件维护的内容

软件维护是软件生命周期的最后一个阶段，软件从发布完毕到退役的整个时间段内对软件进行的改正、完善等工作都是维护的内容，也是持续时间最长、代价最大的一个阶段。软件维护的内容包括以下几个方面：

(1) 硬件维护：具体包括定期的设备保养性维护(保养周期不等)，如例行的设备检查与保养、易耗品的更换与安装等；突发性的故障维护。

(2) 应用软件维护。

(3) 数据维护：包括数据库的安全性、完整性、并发性控制和代码维护。

12.2　项目设计目的

本章设计项目实例是综合处理信号函数的双通道频谱滤波器的设计，主要用于分析由仿真信号产生的带噪声信号，在经过带通滤波器进行频率响应后，对滤波前后的信号进行双通道谱测量，以检测滤波后的信号是否在用户所要求的频率范围之内。在本章实例中，主要用到的 LabVIEW 2015　Express VI 中的相关控件有仿真信号 VI、滤波器 VI、双通道谱测量 VI 及信号掩区和边界测量 VI。此外，在编写程序框图的过程中，使用了编程控件中的应用程序属性节点，以及根据分析测量设计子 VI 的基本知识点，对 LabVIEW 2015 实现了比较综合的应用。

具体而言，本章设计的测量控件中，仿真信号 VI 产生信号，经过带通滤波器滤波，通过比较滤波前后的信号，即通过双通道谱测量控件对输入信号(未经滤波的原始信号)和输出信号(经过滤波的滤波信号)进行分析，比较滤波信号的幅度响应情况。最后，通过信号掩区和边界测量 VI 来检测经过滤波器滤波的信号是否能够处在用户设定的信号频率范围内，从而对滤波器的滤波效果进行比较分析和检测。双通道频谱滤波器控件的设计界面如图 12.6 所示。

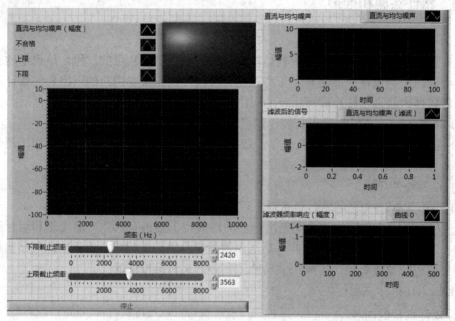

图 12.6　双通道频谱滤波器控件的设计界面

完成设计之后，运行该双通道频谱测量控件，可以通过以下步骤来调试和检查输入信号相关的滤波、谱测量和信号检测功能。

步骤一：运行本章设计的 LabVIEW 双通道谱测量控件 VI。

步骤二：观察通过带通滤波器所产生的信号频率响应情况，以及经过滤波产生的响应信号曲线是否在检测信号的范围和边界范围之内(信号掩区和边界信号控件的测试信号端的测试信号波形图显示)。同时，注意观察信号分析所产生的原始信号(没有经过滤波器滤波前的信号)、经过滤波器滤波的信号以及通过信号经过滤波器所产生的频率响应(幅值)情况。

步骤三：在双通道谱测量控件运行过程中，通过调节上、下截止频率调节控件，改变带通滤波器的上、下截止频率，观察经过滤波器滤波后的响应信号曲线。

12.3　项目功能模块介绍

本实例设计的双通道谱测量控件的控件功能和处理逻辑可分为 6 个主要的功能模块，各功能模块具体实现的执行处理功能和任务介绍如下。

(1) 仿真信号生成功能块。本实例的滤波器仿真信号由仿真信号 Express VI 产生，信号成分主要为直流信号，在该直流信号基础上加入均匀白噪声信号。本实例所设计的双通道谱测量控件主要演示滤波器的滤波能力及信号掩区和边界测试 VI 检测滤波后的信号是否符合要求，因此，采用直流信号加入均匀白噪声可以代表处理信号的整个频率范围，可以很容易地确定经过滤波器滤波后信号的频率响应范围及响应信号的幅值等信息。

(2) 滤波器滤波功能块。本例中滤波器采用 Express VI 中的滤波器，选用带通滤波器对仿真信号产生的信号进行带通滤波，并产生所需要的滤波信号。也可以用其他滤波类型对信号进行滤波，如采用带阻滤波、高通滤波、低通滤波等。

(3) 截止频率调节功能块。该功能块能够通过处理逻辑，把截止频率控件所产生的截止频率变化情况反映到相应的滤波器功能块、双通道谱测量功能块和信号检测功能块中。其中，输入到滤波器功能块的情况可以直接反映在通过滤波器输出的信号上。将截止频率变化信息传递到另外两个功能块中则需要一些处理逻辑功能来实现。

测试信号游标控制功能位于检测功能块的输出端，即在测试信号波形图上用两个游标来反映上、下截止频率的变化，此部分功能块可通过该波形图的引用节点把变化信息传递到游标位置。

双通道谱测量重新平均计算控制功能表示当截止频率调节控件的数值发生变化，或在外围循环过程的相邻两次计算过程中截止频率信号发生变化时，需要把重新平均的信息传递到双通道谱测量控件中。因此，要在循环体上设置移位寄存器记录相邻两次循环中截止频率的信息，并与截止频率调节控件产生信号进行逻辑判断和比较。为此设计"changed.vi"子控件，用来记录这些逻辑功能的判断和处理结果。

(4) 双通道谱测量处理功能块。在这部分功能块中，把未经滤波的原始信号和经过滤波后的滤波信号接入双通道谱测量 Express VI 中，根据滤波信号和未滤波信号的单通道信号有序对，计算并处理这两路输入信号的频率响应和相干情况，输出两路信号频率响应的幅度、相位、相干、实部和虚部等信息。

(5) 信号检测处理功能块。此部分功能可通过信号掩区和边界检测 Express VI 进行。用户根据设定检测信号的边界，包括信号掩区的上、下限，把双通道谱测量 VI 进行频率响应处理后得到的幅度响应信号输入该 VI 的信号输入端，通过对每个采样数据和掩区信号的上、下限数值进行比较，检测经过滤波器滤波后的信号是否在所设定的信号掩区范围和边界范围内，若在设定范围内，则在该 VI 输出端以"通过"逻辑"真"输出。

(6) 信号和频率响应显示功能块。此部分功能用于将双通道谱测量控件各部分的信号以波形图形式进行直观的显示，主要体现在将所设计的 VI 控件的前面板以波形图的形式显示。为便于更好地显示和处理各部分信号，需要对不同波形图的属性进行相应的设定和修改，主要包括仿真信号产生的原始信号的波形显示、经过滤波器后的滤波信号的波形显示、双通道谱测量进行处理后产生的频率响应曲线的显示、检测信号结果的波形显示(频率响应曲线)。同时，显示信号掩区和边界测试的信号，以及代表带通滤波器截止频率的游标位置等。

12.4　项目功能设计实现

打开 LabVIEW 2015 工具，新建 LabVIEW 项目，保存项目名称为"双通道频谱滤波器设计"。其结构如图 12.7 所示。

图 12.7　"双通道频谱滤波器设计"项目结构

该项目功能设计实现过程主要分为以下几个步骤：

(1) 进行程序框图的设计，包括仿真信号的生成、滤波器过滤、双通道谱测量、信号检测等的分析处理过程，以及相关的处理分析逻辑。

(2) 图形显示界面的设计，在程序框图的主要分析处理逻辑的设计基础上，在前面板上添加相应的输入控件、不同信号波形图显示的图形显示界面，以及信号处理过程中各个部分的信号显示、分析和比较。

(3) 前面板界面布局及显示部件的属性设置，包括对前面板的界面布局规划设计、对部分图形显示控件进行外观属性等相关的属性设置。

在以上设计的基础上，通过调节截止频率观察相应曲线以及对滤波信号的检测情况。本实例设计的双通道频谱滤波器控件，在利用 Express VI 进行控件设计方面提供了较好的操作实例，以下对其设计步骤进行具体介绍。

12.4.1　滤波信号的产生

滤波信号可通过 LabVIEW 程序框图上 VI 控件的选择和设置来完成，具体操作步骤如下：

步骤一：在 LabVIEW 程序框图中，在"函数"选板中按顺序选择"Express"→"输入"→"仿真信号"，将函数添加到程序框图中，可以用此 Express VI 来生成所需的仿真信号。

步骤二：在弹出该 Express VI 控件的属性设置对话框中进行仿真信号设置。本实例中进行滤波处理和信号检测的原始信号采用直流信号，在"配置仿真信号"对话框中，从"信号类型"下拉列表框中选择"直流"。在实际的信号仿真分析中，可以根据需要选择其他类型的信号，如正弦、方波、三角波等。

步骤三：为测试和研究滤波器的滤波情况以及双通道谱测量中的频率响应情况，在此处添加"均匀白噪声"，可以对所有频段范围内的信号进行滤波。在"噪声类型"中，选择"噪声幅值"为"1"、"种子值"为"−1"。根据需要也可以增加"高斯白噪声"、"gamma 白噪声"等噪声信号。在"定时"采样信息中，设定信号的"采样率"为"25600 Hz"，"采样数"选择为"2048"，其余参数可以采用默认参数。本节所设定的信号如图 12.8 所示。

图 12.8　"配置仿真信号"对话框

12.4.2　添加滤波器 VI 控件

滤波器 VI 控件可对输入信号进行各种类型的信号滤波，以下对滤波器 VI 控件的添加和属性设置等步骤进行介绍。

步骤一：在程序框图中，从"Express VI"子选板中选择"信号分析"下的"滤波器"函数，将其放置到程序框图中，即可弹出"配置滤波器"对话框，如图 12.9 所示，在该对话框中可对控件进行设置。

图 12.9　"配置滤波器"对话框

步骤二：滤波器的 Express VI 控件提供了多种滤波类型，包括低通、高通、带通、带阻、平滑等，可以满足对仿真信号进行滤波的一般性滤波要求。本实例测试中选择"带通"滤波类型，以便更直观地显示滤波器的滤波能力。

步骤三：在滤波器参数设置对话框中选择的参数如下："滤波器类型"选择"带通"滤波器；在"滤波器规范"中，带通滤波器的上、下截止频率分别设置为"2200"Hz 和"3800"Hz；选择"无限长冲击响应(IIR)滤波器"，其"拓扑结构"选择为"Butterworth"结构，"阶数"设为"6"阶。其他参数选择默认值。

在"滤波器规范"中，可以设定带通滤波的上、下截止频率以及冲击响应滤波器，如"有限长冲击响应(FIR)滤波器"和"无限长冲击响应(IIR)滤波器"。本实例需要处理在长度和持续时间上无限长的信号，因此选择"无限长冲击响应滤波器"。滤波器的拓扑结构决定了滤波器的设计类型，可根据需要选择 Butterworth、Chebyshev、反 Chebyshev、椭圆或Bessel 滤波器等。滤波后的信号可以通过信号、频谱、传递函数等显示。滤波器的坐标轴也可以根据需要进行相应的设置，功能相对比较强大。

12.4.3　双通道谱测量

LabVIEW 提供的双通道频谱测量 VI 能够对输入双通道谱测量 VI 的两路信号进行频率响应和相干信息的处理，并输出两路信号频率响应的幅度、相位、相干、实部和虚部等信息。在本实例设计的双通道频谱滤波器控件中，把未经滤波的原始信号和经过滤波后的信号分别作为两路输入信号，进行频率响应和相干信息的处理。下面对双通道频谱测量 VI控件的选择及一些参数的设置步骤进行介绍。

在程序框图上，在"函数"选板中，选择"Express"→"信号分析"→"双通道谱测量"，将所选函数添加到程序框图中，会弹出该控件的属性配置对话框。由于本实例在进行该 Express VI 属性设定时，只需关注两路信号的幅度，因此，"频率响应函数"只输出"幅度"，"窗函数"设置"Hanning"窗，其余设置选择默认值。具体设置的属性值如图 12.10 所示。

图 12.10 "配置双通道谱测量"对话框

在该属性配置对话框中，可设置参数项的意义简单介绍如下。

(1) "输入比较"选择。"输入比较"指定每个输入中如何处理多个信号，包括"有序对"和"所有交叉对"两种方式。"有序对"比较方式可依次计算输入信号 A 的第一个通道对输入信号 B 的频率响应，再计算相应的第二个通道的频率响应，以此类推。在"所有交叉对"比较方式中，首先计算输入信号 A 的第一个通道对输入信号 B 的每一个通道的频率响应，再计算输入信号 B 的第一个通道对输入信号 A 的每一个通道的频率响应。

(2) 频率响应函数。"频率响应函数"表示对两路通道信号进行相应计算后的输出返回，包括幅度、相位、实部、虚部、相干等。

(3) "窗"函数。"窗"函数指作用于输入信号上的窗函数，可以选择"Hanning"、"Hamming"、"Blackman-Harris"等各种常见的窗函数，也可以选择对信号不加窗函数。

(4) "平均"方法。"平均"指该 Express VI 是否计算平均值，其选项包括："模式"，即直接计算复数平均值的向量模式和求信号能量或功率平均值的均方根模式；"加权"，在线形平均时求数据包的非加权平均值，而在指数平均中求数据包的加权平均值，数据包时间越新、权重越大，两种方式中的数据包个数均由用户在平均数目中指定；"生成频谱"，"每次循环"指 Express VI 每次循环后返回频谱，而"仅当平均结束时"指在收集到平均数目中指定的数据包时，才返回频谱。

(5) 输入信号预览及结果显示。该窗口还可显示输入信号 A 和输入信号 B 的信号预览以及结果，可以显示出经过计算后的两路信号及经过分析后得到的幅度、相位、实部、虚部和相干等信息。

12.4.4　检测信号

对滤波器滤波后得到的信号需要进行检测，检查其是否在所要求的信号范围之内。LabVIEW 2015 中的 Express VI 中的信号掩区和边界测试 VI，可以根据用户设定的上、下边界比较信号，进行此方面的信号检测，以判断滤波器经过滤波后的信号是否满足要求。

步骤一：在程序框图上，在"函数"选板中选择"Express"→"信号分析"→"信号掩区和边界测试"，将函数添加到程序框图中，即可弹出该 Express VI 的配置窗口，如图 12.11 所示。在配置窗口中，需要勾选"上限"和"下限"复选框后，才可以进行掩区和边界信号的定义。在"定义"中，可以选择"上限常量"和"下限常量"单选框，设定上、下限检测信号为常量；也可以选择"上限掩区"和"下限掩区"，此时，可以通过单击"自定义..."按钮，对上、下限掩区信号进行定义。这样可以通过比较信号与上下限掩区信号，来判断信号是否在用户设定的检测范围内。

图 12.11　"配置信号掩区和边界测试"对话框

步骤二：单击"定义..."按钮后，可弹出"定义信号"对话框，如图 12.12 所示。此时，可以按照坐标形式来进行掩区信号的定义。在对应的 X 轴和 Y 轴手动输入掩区信号坐标值，然后单击"插入"按钮输入坐标值。如果输入错误，可以通过单击"删除"按钮删除该坐标。在"定义信号"对话框中，根据输入信号坐标值会自动显示"新 X 最小值"和"新 X 最大值"，以及"新 Y 最小值"和"新 Y 最大值"。如果定义的信号需要作为后续信号的文本，可以通过单击"保存数据"按钮把所定义的信号文本以"*.lvm"的自定义模式文本保存下来。

图 12.12　"定义信号"对话框

当然，在定义信号时，也可以根据需要直接编写信号文件，此时，可以通过单击"加载数据..."按钮导入所定义的信号数据。

"显示参考数据"复选框用于在显示定义图形框中显示一个参考信号；"显示内插值"复选框可根据输入的信号数据通过线形插值来显示信号。"定时"中的"dX"用于指定信号数据之间的时间间隔和时长；"点数"指所定义的信号最大、最小值之间的数据点数目。

下掩区信号也可以通过同样的方式进行定义，从而完成对信号的检测过程。此处所定义的上、下掩区信号分别为：上掩区信号坐标包括(0，−65)、(1500，−40)、(2000，1)、(4000，1)、(5000，−40)、(10000，−65)；下掩区信号坐标包括(0，−400)、(2000，−100)、(2500，−1)、(3500，−1)、(4500，−100)、(10000，−100)。

配置信号掩区和边界测量 VI，实际上是限定了滤波器信号的有效检测范围。如果通过滤波器滤波后的信号在所设定的检测范围之内，那么在该控件的输出端输出信号是否通过的逻辑值，可以用于判断滤波器滤波后的信号是否满足要求。

12.4.5　各 VI 控件之间数据流的连线

经过以上四个主要步骤，在程序框图中已经加入了仿真信号、滤波器、双通道谱测量及信号掩区和边界测量 VI 控件，能够实现本实例所要求的主要功能。这些控件之间通过信号数据传输及错误信号传递来进行数据传递，以达到由相应的处理 VI 控件加以处理的目的。

在本实例设计的双通道频谱滤波器控件中，数据流的传递可分为两类，一类数据流为信号流的传递过程，另一类数据流为错误流的传递过程。而数据流的传递过程，也就是各

VI 控件之间的连线过程。

1. 信号流的传递过程

仿真信号 VI 产生直流与均匀噪声信号，通过连线传递到滤波器 VI 的信号输入端，经过滤波器 VI 进行滤波处理后，未经滤波的原始信号和滤波后的信号分别作为双通道谱测量 VI 的两路输入信号，即输入信号 A 和输入信号 B；双通道谱测量 VI 通过进行两路信号的频率响应分析之后，可得到这两路信号的幅度、相位等信息。此时，所产生的响应幅度可作为通过连线输入到信号掩区与边界测试 VI 的信号输入端，经由该 VI 对此信号进行检测，检查所产生的信号是否在所要求的信号掩区边界范围之间。

2. 错误流的传递过程

在信号产生、滤波、谱测量和检测处理过程中，遇到的另一类传输数据是错误流的传递过程。在仿真信号 VI 的错误输入端创建无错误信号的常量，这样即表明在后续信号的传递和处理过程中，其错误信号是在信号分析与处理过程中产生的，易于判断错误产生的位置。依次将错误输出连接到下一个 VI 控件的错误输入，再到信号掩区和边界测试 VI 的输入端。

在实际过程中，加入 While 循环控制过程，可以连续实现仿真信号之间的传递和处理过程。在该循环体边界加入错误处理逻辑，可对信号仿真过程中的错误进行统一处理。

通过以上的分析过程，按照信号流和错误流两类数据流过程进行连线，可以很容易实现对数据流的分析与控制。经过以上的连线之后，已建立了控制程序中数据流的传输线路，如图 12.13 所示。在程序框图连线中，黄色为错误流的传递过程，蓝色为信号流的传递过程。此外，在循环体中加入了延时环节以及循环停止显示控件，可以对循环过程进行控制。

图 12.13　各 VI 控件之间的数据流连线

12.4.6　各 VI 信号的图形显示控件

在对仿真信号进行分析处理的过程中，为便于对各部分的信号进行分析和比较，需要在适当的位置加入波形图来观察信号的显示情况。以下对本实例创建的双通道频谱滤波器控件中的信号显示进行简要介绍。

步骤一：在对不同的控件 VI 输出端的信号进行图形显示时，可以在相应的输出端单击鼠标右键，在弹出的快捷菜单中选择"创建"下的"图形显示控件"。

步骤二：创建其他各 VI 的图形显示控件，用于信号检测的具体步骤与此相同。当然也可以通过前面板的波形显示面板创建波形图后，在程序框图通过和相应的输出端进行连线以实现信号的显示。

本实例创建的双通道频谱滤波器控件中创建的信号显示控件有：通过"仿真信号"VI的图形显示用"直流与均匀噪声"波形图来显示；通过"滤波器后的信号"显示图形，用"Filtered Signal"波形图来显示；通过"双通道谱测量"VI后响应的幅度，用"Magnitude"波形图来显示；通过"信号掩区和边界测试"VI后的测试信号，用"Tested Signals"波形图显示控件来显示。各VI信号的图形显示控件如图12.14所示。在实际过程中，为了更好地显示波形，需要对相应的波形图进行相关参数的设置。

图 12.14　各 VI 信号的图形显示控件

12.4.7　创建上下截止频率调节控件

本实例建立的双通道频谱滤波器控件中的滤波器采用带通滤波器，为便于动态观察带通滤波器产生的频率响应情况，可在设计的控件中创建"上下截止频率"调节控件，对带通滤波器的上下截止频率进行调节。在对滤波器的上、下限进行具体调节时，可以通过两个水平指针滑动杆控件分别进行上、下截止频率的调节。

下面介绍"上下限截止频率"控件的创建和设置方法。具体的创建步骤如下。

步骤一：在前面板选择"控件"子面板"新式"下的"水平指针滑动杆"，并将其添加到前面板上，修改标签为"下限截止频率"。使用鼠标右键单击该控件，在弹出的快捷菜单中选择"表示法"下的"长整型"，将该控件的"数值表示法"由原来默认的"双精度类型DBL"转变为"INT32长整型"表示。

步骤二：使用鼠标右键单击该控件，选择快捷菜单中的"属性"选项，会弹出"滑动杆类的属性"对话框，如图12.15所示。在"标尺"属性的选项卡中，设定该控件的"刻度范围"的"最小值"为"0"、"最大值"为"8000"；在"外观"属性选项卡中，勾选标签下的"可见"复选框，同时勾选"显示数字显示框"，在前面板中输入默认值为"2200"，此数值为带通滤波器的下限截止频率数值。

步骤三：上限截止频率调节控件的属性设置内容为：在"标尺"选项卡中，"刻度范围"的"最小值"设为"0"、"最大值"设为"8000"；在"外观"选项卡中，勾选"显示数字显示框"，设置默认值为"3800"。经过以上创建和参数设置后，上下限截止频率控件的外观如图12.16所示。

图 12.15　"滑动杆类的属性"对话框

图 12.16　上下限截止频率控件的外观

步骤四：经过以上设置后，在程序框图中将上下限截止频率控件的输出端分别与仿真信号 VI 输入端的高截止频率输入端和低截止频率输入端相连。这样，通过改变上、下限截止频率控件的调节数值，即可实现对滤波器带通高、低截止频率进行调节。

12.4.8　信号掩区和边界测试输出信号的显示设置

用户可根据需要对信号掩区和边界测试 VI 中的掩区及边界信号进行设定。该控件可对滤波器滤波后的信号进行检测，确定滤波信号是否位于被检测信号的范围内。为便于直接观察掩区和边界信号、带通滤波器上下截止频率的位置，需要设置其输出信号图形显示控件的属性。

在输出的测试信号的图形显示控件上，单击鼠标右键，在弹出的快捷菜单中选择"属性"选项，打开该控件的属性对话框。在该对话框中，可以对需要显示的各条波形曲线、波形图的坐标轴、游标等进行设置，如图 12.17 所示。在本实例中，各选项卡的具体设置如下：

(1) "外观"选项卡。取消勾选"标签"和"标题"的"可见"复选框，取消勾选"根据曲线名自动调节大小"复选框。

(2) "曲线"选项卡。在"曲线"选项卡的下拉列表框中可显示四路信号的名称，分别为滤波后的信号、不合格曲线、掩区上限信号和下限信号。此外，还可以根据需要对不同曲线的属性进行修改和设定。本实例中需对掩区上限信号和下限信号的属性进行修改。对掩区下限信号，其"填充区域"为掩区下限信号所设定的范围，"填充至"下拉列表中给出了不同的选项，默认为"填充至负无穷大"，即在掩区信号以下的坐标轴范围内都用对应设定的颜色和点进行填充；将此处修改为"无"，即不进行填充，而以曲线形式演示。对上限信号，把"填充至"也设定为"无"。

图 12.17　输出信号波形图控件属性对话框

(3) "标尺"选项卡。在"标尺"选项卡中，可以设定波形图显示控件纵坐标(幅值)和横坐标(频率)的属性。在默认设置中，纵坐标和横坐标的标尺范围都可以自动调节。本实例为便于观察滤波信号在掩区信号范围之间的变化细节，取消纵坐标和横坐标的自动调节属性，即取消勾选相应属性中的"自动调整标尺"复选框。设定纵坐标(幅值)范围的"最小值"为"−100"、"最大值"为"10"；横坐标(频率)范围的"最小值"为"0"Hz、"最大值"为"10000"Hz。设置后的参数如图 12.18 所示。

图 12.18   输出信号波形图控件"标尺"选项卡设置

(4)"游标"选项卡。在"游标"选项卡中可以设定输出信号波形图的游标。本实例为直观地显示检测滤波信号通过不同的带通范围滤波器滤波后的信号是否在检测信号的范围内，可在波形图上添加下截止频率游标和上截止频率游标。具体的设置过程如下。

步骤一：在该选项卡上单击"添加"按钮，在"名称"文本框内输入"下截止频率"，即该游标的名称；在曲线特征上选择相应的特征，如拖曳游标时游标的形状等；设置游标的颜色和其他特性。游标是否允许拖曳可以通过勾选相应的复选框进行设定。此处，选择游标的拖曳曲线类型为"单曲线"，在拖曳的信号曲线下拉列表框内，选择"信号"。如图12.19所示为下截止频率游标的属性设置情况。

步骤二：带通滤波器的上限截止频率同样可以在波形图上表示出来，以便进行比较和观察。通过同样的设置方法，在"游标"选项卡上添加另一条游标，即"上截止频率"游标。本实例对该游标的属性设置和"下截止频率"游标的属性相同。

上下限截止频率控件可以调节带通滤波器的上下限截止频率，以使滤波器在某个带通范围内实现滤波。在信号掩区和边界测试 VI 输出信号的波形图中，同样应显示带通滤波器的上下限截止频率游标，即上下限截止频率控件调节的信号也应该实时地表现出来，因此，需要把上下限截止频率控件调节的数值和该输出信号波形图上的游标位置相联系。

步骤三：将上下限截止频率控件调节与检测信号输出端图形控件的游标变化相联系后，可以通过调用该控件的属性节点来进行调节。在程序框图上，单击鼠标右键，从"函数"选板中选择"编程"下的"应用程序控制"选项中的"属性节点"，把该属性节点函数连接到测试信号波形图显示控件(Tested Signals 控件)。

步骤四：将属性节点向下拉至四个属性选项，在各个属性选项中，选择上、下截止频率活动游标及各自的 x 位置，默认这些信号为输出信息。因此，可以把该属性引用控件上的所有属性转化为"写入"。分别把上、下限截止频率控件的输出连接到该游标"x 标尺"属性，而"活动游标属性"可创建常量输入值来表示上、下截止频率游标。

图 12.19　属性信号波形图控件"游标"选项卡设置

12.4.9　创建截止频率变化子 VI

通过调节上、下限截止频率控件，改变上、下限截止频率数值后，应当实时地把改变的截止频率输入到滤波器高、低截止频率输入端，以及将是否变化的信息传递到双通道谱测量 VI，并对输入到该 VI 的两路信号的频率响应重新进行计算。因此，需要在每次 While 循环后，对上、下限截止频率是否变化进行判断，并把改变后的上、下限截止频率数值输出到滤波器和测试信号波形图显示控件。

下面介绍通过设计一个子 VI 控件"changed.vi"，来对截止频率是否变化进行判断。

步骤一：设置四个输入端，分别用于输入新旧上下限截止频率数值，即在 While 循环体相邻两次循环过程中的截止频率数值；输出端则输出截止频率是否发生变化的布尔值以及新的截止频率数值。具体的前面板和程序框图如图 12.20 所示，设计该 VI 的图标和连线，并保存为"changed.vi"。

图 12.20 截止频率变化子 VI 图

步骤二：在双通道谱测量控件的程序框图中，选择"函数"选板下的"选择 VI..."，导入"changed.vi"子 VI 后，作为控件 VI 直接使用。

步骤三：在该控件设计的程序框图上，将通过上、下限截止频率调节控件的输出端分别连接到"changed.vi"控件的新上、下限截止频率接线端。在循环体上创建移位寄存器，用于保存循环体相邻两次循环中的截止频率数值，把旧上、下限截止频率输入端和移位寄存器的输出端相连，经过"changed.vi"判断后得到的新上、下限截止频率则和移位寄存器的输入端相连。通过"changed.vi"逻辑判断后得到的逻辑布尔型值以及新的截止频率数值，就可以作为输出数据供其余程序判断使用。将判断后的逻辑输出端与双通道谱测量控件的重新开始平均输入端相连，以便根据逻辑值处理是否需要重新平均计算。

至此，程序框图的处理逻辑部分已经全部连线并实现完毕，图 12.21 为本实例创建的双通道频谱滤波器控件的完整程序框图。

图 12.21 双通道频谱滤波器控件的程序框图

经过程序框图创建的图形显示控件，在前面板上可以相应地展示出来，但还需要对界面布局进行安排和处理，包括滤波器的坐标轴、曲线等，以便更好地显示出设计控件的界面效果。

12.5 发布应用程序

前文所编写的程序只能在 LabVIEW 的环境下运行,这当然不是本书的初衷,如果想要编写的程序脱离 LabVIEW 环境,就需要将其编译成可独立运行的程序。

本节详细介绍了独立可执行程序(EXE)、安装程序的制作方法,两者的区别在于,EXE 的运行环境还需要安装 LabVIEW Run-Time 运行引擎,而安装程序则可以把这个引擎集成到程序当中,安装完成后即可运行。

12.5.1 独立可执行程序(EXE)

以前面的"双通道频谱滤波器控件"为例,在 LabVIEW 2015 环境下制作独立可执行程序(EXE),详细步骤如下:

首先,在项目中使用鼠标右键单击"程序生成规范",在弹出的快捷菜单中选择"新建"下的"应用程序(EXE)"选项,如图 12.22 所示。会弹出一个"我的应用程序 属性"对话框,如图 12.23 所示。

图 12.22 新建应用程序

图 12.23 "我的应用程序 属性"对话框

按照从上到下的顺序,依次介绍每一步设置。

(1) 信息:输入 EXE 文件名和目标文件名。注意,应用程序目标目录会有一个默认的路径，如果程序中用到了附属文件，比如"txt"或者"excel"等，最好改变这个默认的路径，重新选择包含所有文件的文件夹，因为如果程序中用到了相对路径，这样就能够正确找到其他文件，程序执行时不会弹出类似于"文件不存在"的错误。

(2) 源文件：在左边的"类别"栏中，选择源文件。用鼠标双击"项目文件"下的主VI——"双通道频谱滤波器.vi"，将主 VI 添加到"启动 VI"栏中，将"changed.vi"添加到"始终包括"栏中，如图 12.24 所示。

(3) 目标：在此处可以设置 EXE 文件和支持文件所在的路径。可以新建一个文件夹，也可以使用默认设置。

(4) 源文件设置：可以设置每个 VI 的属性，引处使用默认设置。

(5) 图标：将"使用默认 LabVIEW 图标文件"复选框的"√"去掉，如果之前有设计好的图标，可以单击其下方的浏览文件图标，然后选择之前设计好的图标添加进去，或者可以单击图标编辑器，在弹出的界面中编辑图标。

(6) 预览：在该项目中直接单击"生成预览"，如果生成成功，就会出现生成文件的预览；否则，将弹出对话框提示失败原因。

(7) "高级"、"附加排除项"、"版本信息"、"运行时语言"等其他选项都采用默认设置。

图 12.24　源文件设置

预览成功后，就可以单击"生成"按钮制作 EXE 文件了，制作状态如图 12.25 所示。当"生成"进度对话框显示生成结束后，单击"完成"按钮，即可完成全部的步骤。可以在预先设置的可执行文件目录下运行该执行文件，也可以在项目管理器中，使用鼠标右键单击该文件，选择"运行"项运行该文件。至此，EXE 文件全部制作完成，保存全部项目。

图 12.25　制作 EXE 文件

12.5.2　安装程序

运行 EXE 文件，要求计算机上必须有 LabVIEW Run-Time 运行引擎，如果希望在没有任何 NI 软件的机器上运行该软件，则需要制作安装文件，即 SETUP 文件。安装文件可以把 LabVIEW Run-Time 运行引擎、仪器驱动和硬件配置等程序组合在一起作为一个安装程序发布。

安装程序的制作步骤与独立可执行程序(EXE)的制作步骤大致相同。首先在项目中，通过鼠标右键单击"生成程序规范"，选择"新建"下的"安装程序"，在弹出的"安装程序属性"设置框中进行设置，如图 12.26 所示。下面按从上到下的顺序对设置框类别进行介绍。

图 12.26　"我的安装程序 属性"配置对话框

(1) 产品信息：可以设置安装程序的相关信息，比如程序名称、版本、开发公司信息等。

(2) 源文件：可以设置安装程序需要的文件。使用鼠标双击"项目视图"下的"我的电脑"图标，打开"综合项目实训"文件夹，将需要的附属文件添加到右边的"程序文件"的"双通道频谱滤波器设计"文件夹下，这个位置是默认的。然后，再把"项目文件视图"下的"程序生成规范"选项中的"我的应用程序"也添加到右边的"目标视图"。至此，源文件的添加已完成，其效果如图 12.27 所示。

图 12.27　源文件设置

(3) "源文件设置"和"快捷方式"都采用默认设置。在"源文件设置"中，可以设置安装文件的属性。在"快捷方式"中，可以设置在开始菜单中的启动项和启动名称，这里均采用默认设置。

(4) 附加安装程序：可以选择需要安装的附加软件。其中，"NI LabVIEW 运行引擎 2015"是执行程序必需的软件。对于其他软件，如果需要也可选择，其效果如图 12.28 所示。

(5) 对话框信息：设置向用户显示的欢迎信息或者提示信息。

(6) 注册表：设置注册表信息，这里保持默认设置。

(7) 硬件配置：可以将 MAX 的硬件配置信息包含在安装文件中，并选择是否自动对目标机器上的硬件进行配置，这里保持默认设置。

(8) 高级：这里保持默认设置。

配置完成以后，单击"生成"按钮，就会出现进度界面，如图 12.29 所示，等待片刻，生成成功以后，就可以在项目的程序生成规范下看到"我的安装程序"。打开安装程序的目标文件夹，就可以看到"setup.exe"及其相关文件都包含在"Volume"文件夹下。由于包含了 NI 的其他附加软件，所以要比可执行文件大得多，大小一般都要上百兆。

图 12.28 附加安装程序设置

双击"setup.exe"即可进行安装,安装时,程序首先会对系统进行更新,更新完成以后进入安装界面,其后的步骤和正常安装应用程序的步骤一样,此处不再赘述。

图 12.29 制作 SETUP 文件

参 考 文 献

[1] 张兰勇，孙健. LabVIEW 程序设计基础与提高. 北京：机械工业出版社，2013.

[2] 岂兴明，周建兴. LabVIEW8.2 中文版入门与典型实例. 北京：人民邮电出版社，2010.

[3] 陈锡辉，张银鸿. LabVIEW8.20 程序设计从入门到精通. 北京：清华大学出版社，2007.

[4] 岂兴明，田京京，夏宁. LabVIEW 入门与实战开发 100 例. 北京：电子工业出版社，
    2012.

[5] 杨高科. LabVIEW 虚拟仪器项目开发与管理. 北京：机械工业出版社，2012.

[6] 景秀丽，吕洪林. 软件工程. 北京：中国水利水电出版社，2014.

[7] 秦凤梅，丁允超. MySQL 网络数据库设计与开发. 北京：电子工业出版社，2014.

[8] http://www.ni.com.